U0232631

中国科普大奖图书典藏书系

自然科学名家名作中的为什么

隋国庆◎著

长江出版传媒 湖北科学技术出版社

图书在版编目（ＣＩＰ）数据

自然科学名家名作中的为什么 / 隋国庆编著.
— 武汉 ：湖北科学技术出版社，2013.4（2016.8 重印）
（中国科普大奖图书典藏书系 / 叶永烈 刘嘉麒主编）
ISBN 978-7-5352-5613-3

Ⅰ．①自… Ⅱ．①隋… Ⅲ．①自然科学－普及读物
Ⅳ．①N49

中国版本图书馆CIP数据核字（2013）第055095号

责任编辑：高 然 胡晓波 　　　　　　　　　封面设计：戴 旻

出版发行：湖北科学技术出版社 　　　　　电话：027-87679468
地 　　址：武汉市雄楚大街268号 　　　　邮编：430070
　　　　　（湖北出版文化城B座13-14层）
网 　　址：http://www.hbstp.com.cn

印 　　刷：武汉立信邦和彩色印刷有限公司 　　邮编：430026

700×1000　1/16　　　　　　19.25 印张　2 插页　238 千字
2013 年 4 月第 1 版　　　　　　2016 年 8 月第 3 次印刷
　　　　　　　　　　　　　　　　　　定价：32.00 元

总　序
ZONGXU

　　我热烈祝贺"中国科普大奖图书典藏书系"的出版！"空谈误国，实干兴邦。"习近平同志在参观《复兴之路》展览时讲得多么深刻！本书系的出版，正是科普工作实干的具体体现。

　　科普工作是一项功在当代、利在千秋的重要事业。1953年，毛泽东同志视察中国科学院紫金山天文台时说："我们要多向群众介绍科学知识。"1988年，邓小平同志提出"科学技术是第一生产力"，而科学技术研究和科学技术普及是科学技术发展的双翼。1995年，江泽民同志提出在全国实施科教兴国的战略，而科普工作是科教兴国战略的一个重要组成部分。2003年，胡锦涛同志提出的科学发展观则既是科普工作的指导方针，又是科普工作的重要宣传内容；不是科学的发展，实质上就谈不上真正的可持续发展。

　　科普创作肩负着传播知识、激发兴趣、启迪智慧的重要责任。"科学求真，人文求善"，同时求美，优秀的科普作品不仅能带给人们真、善、美的阅读体验，还能引人深思，激发人们的求知欲、好奇心与创造力，从而提高个人乃至全民的科学文化素质。国民素质是第一国力。教育的宗旨，科普的目的，就是为了提高国民素质。只有全民的综合素质提高了，中国才有可能屹立于世界民族之林，才有可能实现习近平同志最近提出的中华民族的伟大复兴这个中国梦！

　　新中国成立以来，我国的科普事业经历了1949—1965年的创立与发展阶段；1966—1976年的中断与恢复阶段；1977—

1990年的恢复与发展阶段；1990—1999年的繁荣与进步阶段；2000年至今的创新发展阶段。60多年过去了，我国的科技水平已达到"可上九天揽月，可下五洋捉鳖"的地步，而伴随着我国社会主义事业日新月异的发展，我国的科普工作也早已是一派蒸蒸日上、欣欣向荣的景象，结出了累累硕果。同时，展望明天，科普工作如同科技工作，任务更加伟大、艰巨，前景更加辉煌、喜人。

"中国科普大奖图书典藏书系"正是在这60多年间，我国高水平原创科普作品的一次集中展示，书系中一部部不同时期、不同作者、不同题材、不同风格的优秀科普作品生动地反映出新中国成立以来中国科普创作走过的光辉历程。为了保证书系的高品位和高质量，编委会制定了严格的选编标准和原则：一、获得图书大奖的科普作品、科学文艺作品（包括科幻小说、科学小品、科学童话、科学诗歌、科学传记等）；二、曾经产生很大影响、入选中小学教材的科普作家的作品；三、弘扬科学精神、普及科学知识、传播科学方法，时代精神与人文精神俱佳的优秀科普作品；四、每个作家只选编一部代表作。

在长长的书名和作者名单中，我看到了许多耳熟能详的名字，备感亲切。作者中有许多我国科技界、文化界、教育界的老前辈，其中有些已经过世；也有许多一直为科普事业辛勤耕耘的我的同事或同行；更有许多近年来在科普作品创作中取得突出成绩的后起之秀。在此，向他们致以崇高的敬意！

科普事业需要传承，需要发展，更需要开拓、创新！当今世界的科学技术在飞速发展、日新月异，人们的生活习惯和工作节奏也随着科学技术的进步在迅速变化。新的形势要求科普创作跟上时代的脚步，不断更新、创新。这就需要有更多的有志之士加入到科普创作的队伍中来，只有新的科普创作者不断涌现，新的优秀科普作品层出不穷，我国的科普事业才能继往开来，不断焕发出新的生命力，不断为推动科技发展、为提高国民素质做出更好、更多、更新的贡献。

"中国科普大奖图书典藏书系"承载着新中国成立60多年来科普创作的历史——历史是辉煌的,今天是美好的! 未来是更加辉煌、更加美好的。我深信,我国社会各界有志之士一定会共同努力,把我国的科普事业推向新的高度,为全面建成小康社会和实现中华民族的伟大复兴做出我们应有的贡献! "会当凌绝顶,一览众山小"!

中国科学院院士　　杨叔子　二○一二
华中科技大学教授　　　　　九·廿八

数 学 篇

中国科普大奖图书典藏书系

物 理 篇

化 学 篇

生 物 篇

医 学 篇

中
国
科
普
大
奖
图
书
典
藏
书
系

006

天 文 篇

地 理 篇

数学篇

"勾股定理"为什么又叫"百牛定理"

"勾股定理"是古希腊著名的数学大师毕达哥拉斯（约前580—前500）证明出来的。这个定理是几何学中的一个重要定理，至今仍是中学几何教科书中的重要内容。

"勾股"与"百牛"是两个截然不同的概念，"勾股"指一个直角三角形的两条直角边，而"百牛"是100头牛的意思。可是，人们为什么把"勾股定理"又叫做"百牛定理"呢？这中间有一个动人有趣的故事。

众所周知，希腊是著名的文明古国。才华横溢的古希腊学者们在建筑、雕塑、天文、数学等许多方面都做了大量开创性的工作，对世界许多国家的文化产生了深远的影响。毕达哥拉斯就是古希腊一位有名的数学大师。

据说，有一天，毕达哥拉斯的一位朋友邀请他到家里做客，他应邀前往，来到朋友的家里。朋友家的地面是用许多黑白相间的等腰直角三角形的砖铺成的，并且这些直角三角形都是全等的。这个美妙的图形深深地吸引了毕达哥拉斯，尽管朋友们谈笑风生，频频举杯，他却默不作声，聚精会神地看着地面上的图形，并小心地标上字母。他发现直角三角形 *ABC* 的

直角边 AB 的平方,正好等于正方形 $AA'B'B$ 的面积,直角边 AC 的平方,正好等于正方形 $ACC'G$ 的面积,而以斜边 BC 为一边的正方形 $BEFC$ 的面积恰巧等于这两个正方形面积的和,即 AB 的平方加上 AC 的平方等于 BC 的平方。

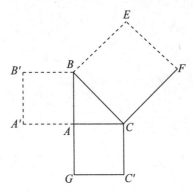

毕达哥拉斯发现的这一原理,就是著名的勾股定理。在一个直角三角形中,两条直角边的平方和等于斜边的平方。不过毕达哥拉斯的这一证明,是就等腰直角三角形研究的,只是一种特殊的情况,不具有一般性。

这个惊人的发现,使毕达哥拉斯欣喜若狂,他认为这是神的赐予。于是,他杀了 100 头牛作为报答。因此,有人又把勾股定理叫做百牛定理。事实上,勾股定理并不是毕达哥拉斯最先发现的,中国发现勾股定理要比他早得多。

在中国,大禹(前 2140—前 2095)治水时就已用到了勾股术,开创了世界上最早发现和使用勾股定理的先河。我国最早的数学和天文著作《周髀算经》中,记载着周公与商高一段对话,商高说:"……故折短以为勾广三,股修四,径隅五。"就是说,把一根直尺折成一个直角,如果短的一段长为 3,较长的一段的长为 4,那么原来尺的两端间的距离必定是 5,通常说的"勾三、股四、弦五"就是这个意思。在这本书里,还指出了计算弦长的方法是:"勾股各自乘,并而开方除之。"就是说,把勾股各平方后相加,再开平方,就得到弦。这可以看出《周髀算经》中还发现了直角三角形中三边间的普遍关系。

希帕索斯的惨死为什么与无理数有关

"无理数"是古希腊数学家希帕索斯发现的,具体时间不详。无理数的发现,使人们知道除去整数和分数以外,还存在着一种新数,推进了数学的发展,在数学发展史上具有重大意义。

毕达哥拉斯学派的创始人是著名数学家毕达哥拉斯。他认为:"任何两条线段之比,都可以用两个整数的比来表示。"两个整数的比实际上包括了整数和分数。因此,毕达哥拉斯学派认为,世界上只存在整数和分数,除此以外,没有别的什么数了。

把数和图形联系起来是毕达哥拉斯学派的一大爱好,这整数之比也可以用图形来表示。用一条直线,上面标上单位,每一个分数都能在这条直线上找到一点。比如说p/q,要表示的话,就把0到1那段线段等分成q份,再取其中的p份就成了。毕达哥拉斯学派认为,直线上的点不是整数点,就是分数点。可是不久就出现了一个问题,当一个正方形的边长是1的时候,对角线的长m等于多少? 是整数呢? 还是分数?

根据毕达哥拉斯自己创造的勾股定理:$m^2=1^2+1^2=2$,m显然不是整数,因为$1^2=1$,$2^2=4$,而$m^2=2$,所以m一定比1大,比2小。那么m一定是分数了? 可是,毕达哥拉斯和他的门徒费了九牛二虎之力,也找不出这个分数。尽管如此,他们坚持肯定也是两个整数之比,绝对错不了,否则宇宙就乱套了。

毕达哥拉斯学派有个成员叫希帕索斯,他在研究正五边形的对角线和边长的比时,发现当正五边形的边长为1时,对角线仍既不是整数,也不是分数。

这个数到底是什么数呢? 希帕索斯思忖:既然大家都认为是一个整数之比,自己就来证明一下。希帕索斯想,不妨设这个数为m/n,约去m、n的公因数,则m、n之中至少有一个奇数。如此一来,$2=m^2/n^2$,从而$m^2=2n^2$是偶数;m^2

既是偶数,那么 m 必然也是偶数,因此 n 是奇数。m 既然是偶数了,那么可以说它为 $2p$,$m=2p$,这样就有 $4p^2=2m^2$,约去 2,就得到 $n^2=2p^2$,n 又变成偶数了。

如此一来产生了矛盾,根本不可能是两个整数之比,也不可能是分数。希帕索斯断言:是人们还没有认识的新数。

希帕索斯的发现和断言,推翻了毕达哥拉斯认为数只有整数和分数的理论,动摇了毕达哥拉斯学派的基础,引起了毕达哥拉斯学派的恐慌。这就是历史上常常说起的"第一次数学危机"。

毕达哥拉斯学派门徒们痛苦万状,为了维护心目中神圣和谐的宇宙秩序,为了维护学派的地位和利益,他们下令严密封锁希帕索斯的发现,如果有人胆敢泄露出去,就要被活埋。

真理是封锁不住的。尽管毕达哥拉斯学派教规森严,敢于坚持真理的希帕索斯还是将这一发现泄露出去了。毕达哥拉斯学派闻之大怒,要按教规活埋希帕索斯,希帕索斯听到风声后逃走了。

希帕索斯在国外流浪了好几年,由于思念家乡,他偷偷地返回希腊。在地中海的一条船上,毕达哥拉斯的忠实门徒发现了希帕索斯,他们残忍地将希帕索斯扔进了地中海。无理数的发现人就这样惨死了。

希帕索斯虽然被害死了,但是无理数并没有随之而消灭。人们从希帕索斯的发现中,知道了除去整数和分数以外,还存在着一种新数。后人将整数和分数合称"有理数",将希帕索斯发现的这种新数称为"无理数"。

《几何原本》为何惊动了亚历山大国王

《几何原本》是古希腊著名数学家欧几里得（约前330—前275）所写的一本数学名著。这本著作共有 13 篇,包含 467 个命题。它使几何学从经验直觉的基础上建立了科学的、逻辑的理论。该书出版后，在西方引起了强烈反响，被人们奉为至理，认真学习和研究。《几何原本》先后出版了1 000多个版本，其影响可见一斑。

我们中学里的几何教科书，还都是以2 000年前的希腊几何学为蓝本的。而希腊几何学成功的代表者就是欧几里得。欧几里得以他的主要著作《几何原本》而著称于世，流芳千古。在这本著作中，欧几里得把前人的数学成果加以系统的整理和总结，以严密的演绎逻辑，把建立在这一公理之上的初等几何学知识构成一个严整的体系。20世纪最杰出的伟大科学家爱因斯坦评价《几何原本》这本书时说："一个人当他最初接触欧几里得几何学时，如果不曾为它的明晰性和可靠性所感动，那么他是不会成为一个科学家的。"

《几何原本》共分13篇，包含有467个命题。

第1~4篇讲多边形和圆的基本性质；第5篇是比例论；第6篇讲的是相似形；第7~9篇是数论；第10篇是对无理数进行分类；第11篇是讲立体几何和穷竭法。

《几何原本》出现后，在西方引起了强烈的反响，除了圣经以外，没有任何著作能像《几何原本》那样被广泛引用，认真学习和研究，奉为至理。因此，来向欧几里得求学几何的人也络绎不绝。

亚历山大国王多禄米也慕名来向欧几里得求学几何。尽管欧几里得运用他的惊人才智，把错综复杂的图形分成为简单的组成部分——点、线、角、平面、立体，简化了他的几何学，但是，由于他坚持对几何学的原则进行透彻的研究，国王对于欧几里得一遍一遍的解释表示不耐烦。

国王问欧几里得："有没有比你的方法简捷一些的学习几何学的途径？"

欧几里得答道："陛下，乡下有两种道路，一条是供老百姓走的难走的小路，一条是供皇家走的坦途。但是在几何学里，大家只能走同一条路。走向学问，是没有什么皇家大道的，请陛下明白。"欧几里得的这番话后来推广为"求知无坦途",成为传诵千古的箴言。《几何原本》从第一个版本出版到现在,已出现了 1 000 多个版本,它对整个数学产生了无与伦比的影响。

阿基米德的墓志铭为什么是几何图形

《关于球体和圆柱体》是出生于公元前 287 年的古希腊伟大的物理学家和数学家阿基米德所写的一本科学著作。在这部著作中,他介绍了他发现的一项重要成果:球的体积与其外切圆柱体的体积之比是 2 : 3。这一发现是通过立体测量得来的,意义十分重大。今天,我们所有的立体测量,都是从阿基米德开始的。

人死了,立个墓碑,刻上死者的生平简介,这就是墓志铭。

被恩格斯称为对科学作了"精确而又系统研究"的重要代表人物阿基米德,他的墓志铭却是个几何图形:一个圆柱体和它的内切球。这个特殊的墓志铭与他的一本著作《关于球体和圆柱体》有非常紧密的关系。

阿基米德(前286—前212)生于美丽的港口城市叙拉古,他从小就对一切新鲜事物感兴趣,喜欢听故事和观察事物,具有丰富的想象力。在他 11 岁的时候,他便来到了埃及的亚历山大城学习和工作。在这里,他完成了许多项发明和科学著作,其中最有名的就是《关于球体和圆柱体》这本著作。

《关于球体和圆柱体》这本著作的产生有一个非常有趣的故事。

有一次,阿基米德的邻居的儿子詹利到阿基米德家的小院子玩耍。小詹利看到院子里有许多几何体,就搬起这些几何体搭教堂的模型。他先搬来一个圆柱立好,然后找到一个圆球,想按照教堂门前柱子的模型,准备在柱子上加上一个圆球。可是,由于圆球的直径和圆柱体的内径正好相等,所以圆球"扑通"一下掉入圆柱体内,倒不出来了。

于是,詹利叫来了阿基米德,当阿基米德看到这一情况后,立即思索起来:圆柱体的高度和直径相等,恰好嵌入的球体不就是圆柱体的内切球体吗?

但是怎样才能确定圆球和圆柱体之间的关系呢?这时,小詹利端来了一盆水,要把圆球冲洗干净。

阿基米德此时眼睛一亮,连忙接过水盆进行起测试来。他把水倒入圆柱体,又把内切球放进去;再把球取出来,量量剩余的水有多少;然后再把圆柱体的水加满,再量量圆柱体能装多少水。这样反复倒来倒去的测试,他发现了一个惊人的奇迹:内切球的体积恰好等于外切圆柱体的容量的2/3。阿基米德欣喜若狂,记住了这一不平凡的发现,并由此创作了《关于球体和圆柱体》这本科学著作。在《关于球体和圆柱体》一书中,先讲述定义和假定。第一个假定,或者说公理,就是连接两点的线中以线段为最短。在论及球的表面积、球的体积时,他得到了完全正确的结论:球面积等于其大圆面积的4倍。球的体积与其外切圆柱体的体积之比是2:3。事实上,他是把上面那个圆形绕虚线旋转,生成了一个内切于半球的圆锥,而半球又内切于一圆柱。这3个圆形体(旋转体)的体积之比为1:2:3。

这一精彩的定理是阿基米德特别喜爱的一个成果,他认为这项成果非常重要,所以早就立下遗嘱,要把一个带有外切圆柱体的球以及它们的比例(2:3)雕刻在墓碑上。

《圆锥曲线论》为什么使这一领域的学者近2000年内无事可做

《圆锥曲线论》是古希腊亚历山大时期著名的数学家阿波罗尼(约前262—前190)所写的一部数学名著。这部著作共有8大卷,487个命题,将圆锥曲线的性质网罗殆尽。这部著作的出版,不仅为解析几何的产生创造了有利的条件,而且还推动了微积分、天文学以及科学技术的发展,在实践中也得到了广泛的应用。

在古希腊亚历山大前期,有三位著名的大数学家欧几里得、阿基米德和阿波罗尼,被人们称为"数学三杰"。阿波罗尼以他的不朽名著《圆锥曲线论》而闻名于世,被欧托基奥斯称为"大几何学家"。

阿波罗尼大约在公元前262年出生于佩尔格,比阿基米德小25岁,曾在亚历山大大学跟着欧几里得的门徒学习过,算起来是欧几里得的再传弟子。

阿波罗尼主要研究的是圆锥曲线。圆锥曲线就是椭圆、双曲线、抛物线,它与人的实际联系很紧密。比如炮弹飞行的弹道自然是抛物线;汽车前灯照在地面上的影子,台灯照在墙壁上的影子,那就是双曲线;地球运行的轨道、其他行星的运行轨道,都是椭圆。人造卫星、宇宙飞船都离不开这三种曲线,速度一变,运行的轨迹也会变成三种中的某一种。

阿波罗尼是第一个从同一圆锥的截面上来研究圆锥曲线的人。他发现用一个平面去截两个顶对顶的圆锥面,截的位置不同,就会得到不同的曲线。如果截面平行于圆的底面,截得的是圆;如果截面平行于轴,截出的曲线就是双曲线;要是平行于母线去截,那么结果就是抛物线。除了上面几种情况,用其他方式来截的话,那就是椭圆了。

同时,阿波罗尼也弄清了双曲线有两个分支,并给出了圆锥曲线的定义。阿波罗尼在总结前人成就的基础上,再加上自己的研究成果,撰写出了《圆锥曲线论》。《圆锥曲线论》共分8卷,487个命题,有着严格的逻辑体系。在这一著作中,阿波罗尼说明了求一圆锥曲线的直径,有心圆锥曲线的中心、抛物线和有心圆锥曲线的轴的方法和作圆锥曲线的切线的方法,讨论了双曲线的渐近线和共轭双曲线,研究了有心圆锥曲线焦点的性质等。它除了当时不太注意的准线和焦点以外,几乎把圆锥曲线的性质网罗殆尽,达到了那个时代的高峰。

《圆锥曲线论》像一件精致的工艺品一样,被阿波罗尼塑造得十分完美,使得后来的数学家在此领域简直无法插足,无事可做。

《圆锥曲线论》的出现，引起了人们的重视，被公认为是这方面的权威之作，代表了古希腊几何的最高水平，是古希腊最杰出的数学著作之一。自此以后，希腊几何便没有实质性的进步。直到17世纪的笛卡儿和帕斯卡，才在圆锥曲线的理论上有所突破，以后便向着两个方向发展，一是笛卡儿的解析几何，二是帕斯卡的射影几何，两者几乎同时出现。这时《圆锥曲线论》这部著作，已使阿波罗尼在圆锥曲线这个领域里独步了将近2000年。

但是，由于《圆锥曲线论》内容广泛，解释详尽，完全用文字来表达，没有使用符号和公式，对许多复杂命题叙述奇特，言辞有时是含混的，所以读起来相当吃力。

《圆锥曲线论》的出现，为《解析几何》的产生创造了有利的条件，推动了微积分、天文学以及科学技术的发展，在实践中也得到了广泛的应用，不愧是一部经典名著。

《孙子算经》为什么会成为韩信点兵的依据

《孙子算经》是中国古代的一本数学名著，成书于公元4世纪，作者不详。全书共3卷。该著作之所以有名，是因为有一个著名的问题：物不知其数。这个问题后来发展成现代数论中的一个著名定理：剩余定理。

大凡著名的军事家都是精通数学的。我国汉代开国功臣韩信就精通数学。著名的"韩信点兵"的故事中所述的韩信点兵的方法，就是韩信对《孙子算经》中的知识灵活运用的结果。

一日，韩信到前沿检阅一队士兵。这队士兵人数众多，无法一一点清，况且兵贵神速，时间是军队的生命，不能迟迟不决。韩信立即令队伍整队，排成每列5人的纵队，最后多余1人；接着又令改成6人一列的纵队，最后多余5人;接着又变换队形,变成7人的纵队,最后多余4人;最后,下令排成每列11人的纵队,最后多余10人。操练完毕,韩信不仅了解了这队士兵的军事素质,而且全队士兵的人数也在不知不觉中了如指掌了。

难道韩信真的有神机妙算的本领吗?

韩信神机妙算的本领来源于《孙子算经》。

我国古代《算经十书》中的《孙子算经》中有一道题,与韩信点兵的方法相同,这道题是这样的:有物不知其数,三个一数余2,五个一数余3,七个一数余2,问该数总数几何? 这个问题的解法在书中有详细的阐述,人们把这类问题称为"中国剩余定理"或"孙子定理"。

韩信按照"孙子定理"进行了这样的分析:

首先,求 5、6、7、11 的最小公倍数:

$M=5 \times 6 \times 7 \times 11 = 2\,310$

求得 M 对于每个因数的商数:

$a_1 = 2\,310/5 = 462$

$a_2 = 2\,310/6 = 385$

$a_3 = 2\,310/7 = 330$

$a_4 = 2\,310/11 = 210$

以各自的商数为基础,求得余为 1 的情况:

$3 \times 462/5 = 1\,386/5 = 277 \cdots\cdots$ 余 1

$385/6 = 64 \cdots\cdots$ 余 1

$330/7 = 47 \cdots\cdots$ 余 1

$210/11 = 10 \cdots\cdots$ 余 1

再以实际上各项的余数代进去,得到:

$X_0 = 1 \times 3 \times 462 + 5 \times 385 + 4 \times 330 + 10 \times 210$

$= 6\,731$

由此,6 731 是符合题意的各项余数的,但这并不是最小的解。因为 2 310 能被各项都整除,所以要减去 2 310 的倍数。$X_1 = 6\,731 - 2 \times 2\,310 = 21\,112\,111$

为最小的解。但由于这是解不定方程，所以有无数的解，其通解的形

式应该为：

X_2=2 111+2 310K（其中 K=0,1,2,…）

《数书九章》何以平息一场国际争论

　　《数书九章》是中国古代数学家秦九韶于 1247 年写成的一本数学名著。这部中世纪的数学杰作，在许多方面都有创造，其中求解一次方程同余组的"大行求一术"和求高次方程数值解的"正负开方术"，更是具有世界意义的成就。

1819 年 7 月 1 日，英国人霍纳在皇家学会宣读了一篇数学论文，文中提出了一种解任意高次方程的巧妙方法。由于这一方法有其独创之处，而且对数学科学有很大的推进作用，所以很快引起了英国数学界的轰动，他们以霍纳的名字命名这一方法，叫做"霍纳方法"。

　　"霍纳方法"不久就在欧洲传开了。当这一方法传到意大利时，意大利数学界立即提出了异议。异议的原因是霍纳的这种方法，早在 15 年前就由意大利人鲁菲尼所得到了，只是没有及时地报道罢了。因此，意大利数学界强烈要求将这一数学方法命名为"鲁菲尼方法"，而不能叫做"霍纳方法"。

　　一场喋喋不休的争论就这样在英、意两国数学界展开了。

　　据说，有一次，英、意双方聚在一起进行面对面的争论，誓要分个谁是谁非。双方各呈证据，各摆理由，可是谁也说服不了谁。正巧，有个阿拉伯人前往欧洲，听说这件事后，连忙赶到辩论场去看热闹。当他听了双方的争论后，不置可否地大笑起来。争论双方听到他发笑，便停下争论问他为何嘲笑。这位阿拉伯人不慌不忙地从包里掏出一本书，书名叫《数书九章》，作者是中国的秦九韶。他将书递与争论双方，说道："你们都不要争了，依

我看来,这个方法应该称作'秦九韶方法'"。

英、意双方将书一看,他们这才知道,早在570多年前,有个叫做秦九韶的中国人就发明了这种方法。双方的争论马上平息了。

秦九韶生于1202年,南宋普州安岳(今四川安岳)人,是我国南宋时期著名的数学家。他在数学上有许多创造,其中最负盛名的是他的数学著作《数书九章》。

《数书九章》共分9大类,每类有9题,全书共有81道数学题目,内容包括天时、军旅、赋役、钱谷、市易等类问题。在这81道题目中,有的题目比较复杂,但题后大多附有算式和解法,在这些解法中包含着许多杰出的数学创造,高次方程的解法就是其中最重要的一项。

为什么说《续古摘奇算法》是孩童逼出来的

《续古摘奇算法》是我国宋元时期著名数学家杨辉于1275年所写的一本数学著作。该书排出了丰富的纵横图并讨论了其构成规律,这在世界上是首创。在近代组合数学中,纵横图在图论、组合分析、对策论、计算机科学等领域发挥了重要作用。

1275年,我国宋元时期数学四大家之一杨辉写出了一本数学著作《续古摘奇算法》,在世界上第一个排出了丰富的纵横图并讨论了其构成规律。说来有趣,这本数学著作是一个孩童逼出来的。

杨辉是现在的浙江杭州人,曾在台州府担任地方官。一天,他出外巡游,途中遇到一个孩童站在道路中间。衙役要孩童离开,让他们过去。孩童坚决不肯,说要等他把题目算完后才能让道。

杨辉听说这事后来了兴趣,连忙下轿,问孩童为什么不让他们过去。孩童回答杨辉说:"不是不让你们经过,我是怕你们把我的算式踩掉了,我又想不起来了。"杨辉连忙问是什么算式。原来是孩童的先生要孩童把1到9的数字分三行排列，不论竖着加、横着加，还是斜着加，结果都等于15。杨辉蹲下身子，仔细地看那孩童的算式。原来这是西汉学者戴德编纂的《大戴礼记》书中所写的一个问题。

4	9	2
3	5	7
8	1	6

对数学有浓厚兴趣的杨辉连忙和孩童一起算了起来，直到天已过午，才算出了结果。他们又演算了一下，觉得结果全对，这才把算式摆了出来。

这时，孩童邀请杨辉到他家里去吃饭，杨辉也想去见孩童的先生，就随孩童到了他家。

在孩童的家里，杨辉和教书先生谈论起了数学。教书先生告诉杨辉，南北朝的甄鸾在《数术记遗》一书中就写过："九宫者，二四为肩，六八为足，左三右七，戴九履一，五居中央。"杨辉发现他说的正与上午他和孩童算的数学一样，便请教教书先生，这个九宫图是如何造出来的。

教书先生也不知出处。杨辉回到家后，就反复研究这些数字，终于发现了一条规律："九子斜排，上下对易，左右相更，四维挺出。"就是说，一开始就将九个数字从小到大斜排三行，然后将9和1对换，左边7和右边3对换，最后将4、2、6、8分别向外移动，排成纵横三行，就构成了九宫图。

```
        1                  9
    4       2          4       2        4  9  2
  7   5   3          3   5   7        3  5  7
    8       6          8       6        8  1  6
        9                  1
```

按照类似的规律，杨辉又得到了"花16图"，就是从1到16的数字排列在四行四列的方格中，使每一横行、纵行、斜行四数之和均为34。

后来，杨辉又将散见于前人著作和流传于民间的有关这类问题加以整理，得到了"五五图"、"六六图"、"衍数图"、"易数图"、"九九图"、"百子图"等许多类似的图。杨辉把这些图总称为纵横图，编成了《续古摘奇算法》一书流传后世。

纵横图也叫幻方，它要求把1到n^2个连续的自然数安置在n^2个格子里，使纵、横、斜各线上的数字和等于$n(1+n)^2/2$。长期以来，人们习惯于把它当做纯粹的数学游戏，没有给予应有重视。随着近代组合数学的发展，纵横图在图论、组合分析、对策论、计算机科学等领域找到了用武之地，显示出越来越强大的生命力。

为什么说《大法》中的卡当公式是剽窃的公式

《大法》是卡当在1545年出版的一本著作。该书公布了三次方程的求根公式，使卡当扬名于世。

1545年，卡当在德国纽伦堡出版了他的《大法》一书，书中公布了三次方程的求根公式，这使卡当名声大噪，后人也将三次方程的求根公式称为"卡当公式"。可是，三次方程的求根公式并不是卡当的专利。那么，三次方程的求根公式是谁的呢？卡当是怎样剽窃的？据传这事与一场数学"决斗"有关。

1535年，数学家塔尔塔里亚宣布，他发现了三次方程的解法。塔尔塔里亚出生在意大利北部的布雷西亚城，原名尼古拉，10多岁的时候因战祸舌头被砍伤，使他一辈子吐字不清，大家给了他一个塔尔塔里亚（结巴子）的绰号，以后久而久之，就成了他的大名，真名反而没人记得了。

当塔尔塔里亚宣布发现了三次方程的解法之后，引起了数学家弗里奥的愤怒。弗里奥是波洛尼亚大学数学教授弗尔洛的得意门生，弗尔洛教授有一件镇山之宝，那就是一些三次方程的解法。弗尔洛把他的心爱之物密传给了他的高足弗里奥。弗里奥听说塔尔塔里亚宣布发现了三次方程的解法，深表怀疑。

那时的学者们往往一有发现便严守秘密，然后向对手挑战，以显示自己的实力。弗里奥不相信塔尔塔里亚也发现了三次方程的解法，于是向塔尔塔里亚下了战表，约定1535年2月22日举行数学"决斗"。

决斗是这样规定的，双方到公证人面前，每人交给对方30道题，规定在50天里解出这些题。谁能解得多，解得快，谁就赢。而且，每解一题还能得到5个铜板。结果塔尔塔里亚很快做完了对手出的题，弗里奥败下阵来。塔尔塔里亚因而一炮而红，名噪意大利。登门者络绎不绝，希望他公布秘密。但塔尔塔里亚却守口如瓶，只准备以后发表在自己的大作里。而卡当却千方百计从塔尔塔里亚那里得到了三次方程的求根方法，并将其据为己有，作为自己的成果在德国纽伦堡出版了。后人在了解这一事实真相之后，又将"卡当公式"改为"塔尔塔里亚—卡当公式"。

直角坐标系为什么又称为"笛卡儿坐标系"

《更好地指导推理和寻求科学真理的方法论》是法国科学家笛卡儿于1637年6月8日出版的一部名著。这部著作是一部划时代的哲学经典著作，为科学研究提供了许多科学的方法。特别是书末的附录之一《几何学》，把数学的两大形态——形与数结合起来，建立了直角坐标系，由此诞生了解析几何学。

1637年6月8日，一部划时代的哲学经典著作《更好地指导推理和寻求科学真理的方法论》(简称《方法论》)出版了。书的末尾有 3 个附录:《折光学》、《气象学》和《几何学》。这是法国科学家笛卡儿的杰作。

《几何学》是笛卡儿写的唯一的数学著作。在这本著作中,笛卡儿将几何与代数联系了起来,创立了直角坐标系。在坐标系中,只要知道一个点的坐标,这个点的轨迹,就可以用数学方程式来表达。由此,一门崭新的学科——解析几何诞生了,笛卡儿成为这门学科的鼻祖。

说起直角坐标系的建立,把数学的两大形态——形与数结合起来,并成为科学久已迫切需要的数学工具,还是笛卡儿在梦中的奇遇所产生出来的。

笛卡儿于 1596 年出生在法国的都兰,20 岁大学毕业后去巴黎当律师,一年后又去从军,在军队里干了 9 年。后来他退出军界,移居荷兰,潜心搞学术研究。

笛卡儿在研究古希腊几何三大难题过程中突发奇想:即使尺规解决不了,为什么不能把"形"化为"数"来研究呢? 形与数之间有没有必然的联系呢?

有一次笛卡儿正在琢磨这个问题,他看到墙角上结着的纵横交错的蜘蛛网,好像悟到了什么。但由于疲劳过度,很快进入了梦乡。不一会儿,笛卡儿好像回到了军营。长官跑到他睡的帐篷,把他拉了出去。

长官对他说:"你天天想形与数的问题,我有一个新招,同你研究一下。"说完,长官便从身后抽出两支箭,搭成一个"十"字架,并将十字架放在洁白的纸上说:"如果纸上任何一点,我们想知道它的位置,引两条垂线到箭上,再把箭刻成等长的数字,不就可以把这点位置用数表示出来了吗?"

笛卡儿听后说道:"我还以为你有什么新招,画坐标古希腊人就会使用,难就难在交点 0 以下的数字如何表示。"

长官笑道:"你怎么聪明一世,糊涂一时。你看,将这两支箭的交点确定为零,向上向右的确定为正,向下向左的确定为负。如我们把现在的驻地多尔姆镇定在交叉点,为零,那么我们军队行军的位置就随时可用两个正负数来表示了。"

笛卡儿高兴得跳了起来，嘴里大声喊着："终于解决了！"这一跳一喊使他惊醒了，原来是"南柯一梦"。这个奇特的梦启动了笛卡儿的思索，使他发明了直角坐标系。后来人们为了纪念他，也把直角坐标系称为"笛卡儿坐标系"。

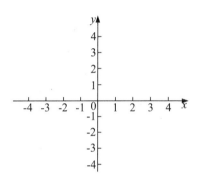

欧拉的《拓扑与网络》与柯尼斯堡的七座桥有什么联系

《拓扑与网络》是欧拉在1736年所写的一部名著。它的出版，标志着一个新的数学分支——拓扑学的创立。

柯尼斯堡是欧洲东普鲁士的首府。普雷格尔河横贯柯尼斯堡城中，河中有两个小岛，共有七座桥将河的两岸和小岛连接起来。

很早以来，城中的居民就热衷于这样一个有趣的问题：能不能一次走遍七座桥，而道路不重复？他们想了很久，也试过多次，都没有结果，于是就向当时数学界的中心人物欧拉求教。

1736年，29岁的欧拉向圣彼得堡科学院递交了一篇叫做《柯尼斯堡的七座桥》的论文，文中给出了他证明的结果：不可能不重复地一次走遍。并且，欧拉从这个问题中得到启发，写出了一本著作《拓扑与网络》，创立了一个新的数学分支——拓扑学。

欧拉是怎样解决这个问题的呢？

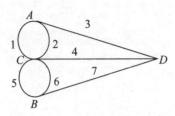

欧拉没有到过柯尼斯堡，更不去盲目的乱试，因为如果把经过这七座桥所有可能路线都试一下的话，共有 5 040 种路线。聪明的欧拉将柯尼斯堡的七桥问题抽象成一个图，即把用河隔开的 4 块区域缩成 4 个点，使七座桥变成 4 个点间、7 条线段组成的图，因而七桥问题就变成了这个图能否一笔画成的问题。

欧拉知道，一个图能否一笔画成，依赖于点和线的数目。连到一点的线段数目如果是奇数条，他就称为奇点，如果是偶数条就称为偶点。欧拉通过分析得出：要想一笔画成，图中的中间点必须均是偶点，也就是有来路必有另一条去路，奇点只可能在两端，也就是说，奇点的数目不是 0 就是 2 个，否则不能一笔画成。

比如，一笔能否画出"田"或"串"字，我们可以变换成下面的图形：

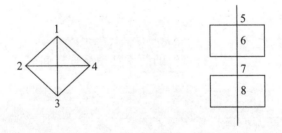

我们可以看到，点 1 到点 4 都是奇点，一笔画出"田"字是行不通的。点 5 到点 8 都是偶点，一笔画出"串"字就简单极了。

再看柯尼斯堡的七桥问题，欧拉的简图上 A、B、C、D 4 个点均为奇点，因此，不可能一笔画成，因而也不可能不重复地一次走遍。

为什么说非欧几何学的诞生与政治有关

《几何原理的扼要简释及平行线定理的一个严格证明》是俄国数学家罗巴切夫斯基于 1826 年 2 月 11 日在喀山大学的学术会议上宣读的一篇著名论文。在这篇论文中,作者创立了非欧几何学,使人类对空间的认识出现了一次质的飞跃,并为广义相对论的建立准备了必要的数学工具。

欧几里得研究的几何学被称为"欧氏几何学"。在欧氏几何学里有五个公设,其中第五个公设是:过直线外一点,只能有一条平行于原来的直线。欧几里得在《几何原本》里,对这一公设既未引用,又未证明,给后人留下了难解的数学之谜。

许多数学家想破解这个谜,但都失败了。俄国喀山大学教授罗巴切夫斯基在试证第五公设失败后,提出了一个与第五公设相反的假设:"过直线外一点至少可以作两条直线和已知直线不相交。"后来被人称为"罗氏公设"。由于这是一个与第五公设相矛盾的假设,按照这一假设应当推出与欧氏几何相矛盾的结果。但是并没有引出矛盾,而是推出了一个新的几何系统,逻辑严密。这个新的几何系统最初称为"抽象几何学",后来叫非欧几何或双曲几何。

1823 年,罗巴切夫斯基在一份数学提纲中提出建立新的几何体系的可能性,并把它上交给校方。但是校长马格尼斯基压制和打击罗巴切夫斯基,认为他的设想是狂妄的。受校长的影响,彼得堡科学院也认为他的学说是邪学,不准他研究和讲授。

但是,罗巴切夫斯基并没有放弃对第五公设的研究,在研究中逐步建立了他的非欧几何学。然而,受校长的压制和打击,他的学术论文不能在学校的学术会议上宣读,本校的学报也拒绝发表他的论文。

正当这时候，喀山大学的政治形势发生了变化。1825 年老沙皇亚历山大一世死后，惯于献媚的校长马格尼斯基向太子康斯坦丁大献殷勤，而极力贬低尼古拉。但是，他根本没有想到尼古拉继承了王位，于是马格尼斯基被撤职，压制和打击罗巴切夫斯基就是他的罪行之一。

就是在这样特定的政治形势下，罗巴切夫斯基才得以于 1826 年 2 月 11 日在该校的学术会议上宣读非欧几何的论文——《几何原理的扼要简释及平行线定理的一个严格证明》，使非欧几何让世人知晓。罗巴切夫斯基宣读论文的这一天，后来被定为非欧几何学的诞生日。因此，人们说非欧几何学的诞生与政治有关。

1827 年，罗巴切夫斯基担任了喀山大学校长，尽管行政事务繁多，但他并没有放弃对非欧几何体系的研究。1829 年，他又写成了《论几何的定理》的论文，在《喀山大学学报》上发表了。

在罗巴切夫斯基创立了非欧几何后，德国杰出数学家黎曼创立了一种更为广泛的非欧几何，即椭圆几何，因此非欧几何就出现了两种。

非欧几何是人类空间认识史上一次质的飞跃，它后来在相对论中得到了论证，并在天体物理学和原子物理学中得到了应用，特别是为广义相对论的建立准备了必要的数学工具。

一篇中学生的论文是怎样一波三折，
最终宣布一个崭新的数学理论的诞生的

《关于用根式解方程的可能性条件》是法国中学生伽罗华所写的一篇数学论文。这篇论文引入了群的概念，创立了崭新的近代数学理论——群论，成为现代数学方法中的有力工具，并对近代数学、力学、物理学的发展产生了巨大的影响。

1846 年,卓越的数学家刘维尔认真地研究了一个名叫伽罗华的人写的一本名叫《关于用根式解方程的可能性条件》的数学手稿,他发现这是一篇当代重要的数学论文。伽罗华在这篇论文里,用统一的观点引入了群的概念,彻底解决了多年不能解决的用根式解代数方程的可能性的判断问题,创立了崭新的近代数学理论——群论,即伽罗华理论。刘维尔对这篇论文给予了充分的肯定,并立即把它发表在《刘维尔杂志》上。自此,以群论为代表的数学理论把代数研究推向了一个新的历史高峰,成为现代数学方法中的有力工具,并对近代数学、力学、物理学的发展,甚至对于 20 世纪结构主义哲学的产生和发展,都产生了巨大的影响。

可是,你们是否知道,创造这一崭新理论的伽罗华那时还是一个中学生。他的这一重要研究成果 3 次遭受到重大挫折,几乎石沉大海。刘维尔研究他的数学手稿时,他已离开了人世 14 年,死时还只有 21 岁。他的这部只有 80 页的数学手稿是刘维尔从伽罗华的弟弟那里得到的。

伽罗华于 1811 年出生在法国,自幼受到良好教育,中学时代已显露出数学上的卓越天赋。

1828 年 6 月 1 日,法兰西科学院举行例会,审查一位 17 岁的中学生提交的一篇数学论文。这位中学生就是伽罗华。主持这次论文审查的是当时法国数学界的泰斗柯西和泊松,可是由于数学家柯西把伽罗华的论文遗失了,例会也就只开了短短几分钟就结束了。

1830 年,法兰西科学院又要审查一篇数学论文,作者依旧是伽罗华。这次主持审查工作的是科学院院士,当时世界上著名的数学权威傅立叶,谁知天有不测风云,就在审查的例会举行前的几天,傅立叶不幸病逝。人们在他的遗物中没有找到伽罗华写的论文,也就不了了之。

论文两次被大人物丢失,并没有使这位追求真理的中学生灰心,他仍坚持撰写他的数学论文,并把写成的《关于用根式解方程的可能性条件》又送到了法兰西科学院。

1831 年 7 月,法兰西科学院第 3 次审查伽罗华的论文。主持这次审查的是科学院院士泊松。这次还算幸运，论文没有丢失。可是泊松和数学家拉克鲁阿看了论文之后，认为伽罗华研究的部分成果，可以在阿贝尔的遗著中找到，其余部分也就是"伽罗华理论"的主要部分，他们则以"完全不能理解"而否定了。他们两人没有看懂伽罗华论文的思想要比阿贝尔的论文深刻得多，没有明白论文中提出的数学史上划时代的"群"的内容。

因此，一项重要的研究成果又被否定了。1832年，伽罗华在一次决斗中不幸死亡。在决斗的前夜，伽罗华知道自己必死无疑，便把自己几年的研究及丰富的数学思想写了出来，保存在他弟弟那里，留下了数学史上的"最后遗言"。

伽罗华死后38年，数学界公认他是"群论"的奠基人。

改变华罗庚命运的是篇什么论文

《苏家驹之代数五次方程式不能成立的理由》是华罗庚于1930年发表在上海《科学》杂志第15卷第2期上的一篇著名论文。这篇论文向数学权威提出了挑战，指出著名数学家苏家驹教授的论文写错了，在数学界产生了很大影响。

1930年的一天，著名的数学家、清华大学教授熊庆来在办公室里翻看上海《科学》杂志。突然，他的眼光停留在一个名叫华罗庚的人写的一篇名叫《苏家驹之代数五次方程式不能成立的理由》的论文上。这篇论文向大名鼎鼎的数学家提出了挑战，显示了作者雄厚的数学知识和极高的数学水平。熊庆来教授思忖，这个华罗庚是谁？为什么以前没有听说过这个人？

华罗庚是江苏金坛人，自小家境贫寒，病魔缠身，学业停顿，又无工作。他18岁那年，金坛中学的王校长同情他的遭遇，请他在学校当一名杂务工。

华罗庚来到金坛中学后，勤奋肯干，又十分好学，知识水平不断提高，深受王校长器重。不久，王校长就请他担任补习班的教员。没有学历，且只有初中水平的华罗庚当教师，立刻招来了许多人的非议。正在这个时候，华罗庚又染上了可怕的伤寒症，他不得不放弃这份难得的工作去治病。后来，病奇迹般地好了，不过落下了左腿残疾。为了生活，华罗庚又去学校干勤杂活，并坚持刻苦自学，把自己的精神寄托在数学王国之中。他的这篇论文就是在这种情况下写出来的。

熊庆来教授经过多方打听，知道这篇论文出自一个只有初中文化水平的杂务员之手，心里非常激动，认为这个青年人真不简单，应该把他请到清华大学来。于是，熊庆来写了一封热情洋溢的邀请信给华罗庚。

华罗庚接到信后，喜出望外。他久闻熊庆来的大名，要是能在他身边工作那该多好。可是，要去北京，这一大笔路费从哪里来？华罗庚只能痛苦地给熊庆来回了封信。

不久，华罗庚又收到了熊庆来的第二封信，信中熊庆来表示要不辞辛苦，亲自来金坛。这封信打动了华罗庚一家人的心，为了不让老教授千里迢迢来金坛，华罗庚的父亲只得向亲友借了一大笔钱，让华罗庚上北京了。

1931 年，华罗庚终于与熊庆来教授见面了，他成了清华大学数学系的一名助理员。在清华大学，华罗庚十分珍惜熊教授给予的机会，努力工作，拼命学习，顽强地进行研究，取得了许多成果。1936 年，他留学英国剑桥大学。抗战后受聘为美国伊利诺伊大学教授。1950 年回国，进行应用数学研究，推广优选法和统筹法，解决生产中的大量实际问题，成了当代著名的数学家。

华罗庚怎样发现了陈景润

《堆垒素数论》是中国著名数学家华罗庚从 1940 年起，花费 3 年时间写成的一部数学名著。这部著作在数学上作出了开拓性贡献，在国内外产生了很大影响。

熊庆来发现华罗庚，华罗庚发现陈景润，一直在我国数学界传为佳话。熊庆来通过一本杂志上发表的论文发现了华罗庚，而华罗庚则是通过自己写的一本书发现了陈景润。

有一年，我国著名数学家华罗庚教授正在北京准备一个数学学术会议。就在会议即将召开的前夕，华罗庚收到了一位普通中学教师的一封来信。信的大意是说：我读了您写的《堆垒素数论》这本书，觉得很好。可是经过反复计算，发觉书里有一个问题的计算是错误的。如果把这本书比作一颗"明星"，那么，这个错误就好像是一粒"微尘"，希望能予以更正。

华罗庚看完来信后连声说："真是太好了，太好了。"写信人虽然是一位普通的中学教师，但是他的意见完全正确。从他能够看出书中的错误和他的计算方法中，华罗庚认识到这个中学教师具有很高的数学才华。

学术会开始了，华罗庚亲自在会上宣读了这封信，还把这位中学教师请来参加了会议。这位中学教师就是陈景润。后来陈景润被调入北京专门从事数学研究，经过多年努力，他完全证明了哥德巴赫猜想，摘取了王冠上的明珠。华罗庚从自己的错误中，发现了陈景润这个难得的数学人才。

物 理 篇

鉴定王冠如何促成了《浮体论》的诞生

《浮体论》是古希腊伟大的科学家阿基米德(前4—前3世纪)所写的一本科学著作。这部著作详细叙述了著名的浮力定律,成为液体静力学的奠基石。浮力定律至今仍是物理教科书中的重要定律,潜水艇的沉浮、气球和飞艇的飞行、打捞海底沉船、制造巨型舰等都离不开应用这一定律。

阿基米德的著作《浮体论》,详细叙述了他发现的液体静力学的基本原理,即著名的阿基米德定律:浸在液体里的物体受到向上的浮力,浮力的大小等于物体排开的液体的重量。如果物体受到的浮力小于物体的重量,物体就下沉;反之上浮;如果所受的浮力等于物体重量,则物体可以停留在液体中的任何位置。据说,阿基米德这一著名定律是在洗澡时受到启发而发现的,并且他根据这一原理解开了王冠之谜。

2 200多年前,叙拉古(今意大利)的国王亥厄洛让工匠做一顶纯金王冠。王冠做成了,样式很好看。可是,国王是个多疑的人,虽然对新王冠爱不释手,心里却在想:这纯金王冠里会不会掺进银子或其他金属,工匠会不会把我的黄金给偷换了？他越想越不放心，于是召来宫廷科学家阿基米德，让他对王冠做个检验，但不能把王冠损坏。

国王提出的问题看起来很简单，其实非常困难。因为要不损坏王冠，又要把问题弄清楚，这在许多人看来，几乎是不可能的。就连阿基米德也被弄得吃不下饭，睡不着觉。

阿基米德朝思暮想，苦苦思索了几天也没有结果。一天，他干脆放下这件事，去浴室洗澡。当他漫不经心地坐进澡盆时，水漫溢到盆外，而身体顿感减轻。入水越深，这种感觉也就越明显。忽然，他领悟到了一个极其重要的科学原理，立即跳出浴缸，连衣服也忘了穿，就往外跑，一边跑一边高喊："尤里卡（我找到了）！尤里卡！"

阿基米德到底找到了什么？

原来他找到了检验王冠真假的办法：把王冠泡在水里，溢出水的体积就是王冠的体积，而这种体积与同等重的金块的体积应该是相同的，否则王冠里肯定有假。

阿基米德在一个空盆里放了一只瓦罐，往里倒满清水，再轻轻地放进金王冠，水从瓦罐的边沿溢了出来，流到盆里。他把盆里的水倒出来，量了量，记下了数据。

他又一次把瓦罐里的水添满，把一块同王冠同重的金块放进瓦罐里，水同样流了出来，于是，他又把这些量了一下，记下数据。两次数据对照一比，结果不一样，金块排出的水要比王冠排出的水少。阿基米德断定，这顶王冠肯定掺了假。

王冠之谜终于被天才的科学家解开了。

阿基米德在解开王冠之谜的同时，发现了浮力原理。这一原理一直写到了今天的物理教科书中。至今，潜水艇的沉浮、气球和飞艇的飞行，打捞海底的沉船、制造巨型舰等，都离不开阿基米德发现的这一原理。

阿基米德的"魔力"是什么

《论平面图形的平衡》是阿基米德在公元前4—前3世纪所写的一本科学著作。在这部著作中,阿基米德总结出了著名的杠杆原理和滑轮定律,直到今天还是一切机械设计的基础和中学物理教科书中的重要内容。

阿基米德生活的年代,奴隶们用勤劳的双手和卓越的创造力发明了许多生产工具。这些工具大多是以杠杆原理为基础的。例如,开采和运输大型建筑石料时,就得利用杠杆、滑轮、螺旋这些最简单的机械工具。虽然我们已经懂得了杠杆的作用,但一直没有人对它进行科学、系统和全面的总结。

阿基米德作出了这一总结。他对杠杆的平衡条件进行了数学证明,写出了《论平面图形的平衡》一书。在书中,他提出了这样一个定理:力臂和力(重量)的关系成反比例。这就是著名的杠杆原理。用我们现在的表达方式就是动力×动力臂=阻力×阻力臂。这个原理一直成为一切机械设计的基础。

阿基米德总结出杠杆原理以后,心里非常高兴,连忙向亥厄洛国王写信说:"任何重物都可以用一个给定的力来移动。陛下,若给我一个支点,我就可以移动地球。"

不多久,亥厄洛国王建造了一条巨大的船只,但船造好了,却没法把它推到水里去。国王动员全城的人,齐心协力,也没有办到。

叙拉古全城的人没能力把船推下水,也没有人能想出一个好办法,真是一筹莫展。这时,国王突然想起了阿基米德:他不是能移动地球吗?我何不让他先移动我的大船呢?

于是,国王派人把阿基米德找到,阿基米德轻描淡写地说:这很容易,请你给我两天的准备时间。

两天内，阿基米德变魔术似的设计了一套杠杆滑轮系统。到船下水的那天，叙拉古全城的人几乎倾城而出，把海滩围个水泄不通，大家要争看阿基米德怎样把这个庞然大物推下水去。

一切准备妥当后，阿基米德把绳子的一头交给国王，国王不解地接过绳子，将信将疑地轻轻拉动。奇迹出现了：船体真的移动起来，最后终于下了水。

全城的人像着魔似的观看着这一奇迹，大家纷纷议论，说这个怪老头准是会"魔法"，身上有"魔力"。国王也惊呆了，他明白，站在自己面前的阿基米德是一个无所不能的人。为此，国王特别发出告示："从此以后，无论阿基米德说些什么，都要相信他，包括我国王在内。"

阿基米德的"魔力"就是科学。

伽利略为什么称《论磁》一书"伟大到令人嫉妒"

《论磁》是吉尔伯特 1600 年在英国伦敦出版的一部科学名著。在这部著作中，吉尔伯特介绍了他发现的磁倾角，提出了质量、力等新概念，创造了"电"这个新词，在物理学史上留下了不朽的位置。在这部著作的影响下，人们开始研究寻求行星规则运动的"力"的原因，开辟了近代新的物理学。

中国人发明的指南针经由阿拉伯人传入欧洲之后，很快在航海业中得到广泛的使用。13 世纪时，帕雷格里纳斯曾对磁针进行过研究，但这项工作不久即被人遗忘。直到 16 世纪后期，英国科学家威廉·吉尔伯特重新对磁针进行研究，大大发展了人们对磁针特性的了解。

吉尔伯特 1544 年 5 月 24 日生于英国埃塞克斯郡的科尔切斯特，1569

年在剑桥大学获医科学位，1573年在伦敦定居，成为当时的名医，1600年被任命为皇家医学院院长，1601年被招为伊丽莎白女王的宫廷医生，享受丰厚的年薪。吉尔伯特终生独身，将闲暇时间全都用于搞物理实验，主要研究磁学。

吉尔伯特在研究磁学的过程中发现了磁倾角。当一个小磁针放在地球上除南北极之外的地方时，它有一个朝向地面的小小倾斜，这是因为地磁极吸引的结果。吉尔伯特由磁倾角推测，地球是一块大磁石，而且用一个球形的磁石做了一个模拟实验，证明了磁倾角确实来源于球状大磁石。由于地球有磁极，因此吉尔伯特指出"所有的仪器制造师、航海家，在把天然磁石的北极当成磁石倾向于北方的部分时显然是错了"，磁针的北极指的是南极。

牛顿物理学的一个基本要点是区分了质量和重量，有了这个区分，力学才突破了感性经验的范围进入了纯理论的领域。吉尔伯特在研究磁力时就指出，一个均匀磁石的磁力强度与其质量成正比，这是历史上第一次独立于重量而提到质量。除了研究磁力外，吉尔伯特还注意到了自然界中其他类型的吸引力。比如，人们早就知道摩擦琥珀，就能将细小物体吸起来，而吉尔伯特发现，除琥珀外，还有许多物体经摩擦后都有吸引力，他将这类吸引力归结为电力，并用希腊文琥珀（elektron）一词创造了"电"（electricity）这个新词。他还通过实验具体测定了各种吸引力的大小，发现磁力只吸引铁，而电力则太微弱。

吉尔伯特提出了"力"的概念，虽然这个概念还不成熟，但他通过"磁力"这一特殊的力，揭示了自然界中某种普遍的相互作用。他对力的解释也是相当古典的，他像希腊人那样相信万物皆有灵魂，而地球的灵魂即是磁力，力像以太阳那样放射和弥漫，将四周的物体拖向自身。这种解释虽然不够近代，但对开辟近代新的物理学十分有用。

1600年，吉尔伯特把他的这些研究成果写成《论磁》一书，在伦敦出版。由于在这本书中，吉尔伯特有对磁学的研究，发现了磁倾角；有对地学的研究,证实了地球是一块大磁石;有对力学的研究,提出了质量、力等新概念;有对静电学的研究,创造了"电"这个新词。特别是在这本书中的科学思想的激励下,人们才开始寻求行星规则运动的"力",导致近代新的物理学兴起。所以,近代物理学之父伽利略称赞这本书"伟大到令人嫉妒"。

吉尔伯特于 1603 年去世。他生前赞同哥白尼学说,由于他在英国社会中是有身份的人物,所以对日心学说在英国的传播起了很大的作用。

比萨斜塔上的较量,怎样促成《运动的对话》的诞生

《运动的对话》又名《两门新科学》,是伽利略于 1638 年在荷兰出版的一本力学、运动学方面的名著。该书是采用三人对话的形式写成的,写得十分有趣。书中提出了著名的相对性原理和自由落体定律,为以后牛顿经典力学的建立,也为 20 世纪爱因斯坦相对论的提出奠定了重要的理论基础。

1590 年,年仅 25 岁的比萨大学教授伽利略,对亚里士多德的一个经典理论提出了怀疑。亚里士多德说:如果把两件东西从空中扔下,必定是重的先落地,轻的后落地。而伽利略却认为是同时落地。

亚里士多德是一位古圣人。在那时,一切科学、哲学问题,全部包括在他的学说里,他的思想被奉为金科玉律,对他的理论表示怀疑那是离经叛道的行为。

当伽利略提出这一怀疑后,自然没有人相信他的话,不少人还纷纷指责他。于是,他决心搞一次实验,让人们亲眼看看。

亚里士多德的崇拜者们为了让伽利略当场出丑,要求他在大学的全体教授和学生面前做这一实验,以使他在比萨大学永世翻不过身来。伽利略很乐于接受这个挑战。

说也奇怪，这比萨城里有一座塔，拔地之后，却向一边斜去。这塔建于1174年，开始还是直的，但建到3层时开始偏斜，只好停工。过了94年后人们终不死心，又继续施工，最后共修了8层，高54.5米，重14 200多吨。没想到这个偶然的施工错误，造就了世界上独一无二的名胜——比萨斜塔。伽利略的这个实验，就将在这个举世闻名的斜塔上进行。

　　实验的日期到了，斜塔周围围满了人，有的是来看热闹，有的则准备看伽利略出洋相。

　　时间到了，伽利略一只手拿着一个10磅重的铅球，另一只手拿着一个1磅重的铅球，慢慢地爬上了塔顶。当伽利略把两个铅球同时从塔顶抛下时，难以置信的事情发生了，正像伽利略所说的，两只铅球同时落地。

　　这一结果震惊了看热闹的人群，也使准备看笑话的人目瞪口呆。尽管事实胜于雄辩，那些因循守旧、吃亚里士多德理论饭的人仍怀恨在心，1592年，他们找借口把伽利略赶出了比萨大学。

　　伽利略虽然为了证明自己的理论而丢掉了饭碗，但是他写下了《运动的对话》一文，提出了物理学上的一条极其重要的定律：自由落体定律。自由落体定律导致了以后一系列重大的科学发现，使伽利略成了公认的"近代物理学的鼻祖"、"近代实验科学的创始人"、"近代科学之父"。

帕斯卡定律由何而来

　　《论液体平衡》是帕斯卡在1654年所写的一篇著名的论文。该文提出的密闭流体传递压强的定律，成为液体静力学的一个基本定律。后来人们为了纪念帕斯卡而把这个定律命名为"帕斯卡定律"。

　　1654年，帕斯卡写成了《论液体平衡》的论文，文中提出了著名的帕斯卡定律，为流体静力学奠定了基础。帕斯卡定律是怎样总结出来的呢？

1640年，佛罗伦萨一位叫安东尼奥的师傅挖了一口深水井。根据亚里士多德的"自然界厌恶真空"的理论，水应该能抽上来，可是，不论他如何改进抽水机的精度，总不能把水抽到10米以上。于是，他去请教大物理学家伽利略。伽利略此时已76岁，并且病魔缠身，双目失明，无力亲自参与实验研究，便从理论上作了如下回答：水不能升到比20个下臂（约10米）更高的高度上来，甚至连10个也不到，真空恐怕有自己的界限……伽利略还嘱托他的学生托里拆利和维维安尼，务必要把这个问题弄清楚。

伽利略去世后，托里拆利对这个问题展开了研究。他首先对问题进行了分析：水能被抽上一定高度说明这不是什么亚里士多德提出的"自然界厌恶真空"和"真空受到排斥"问题，而是一个力学平衡效应的问题。由此他得出如下假设：大气的重量压迫抽水机器外面的水，当活塞上升时，推力使水随活塞上升。然而，假定大气重量（压力）只与10米左右的水柱重量平衡，那么空气不会再将水压得更高。因此，用抽水机将水抽得更高是做不到的。

上述假想对不对呢？托里拆利决定用实验进行验证。他想用一端封闭的玻璃装满水倒插于水盆中，就可以观察到管中水面的高度。可10米多长的玻璃管不易制造，具体实验操作也有许多不便，他就又用水银代替水进行实验，水银比水重3倍，玻璃管不足1米就够了。这样一个完整的实验设计便产生了。他请维维安尼来具体实施这一实验，结果一举成功。

此后，托里拆利忙于数学研究，将这个大气压强实验的研究成果放置在一边，并未发表。但是这个消息还是不胫而走。消息传到法国，招来学术界许多权威的怀疑和反对。帕斯卡不迷信权威，他从空气有重量的事实出发，相信托里拆利的实验是正确的。为再次证明实验的正确性，他不仅十多次地重复了托里拆利的水银柱的实验，而且还利用水、红酒等密度小的介质进行大气压强实验。所用管子高达14米，借助桅杆才能将管子竖立起来。实验规模之宏大，轰动了巴黎学术界。实验结果证明，密度不同液体的高度不等。他为了证明液柱高度大小取决于气体的压力，从而设计了两个巧妙连接在一起的玻璃管。依靠其中一个可以减少另一个管子里水银表面上的空气。利用这一装置,他有效地演示了空气压力的存在,以及空气压力决定着管中水银柱高度的变化。帕斯卡的实验令人信服地证明了空气有重量,存在压强;而且真空确实存在。

帕斯卡在重复和研究托里拆利实验的过程中受到启发,从而对液体压力(压强)的规律进行了一系列的实验研究。从一系列实验中,他归纳出了流体静力学的基本规律——帕斯卡定律,并于1653年正式提出这一定律。

帕斯卡善于吸收他人的研究成果,并进行独立思考、联想和逻辑推理,发现新课题,进行实验验证。这是他取得成果的重要方法。

牛顿的《关于光和色的新理论》有什么新发现

《关于光和色的新理论》是牛顿在1682年发表的著名论文。在这篇论文之中,牛顿阐述了他的新发现,建立了白光形成的新理论。这一理论奠定了现代大型光学天文望远镜的基础。

1682年,牛顿发表了著名的论文《关于光和色的新理论》。1704年,他又出版了他的重要著作《光学》。在他的论文和著作中,他阐述了"白光是由各种色光混合而成的"这一个重大的发现。牛顿为什么要说白光是由各种色光混合而成的呢? 这是他通过多次实验而得出的结论。

1666年,牛顿亲手制作了两个光学质量很好的棱镜片,并设计了一个实验,来断定太阳光谱的形成是否是由于折射的不同。他将两个棱镜隔开一段距离放置,在它的中间放一个屏幕,屏幕中间开有一条垂直的狭缝。他再将房间的百叶窗放下,百叶窗上事先开有一个小洞。这时,房间里一片漆黑,只有小洞透出一束阳光。当阳光从这个小洞射向棱镜后,便透过棱镜色散成一条彩带并投射在屏幕上。牛顿将第一个棱镜转动了几次,使光谱的红、橙、黄、绿、青、蓝、紫七条色带,依次投射到狭缝上。这样,七种不同颜色的光又通过狭缝再投射到第二个棱镜上。奇怪的是,七种色光透过第二个棱镜的折射后虽然各自的折射角更大,但却不再展现出色带,而只显示各自的颜色。

牛顿仔细分析了这个实验,并经过了一段时间的思考,得出了这样的结论:白光是由折射能力各不相同的色光混合而成的。当白光透过棱镜时,由于各种色光的折射能力不同,于是"各奔东西",造成这些色光彼此远离而形成一条七彩色带,彩虹就是这样形成的。对于其中的一种色光来说,由于它已经是单一成分了,即使再通过棱镜也不会造成色散,只不过在第二次透过棱镜后,折射得更厉害一些罢了。

为了证实这一新的发现,牛顿又做了一个实验。他在上述实验装置上作了一些变动:撤走了第二个棱镜和屏幕,在屏幕的位置上放一只很大的凸透镜,牛顿让经过第一个棱镜色散后的光谱投射到凸透镜上,结果所有七种颜色的光经过凸透镜后就汇聚成一束白光了。由此,他推断出,白光是由这七色光混合而成的。

牛顿提出了白光形成的新理论后,他马上把这一理论运用到改进望远镜上。他成功地应用一种由凹凸透镜组合而成的望远镜,一举消除了色差。牛顿的这一发现,奠定了现代大型光学天文望远镜的基础。

万有引力是受苹果落地启发而发现的吗

《自然哲学数学原理》是牛顿在 1686 年出版的一部科学名著。这是一部空前伟大的科学著作,它总结出了万有引力定律,创立了把天体运动和地面物体运动统一起来的力学理论,构成了经典力学理论。这部 25 万字的著作后来世界各国几乎都有了译本,在学术界产生了巨大的影响。

1686年，牛顿写出了《自然哲学数学原理》，正式发表了万有引力定律。即任何两个物体间都有相互吸引力，这个力就叫万有引力，引力的大小跟它们的质量成正比，跟它们之间距离的平方成反比。

　　关于牛顿发现万有引力定律，广泛流传着"苹果落地"的故事，说是牛顿是受苹果落地的启发而发现万有引力定律的。其实这不过是故事而已，牛顿对万有引力定律从1665年研究开始，到1686年提出经过了20多年。并且，在牛顿发现万有引力之前和他研究的同时，已有许多科学家在研究天体运动的规律和引力问题，并且已对此作出了不少贡献。牛顿不过是集其大成，并解决了别人未能解决的问题，走完了最后、最高的一步。牛顿在谈到自己在科学上成功的原因时也说："因为我站在巨人的肩上的缘故。"

　　对牛顿发现万有引力定律做出过贡献的科学家有许多位。

　　第一位是德国天文学家开普勒，开普勒研究了行星运动的轨道、速率和周期，提出了开普勒三定律，回答了行星怎样运动的问题，为牛顿发现万有引力提供了运动学的基础。事实上，牛顿在研究太阳对行星的引力这个问题时，就是用的开普勒定律来推求这个引力的。

　　第二位是伽利略。伽利略提供的自由落体和抛物体的运动，为发现万有引力定律奠定了动力学的基础。牛顿本人回忆，他从1665年研究引力，就是从伽利略的关于抛物体运动的研究运用于分析月球运动入手的。

　　第三位是意大利佛罗伦萨实验学院的院士博雷利。他系统地研究了开普勒的行星运动三定律，1666年提出行星的椭圆轨道是两种相反力量的合成，一是行星被吸向太阳的引力，一是使行星离开太阳的离心力。就像一个小球用线系住旋转起来做圆周运动一样。尽管博雷利没有能够计算出太阳与行星之间引力与离心力的具体数值，但他提出的太阳与行星之间引力与离心力平衡的观点，对万有引力定律的发现是一大贡献。

　　第四位是荷兰物理学家惠更斯。1673年，惠更斯根据对摆的实验研究和对圆周运动的分析，得出向心引力的大小与距离的平方成反比的关系。向心引力的平方反比定律是打开万有引力大门的钥匙，是发现万有引力必经的一条途径。

还有一位对万有引力做出重大贡献的是英国著名的物理学家和天文学家罗伯特·胡克。1674年，胡克根据惠更斯的物质圆周运动的向心力定律和开普勒定律，提出三个假设：

第一，一切天体都具有倾向其中心的吸引力，它不仅吸引其本身各部分，而且还吸引其作用范围内的其他天体。

第二，凡是正在作简单直线运动的任何天体，在没有受到其他作用力使其倾斜，并使其沿着椭圆道、圆周或复杂的曲线运动之前，它将保持直线运动不变。

第三，受到吸引力作用的物体，越靠近吸引中心，其吸引力也越大。

这三条假设，已经包含了万有引力的一些问题，虽然没有能够完全证实，但却为牛顿发现和证明万有引力定律奠定了重要的基础。

值得一提的是，英国著名天文学家哈雷，对万有引力定律的发现也功不可没。牛顿在提出万有引力定律之时，这一定律几乎无人问津，就连他所在的剑桥大学也不讲牛顿的这一学说，万有引力定律被束之高阁。直到哈雷首次用万有引力定律推算出了一颗彗星的轨道，并预言1758年这颗彗星将再次出现。到了1759年，这颗彗星果然来了，学术界在事实面前接受了牛顿的万有引力定律。

青蛙腿怎样引发了一场电学革命

《电对肌肉运动的作用》是意大利解剖学家、生物学家伽伐尼于1780年所写的一篇著名论文。物理学家伏打受这篇论文的启发，于1799年发明了著名的伏打电池。伏打电池具有很大的实用价值，引起了电学的一场革命，开拓了电学研究的新领域。

1780年的一天，意大利波洛尼亚大学解剖学教授、生物学家伽伐尼，像往常一样在实验室解剖青蛙,对青蛙肌肉的生理作用进行实验研究。伽伐尼把青蛙剥了皮,切下蛙腿,放在实验桌的电机旁,又忙着做其他的事去了。一会儿后,枷伐尼的一名助手来到桌旁,他轻轻地用他的外科手术刀的刀尖触及到青蛙内部的交感神经时,突然看到青蛙的肌肉发生强烈的收缩,陷入了僵硬性的痉挛中。这是什么原因引起的呢? 他立即将这一奇怪的现象报告给伽伐尼。伽伐尼连忙跑过来看,百思不得其解。是那台电机在作怪吗? 可青蛙腿是完全与电机隔开的,而且两者的距离还不是很短。这真是使人捉摸不透。

奇怪的现象不断发生:当伽伐尼把钩着蛙腿的铜挂钩挂在铁架上时,蛙腿也颤动起来;当把两块不同的金属一端相碰,而另一端跟蛙体接触时,蛙腿也抽搐……这一切,都跟他把电流施加在蛙腿上所产生的现象相同。

伽伐尼对此做了多年的研究,他把发生这种现象的原因归结为肌肉收缩而产生了生物电,并写出了《电对肌肉运动的作用》的论文。

不久,伽伐尼把论文寄给了本国帕维亚大学物理教授伏打,征求他对论文的意见。伏打对伽伐尼的这一发现很感兴趣,并完全赞同伽伐尼的观点。他对这一现象作了解释:这是对存在于肌肉和神经中的电流的一种干扰,两种金属的作用乃是将电路接通了。

可是,当伏打进一步做了许多实验后,便改变了自己的想法。有一次,他将一片锡箔放在自己的舌头上,并让它和一枚铜币相连接,舌头上立刻有电麻的感觉。接着,他又取来两种不同的金属,并把它们连接起来,同时又与自己的眼睛接触,眼前立即产生了一种闪光的感觉,犹如发生了一次大爆炸。

这些实验都没有用到青蛙腿,电是从哪里来的呢? 这位物理学家立即想到了金属,是不是两种不同的金属接触时产生了电呢?

为了证实这一想法,伏打准备了一块干干净净的锌板和一块铜板,把其中的一块跟金箔静电计的内杆相连,另一块跟外壳接触。当把两块金属板重合一下,再立即把静电计外壳接触的那块拿开,静电计的指针偏转了。

啊!伽伐尼所发现的现象不是生物电,而是一种物理电现象。即使没有青蛙腿,只要让两种金属接触,也能产生电效应。在伽伐尼的试验中,青蛙腿只不过是两种不同金属接触时所产生的电流的灵敏检测器。

奥秘揭开了,伏打又忙着用各种不同的金属配对进行实验,发现它们都能产生电流。他在选取锌、铁、锡、铅、铜、银、铂、金这些金属中的任意两种配对时,还发现总是在上述次序中位于前面的金属带负电,位于后面的金属带正电;并且在金属接触时,如果有潮湿物质存在的话,产生的电更大。

把许多金属放在一起会不会产生更大的电流呢?伏打决定试一试。他把一块锌片和一块铜片叠合起来,再把在盐水中浸泡过的湿布放在上面,然后把许多这样的金属片重合在一起,形成一端是锌片,另一端是铜片的电堆。当伏打用手触摸这个电堆两端的金属片时,突然受到强烈的"电震",把他吓了一跳。

这样的电堆电力很小,伏打对此并不满足。他又不厌其烦地继续做着各种实验,寻找能够产生更大电力的金属组合方法。1799年,他试着把一组组铜片和锌片成对浸泡在一个盛满酸溶液的小容器里,再用导线按锌-铜-锌-铜……的次序把它们连接起来,结果产生了相当大的电流。世界上第一个原电池就这样被发明了。

伏打电池的发明引起了电学的一场革命。在此之前,人们只有通过摩擦起电,才能得到一些静电。这种静电数量少,持续时间短,没有多少实用价值。伏打电池所产生的电,不但数量大,而且持续时间长,因此,它不但有很大的实用价值,而且拓宽了电学的研究领域。从此,人们从"静电"的研究引入到"动电"的研究。

由于伏打的这一功绩,法国皇帝拿破仑于1801年9月26日,特地将他召到巴黎,授予他金质奖章,并封他为伯爵。英国皇家学会颁发给伏打最高的荣誉——科普利奖章。

一次看似平淡的课堂实验，为什么使奥斯特激动万分

《磁针电抗作用实验》是丹麦物理学家奥斯特于1820年在法国的科学杂志《化学与物理学年鉴》上发表的一篇著名论文。这篇论文介绍了他发现电流磁效应的成果，把电学和磁学结合起来，促进了电磁学研究的开展。

1820年7月21日，丹麦哥本哈根大学奥斯特教授带着伏打电池来到物理实验室，为学生们上实验课。

当他接通电池时，突然发现放在电磁旁边的磁针发生了偏转，改变了原来的位置，在垂直于导线的方向停了下来。

学生们对这一现象丝毫没有感觉，可是奥斯特却激动万分。

长期以来，人们一直把电和磁作为独立的互不相关的现象进行研究，而奥斯特却隐约地认识到电和磁之间存在某种联系，他从1807年起，就致力于电的各种效应的研究，经过10多年的探索，进展不大。今天他在课堂上看到通电后引起的磁针偏转时，怎能不激动呢？

奥斯特意识到自己将有一项重大发现，下课后，立即进行研究。

他用导线又接通了伏打电池，当磁针垂直地放在导线的位置时，磁针并无变化；当磁针平行地放在导线的位置时，磁针立即偏转，直到与导线垂直为止。他再把磁针放在一定的位置上，当伏打电池接通时，磁针发生了偏转，当关闭电源时，磁针就恢复到原来的状态。

奥斯特又进一步地试验了不同的金属导线，发现磁针的偏转几乎一样。接着，他又在导线和磁针之间放一块硬纸板隔着，在接通电源时，磁针仍然偏转，甚至在中间放上玻璃、石头、水、金属时，磁针照样偏转。

通电导线为什么会使磁针偏转呢？奥斯特认为，磁针的偏转是由于电

荷的流动引起的,磁针的偏转方向和电荷的流动方向密切相关。由于导体中的电流会在导体周围产生一个环形磁场,因此,磁针在这个磁场范围内,无论是改变电流的方向,还是改变磁针与导线的位置,都会引起磁针的偏转。

奥斯特的发现把电学和磁学结合起来了。从此,电磁学的研究蓬勃地开展起来。

欧姆定律为什么遭诋毁

"欧姆定律"是一个著名的电学定律,它是德国中学教师欧姆在 1826 年正式提出,并于 1827 年公开发表的。欧姆因发现这一定律而于 1841 年获得英国皇家学会科普利奖章。至今,欧姆定律仍是各国中学物理教科书中的一个重要定律。

自从伏打电池发明以后,科学家对电流现象的观察和研究更为深入了。德国中学教师欧姆也对电学表示了极大的兴趣。

欧姆于 1787 年 3 月 16 日出生于德国的埃朗根。幼年时,欧姆失去了母亲,父亲是个锁匠,家境十分困难。1805 年,欧姆大学毕业后就到了一所中学担任教师,以维持生活。

由于欧姆对电学产生了兴趣,所以他在教学过程中自制了许多电学仪器和材料,进行了大量的实验。

在实验中,欧姆发现对同一个伏打电池,用不同的金属材料做导线时,所产生的电流强度不一样。他曾用实验排列了若干种金属的导电性,那时他认为银的导电性最好,而铁的导电性最差。并且,他还发现电流强度与导线的长度也有关系。于是,他对导体材料进行了深入研究,在研究的基础上,正式提出了电阻的概念,并发现了电阻定律,即导体的电阻与它的长度成正比,与它的横截面积成反比,与导体的材料也有关系。

后来，欧姆继续从事电流强度、导体材料、电动势之间关系的研究。1826年，欧姆在大量实验的基础上，正式提出了欧姆定律。部分电路的欧姆定律是：导体中的电流强度跟这段导体的电压成正比，跟这段导体的电阻成反比。全电路的欧姆定律是：电路中的电流强度跟电源的电动势成正比，跟整个电路的电阻（外电路电阻和电源内电阻）成反比。

欧姆把他的实验和总结出的规律写成论文，于1827年发表了。令人意想不到的是，论文发表以后，并没有给欧姆带来荣誉，反而给他招来诋毁。原来是一些自命不凡的教授认为，欧姆只不过是一个中学教师，做不成大事，还将欧姆的论文说成是空洞的编造。

欧姆对此感到非常气愤。1829年，他写信给国王要求公断，给他的成果一个公正的评价，可最后还是不了了之。

直到1841年，也就是欧姆的论文发表14年后，英国皇家学会发现了欧姆定律的价值，授予欧姆科普利奖章，这才引起德国科学界的重视。1852年，他65岁时才当上慕尼黑大学的教授。

后人为了纪念欧姆，将电阻的单位命名为"欧姆"，简称"欧"，以纪念这位有着远大科学抱负的中学教师。

能量守恒和转化定律是谁发现的

《论热的机械当量》是1849年焦耳在英国皇家学会发表的一篇著名论文。在这篇论文中，焦耳以他各种实验结果的精确一致性，为能量守恒和转化定律建立了无可辩驳的坚实实验基础和理论基础。能量守恒和转化定律是自然界最基本的规律，深刻地反映了世界的物质性和物质运动的统一性，它的发现被称为是19世纪的三大科学成就之一。

中国科普大奖图书典藏书系

　　最早公布能量守恒和转化定律的是德国青年医生迈尔。1814 年,迈尔出生于德国,1840 年他在一艘远洋海轮上当船医,船从荷兰驶往东印度。船在热带的爪哇停留时,他给当地人看病。

　　当迈尔从病人身上抽取出血液时,奇怪地发现,患者的静脉血要比在欧洲见到的病人的静脉血颜色红亮得多。迈尔猜想,动物体温是由氧化过程产生的热,由于热带炎热,那么人的体温只需要从食物中吸取少量的热即可维持,因此食物氧化作用减弱,剩下多余的氧留在静脉血里,血红素结合了氧就显得红亮了。据此,迈尔认为,人的体温是由食物化学能转化来的。他进一步认为,人体动力也就是肌肉机械做功的能量,也来源于食物化学能;热能和机械能加在一起的总量,应该等于食物化学能。

　　在航行期间,迈尔听船员说:"暴风雨来时,海水温度比平时要高一点。"迈尔认为这应该是机械能转化为热能的缘故。

　　1841 年,迈尔随船回国后,写成论文《论力的量和质的量的测定》。在这篇论文里,他提出了热是运动的观点,说明了热是由运动转化来的,并阐述了能量守恒和转化方面的见解。他把论文投给德国的权威刊物《物理学和化学年鉴》。由于当时理论界受热质说的影响,都相信热是物质而不是运动,因此不承认迈尔的见解,拒绝发表。

　　后来,迈尔做了两个实验,一是把一块与水温相同的金属,从高处落入水槽里,结果水的温度升高了。二是用力摇动水槽,结果水温也能升高。他还对实验进行了定量测定。1842 年,他又把自己的研究成果写成论文《论无机界的力》,终于在德国的《化学与药物杂志》上发表。

　　论文虽然发表了,但没有受到人们的青睐,反而受到了不少嘲笑和攻击,使迈尔患上了神经紊乱症。焦耳是第一个在广泛的科学实验的基础上发现和证明能量守恒和转化定律的人。

　　1840 年,焦耳多次测量了电流的热效应。焦耳发现,通电导体所产生的热量,跟电流强度的平方成正比,跟导体的电阻成正比,跟通电的时间成正比。这就是著名的焦耳-楞次定律。

焦耳把自己的实验成果写成论文《论伏打电池所产生的热》，提出热是能的一种形式，电能可以转化成热能。但他的论文没有受到重视，因而没有发表。

为了进一步从实验中证实自己的发现，焦耳又进行了各种实验，探讨各种运动形式之间的能量转化关系。

1843 年，焦耳根据实验总结出《论水电解时产生的热》，提出线路所需要的全部热量正好等于电池内的化学变化所提供的热量。在这一年内，他还测定出热功当量为 1 卡等于 460 克米。

1843 年 8 月，焦耳在皇家学会于柯克举行的学术会议上宣读了他的论文《论磁电的热量效应和热的机械值》。他介绍了自己的实验，公布了热功当量值，明确论述了能量守恒和转化问题。他的论文虽然非常精彩，但大多数人对此持怀疑态度，有的权威更是不信任，甚至有些轻蔑。

多次打击并没有使焦耳泄气，这个小小的酿酒师继续从事自己的业余研究。1844 年，他通过压缩空气升温实验，计算出热功当量为 1 卡等于 443.8 克米。他又要求在皇家学会上宣读自己的论文，却遭到了拒绝。

焦耳仍坚持反复地做实验。1847 年，他测得的热功当量为 1 卡等于 427.4 克米，已非常接近现在公认的 1 卡等于 427 克米。

1847 年 6 月，焦耳要求在牛津大学举行的学术会议上宣读自己的论文，会议主席找借口不同意，在焦耳的再三要求下，只允许他说说要点。焦耳在会上介绍了自己的实验，并阐明自己的观点。大会主席却不准备讨论它。可是，已有较高学术地位的物理学家威廉·汤姆生，即开尔文勋爵发现了焦耳理论和传统理论的尖锐对立，激烈反对大会主席的决定，要求讨论焦耳提出的理论，焦耳的理论这才引起重视。

1849 年，由于大名鼎鼎的电学家法拉第的力荐，皇家学会发表了焦耳的论文《论热的机械当量》。焦耳从 1840 年起，用机械功生热、电流生热、压缩气体生热等不同的做功方法，进行了 400 多次实验，并以他各种实验结果的精确一致性，为能量守恒和转化定律建立了无可辩驳的坚实实验基础和理论基础。

此外，英国律师、业余物理学家格罗夫也与焦耳大体同时发现了能量守恒和转化定律。1842 年，他在伦敦作了《关于自然界的各种力之间的相互关系》的讲演，指出一切物理力：机械力、热、光、电、磁，甚至还有化学力，在一定条件下都可以互相转化，而不发生任何力的消失。1846 年，他出版了《物理力的相互关系》。

德国物理学家和生理学家赫尔姆霍茨，通过运动热的研究途径，发现了能量守恒定律。他认为"自然力不管怎样组合，也不可能得到无限的能量"，"一种自然力如果由另一种自然力产生时，其力的当量不变"。

总的来说，在发现和研究能量守恒和转化定律的过程中，焦耳比其他人更显得突出。一是他的发现具有热能、电能、机械能等多种形式之间的相互转化和广泛的实验基础；二是他获得了准确的热力当量数值。因此，人们常常把焦耳当做发现能量守恒和转化定律的代表人物。

为什么一部划时代的电学巨著却没有一个数学公式

《电学实验研究》是法拉第在 1855 年出版的一本科学著作。这部著作系统总结了作者多年对电学进行实验研究的成就，特别是通过磁生电的实验研究，发现了电磁感应的基本定律。法拉第的成就为现代电工学奠定了基础，被广泛用于发电、送电等技术，为人类进入电气时代展示了美好的前景。

1820 年，丹麦哥本哈根大学教授奥斯特发现，当导线上有电流通过时，导线旁的磁针就会发生偏转，这说明电和磁是有关系的，电流能产生磁场。这消息传到英国以后，引起了英国皇家学会会员沃拉斯顿的注意。他想，既然电能让磁动，磁为何不能让电动？他跑去找戴维，还设计了一个实验，在一个大磁铁旁放一根通电导线,看它会不会旋转。可惜没有成功,更可惜的是他一碰钉子就后退了。

皇家学会两大科学家失败的实验,让一个在戴维那儿当小学徒的法拉第记在了心里,事后他独自一人躲在实验室里研究起来。

1821年9月3日,法拉第取来一个玻璃缸,里面倒了一缸水银,正中固定了一根磁棒,棒旁边漂了一块软木,软木上插一根铜线,再接上伏打电池。电路一通,那软木轻轻地飘动起来,缓慢地绕着磁棒转开了。

以后,法拉第又研究将磁转化为电。他做了大量的实验,经历了无数的失败,耗费了10年的光阴,没有变出一丝电来。

1831年10月17日,法拉第把铜线绕到一个空的纸筒上,并把铜线的两端接到电流计上。当他把一条形磁铁插入圆筒时,电流计的指针动了;把磁铁抽出来时,指针也动了,不过,这次是向相反的方向移动,接着,又像刚才那样回复到原处。磁终于变成电了!电磁感应的现象被他发现了!原来,运动是产生感生电流的条件。只要有了运动,就会感生出电流。

法拉第虽然发现了磁变成电,但他还是穷追不舍。他先将直棒磁铁换成马蹄形的,将线圈换成一个铜盘,铜盘可以连续摇动,这样就可以获得持续电流了。这是人类历史上第一台发电机。

1855年,法拉第根据自己几十年的电学实验,出版了《电学实验研究》。在这部由3 000多节组成的鸿篇巨制中,详细介绍了磁能转化为电能的实验研究,为人类新能源开辟了前景。然而,就是在这样一部划时代的电学巨著中,却没有一个数学公式。这与法拉第的家庭背景和他所受的教育密切相关。

法拉第是一个铁匠的儿子,1791年9月22日生于英国。14岁便辍学,到一个书铺做学徒。由于他对知识的渴求和好学不倦,后来一个偶然的机会,英国著名化学家亨利·戴维发现了他,使他成为自己的助手。

由于没有上过正规学校,法拉第对数学几乎一无所知,但是,他却有着超强的直观能力和形象思维能力。所以在整部书中，他没用一个数学公式，而是用了大量的直观图形总结了自己多年对电学进行实验研究的成就。后来，法拉第电磁理论缺乏数学描述的这一缺陷，由精于数学的英国科学家麦克斯韦补充完善。

麦克斯韦的电磁理论为什么被称为"上帝的神来之笔"

《电磁学通论》是麦克斯韦在 1873 年出版的一部科学专著。这本著作建立了能够概括所有电磁现象的实验定律，深刻揭示电磁现象本质，并且提供系统地解决问题方法的理论，是电磁学的经典理论著作。

1873 年，麦克斯韦出版了他的电磁学专著《电磁学通论》。这部著作全面而系统地总结了电磁学研究的成果，成为电磁学的经典理论著作。

19 世纪 40 年代，电磁学的实验定律都已经建立了。1854 年，麦克斯韦在剑桥大学毕业并留校任教不久，就读到了法拉第的名著《电学实验研究》，立即被书中的实验和新颖的见解吸引住了。他仔细地研读了这本书，发现法拉第作为实验大师，有许多过人之处，但是他几乎没有数学功底，只能用直观的形式来表达自己的创见。而这在当时被认为是致命的缺陷。因为当时人们普遍认为，数学描述是物理学的关键。如果不能用数学术语描述，那么这个物理假说有可能是错误的。麦克斯韦很想建立能够概括所有电磁现象的实验定律，深刻揭示电磁现象本质，并且提供系统地解决问题方法的理论，即理论电磁学。因此，当时只有 23 岁的麦克斯韦，就将建立这个理论作为自己的奋斗目标。

麦克斯韦从小热爱科学，喜欢提出各种各样的问题，且学习成绩优异，14 岁的时候就在学术刊物上发表了一篇关于二次曲线作图问题的论文。16 岁时考入了苏格兰最高学府爱丁堡大学,学习物理和数学。19 岁时考入著名的剑桥大学三一学院,受到了著名的数学家和物理学家霍普金斯的器重和悉心指导,打下了良好的数理基础。此外,麦克斯韦还十分注重实验,精通实验技术。1871 年,他受聘为剑桥大学物理实验室主任,领导筹建了著名的卡文迪什实验室,从设计到仪器配置他都亲自过问。这间实验室曾使好几位科学家获得诺贝尔奖。所有这些,为麦克斯韦对于电磁理论的研究和用数学分析方法总结实验成果铺平了道路。

要建立理论,首先要确定物理模型。电磁学的基本问题是:空间隔开的两个电荷(或电流)是怎样建立起作用的? 当时有两种观点。一种观点认为空间是绝对虚空的,电荷不要媒介而直接作用,这是超距作用观点。这种观点是错误的。另一种观点认为,电荷、电流通过电磁场建立作用力。这种观点被称为近距作用观点。法拉第坚持这一观点,首先提出了"力线"概念和"场"这个物理模型。当年轻的麦克斯韦阅读法拉第的著作时,确信其中包含的真理,并悟出了力线思想的宝贵价值。经过十多年的努力,麦克斯韦终于把法拉第的电磁理论变成了精确的数学形式。他用数学方法把电流周围存在的磁力线的特征,概括为一个矢量微分方程,导出法拉第的结论。各种各样的电磁现象均能通过这一方程得到解释。麦克斯韦的理论证明了电和磁是不可分割的;电荷的振荡会产生电磁场,这种变化的电磁场将以一个固定的速度向外辐射电磁波,而且算出电磁波在真空中的传播速度与光速相等,说明光也是一种电磁现象。至此,经典电磁理论体系建立起来。

爱因斯坦曾经说,麦克斯韦的理论"简直就是一场革命"。奥地利物理学家玻尔兹曼曾引用歌德《浮士德》中的一句话称赞这一理论说:"这种符号简直是上帝的神来之笔。"

《论物理力线》中预言的电磁波是谁发现的

《论物理力线》是麦克斯韦在 1862 年发表的一篇著名论文。该文预言了电磁波的存在。1888 年，根据这一预言，人类发现了电磁波。电磁波的发现对人类产生了巨大的影响，促使了电视、无线电话、卫星通信等无线电技术的不断涌现。

1862 年，麦克斯韦发表了《论物理力线》的论文。在这篇论文中，他预言电磁波的存在：世界上存在一种尚未被人发现的电磁波，它是看不见摸不着的，但是它充满在整个空间。并且，光也是一种电磁波。

尽管麦克斯韦导出了电磁波的能量密度，指出电磁波就是能量的流动过程，从而说明了电磁波的物质性，但是，麦克斯韦并没有用实验来证实电磁波的存在，以致人们对是否有电磁波存在表示怀疑，甚至对麦克斯韦的电磁理论也表示怀疑。

当人们对麦克斯韦的电磁理论的认识处于莫衷一是状态时，在德国却有人认真地从事电磁理论的研究。最先力图证明电磁理论正确的是玻耳兹曼，但是没有成功。不久，赫尔姆霍茨和他的学生赫兹加入了这一行列。

1883 年，爱尔兰教授菲茨杰拉德根据麦克斯韦的理论作出一个推论，就是如果麦克斯韦的理论正确，那么莱顿瓶在振荡放电时，即可产生电磁波。那么，如何测出电磁波呢？坚信麦克斯韦理论的赫兹决心用实验来进行检验。1886 年秋，赫兹发明了一种电波环。他把一根粗铜线弯成圆环状，环的两端分别连着金属小球。这是一个十分简单但却非常有效的电磁波检测器。

1888 年，赫兹在两块正方形锌板的边缘中心，各接一根铜棒，然后使两根铜棒相隔一定距离并彼此绝缘而组成一个振荡器。在暗室中将电波环放置在距振荡器 10 米处。

实验时,将感应圈的高压电引至振荡器的两根铜棒上,使两根棒间产生电火花,由此而辐射电磁波。电波环的两个小球间闪现了电火花,这正是振荡器辐射的电磁波。

紧接着,赫兹进一步用实验证实了电磁波可以反射、折射、产生驻波,并测定电磁波的传播速度,再次肯定电磁波是以光速传播的。

这些实验令人信服地证明了电磁波是存在的,而且电磁波和光是统一的,有力地支持了麦克斯韦的电磁理论。

电磁波的发现对人类产生了巨大的影响。6 年后,意大利的马可尼、俄国的波波夫实现了无线电传播,其他无线电技术如无线电报、无线电话、电视、雷达、卫星通信等,也像雨后春笋般涌现出来了。

迈克尔逊为什么对自己的实验有助于"相对论"的诞生而感到遗憾

"以太风"实验又叫以太漂移实验,是由美国著名的实验物理学家迈克尔逊和莫雷设计出来的,在科学史上称之为"迈克尔逊—莫雷"实验。1881 年,迈克尔逊进行了第一次实验。1887 年 7 月,他又和莫雷合作再次进行实验。这个实验否定了"以太"的存在,导致了爱因斯坦相对论的建立。

在牛顿的时代,曾普遍认为,光是由机械微粒组成的粒子流。进入 19 世纪,麦克斯韦创立了电磁理论,这是自牛顿力学以来经典物理学所取得的最重要的成果之一。这个理论把光学与电磁学统一了起来,指出光是一种电磁波。根据当时传统的观点,既然光是波,也就要有一种传播媒质,这种媒质被称为"以太"。它被描述为无处不在,例如,太阳光之所以能传到地球,就是因为在太阳和地球间充满着"以太"。"以太"成了一个特殊的、绝对静止的惯性系,成了牛顿经典力学中绝对时空观赖以成立的基石。

既然存在这么一个传播电磁波、传播光的绝对静止的以太空间,那么地球在绕着太阳旋转的时候,就必然要以它的运行速度——30千米/秒的速度在"以太海洋"中穿行了。因此,在地球上就应该有每秒30千米的"以太风"的存在,就应该能观测到不同方向光速的差异了。

当光的传播方向和"以太风"一致时,光速应为300 000+30=300 030千米/秒,当光的传播方向和"以太风"相反时,光速应为300 000−30=299 970千米/秒,这个结论只要能被实验所验证,那么在宇宙中就一定存在"以太"这个特殊的惯性系,存在"以太"——这个绝对空间了。为了证实"以太"的存在,科学家们作了许多实验。其中最著名、最有权威性的就是"迈克尔逊—莫雷"实验。

这个重要的判定性实验原理如下:

既然地球相对于静止的以太以每秒30千米的速度运动着,那么按照叠加定理,在地球上不同方向发射的光将有不同的速度,将这些光叠加起来,就会产生干涉条纹。如果改变光的方向,干涉条纹也将发生移动。

这个实验是由美国著名的实验物理学家迈克尔逊和莫雷设计出来的,因此,在科学史上称之为"迈克尔逊—莫雷"实验。

迈克尔逊原籍是德国,在他4岁的时候全家移居到了美国。迈克尔逊1873年以极为优异的成绩毕业于安纳波利斯的海军军事学校,毕业后留校担任教官,并于1880—1882年期间被派往欧洲学习、深造。1881年前后,他在柏林大学赫尔姆霍茨实验室工作时,研制成了一种可以测定微小长度、折射率和光波的波长的精密仪器——光学干涉仪。

1881年,迈克尔逊在波茨坦大学天体物理观象台的地下室里进行了第一次测量以太漂移的实验。实验设计十分巧妙:他让一束光线经过方向完全不同的路径(让两束光线相互垂直),然后再照射到同一个平面上。因为两束光线是同一个光源,因此必须产生干涉条纹。如果将仪器转动90度,那么,由于其中一束光线和"以太风"平行,另一束光线和"以太风"垂直,也必然会引起干涉条纹的移动,这样就可以肯定"以太"这个绝对空间的存在了。

但是,非常遗憾的是,这个相当精密的仪器,却没有得到预期的实验结果。根本没有观测到干涉条纹的移动。迈克尔逊得到的是一个令他垂头丧气的结果:干涉条纹根本没有发生移动,因此,静止以太的假设是错误的。

迈克尔逊是一个深受经典力学理论影响的科学家,他不相信"以太"是不存在的。1887 年 7 月他和另一位科学家莫雷合作,再次进行了这个测量"以太"漂移的实验。这一次,由于莫雷对原来的实验装置提出了好几项重要的改进,测量的精密度更高了。事实上,为了找到这个"老以太",他们已经制成了一台测量精度高达四亿分之一的长度测量仪。

但是,这次实验的结果仍然是一个让人垂头丧气的结果。尽管实验设备十分精密,但是却再一次证明了:"以太"——这个绝对空间是不存在的。

迈克尔逊到死都相信以太是存在的,因此,他对这个实验结果非常不满意。但由于他和莫雷设计了一个精确度极高的长度测量仪,因此,获得1907 年诺贝尔物理学奖。

"迈克尔逊—莫雷"实验是一个权威性的判定实验,这个实验表明根本没有静止的"以太空间"这种东西。经典物理学的绝对时空观受到了严重的挑战,以致 1900 年 4 月 27 日开尔文勋爵在为送别旧世纪所作的题为《十九世纪热和光的动力理论上空的乌云》的讲演中不得不指出:"恐怕我们仍然必须把这朵乌云看作是非常稠密的。"

在"以太风"实验的零结果的威胁之下,19 世纪末至 20 世纪初,经典物理学已经深深地陷入了危机之中。面对这种情况,冲不出旧框框的物理学家们千方百计论证"以太"的存在,或用新的说法来维护"以太说"。

就在众多物理学家为找寻、确证"以太"存在而孜孜不倦努力奋斗时,爱因斯坦沿着一条与之迥然不同的道路辛勤探索,寻找新的解答。他从实际出发,对一直占统治地位的绝对时空观大胆发生怀疑,坚定地认为古典理论这条破船靠修补漏洞是解决不了问题的,有效的办法就是另建新船。他从迈克尔逊和莫雷的"以太风"实验的零结果出发,大胆否定了"以太"的存在,突破了束缚人们思维的"以太"框框,创立了完全不同于绝对时空观的相对论时空观。

迈克尔逊是一个到死都相信"以太"是存在的科学家,由于他的一个著名实验,导致了否定"以太"存在的相对论的出现,这实在叫他难以接受和感到遗憾。迈克尔逊曾无不懊悔地对爱因斯坦说,他没想到他的实验会引出相对论这个"怪物"。

《一种新的射线初步报告》报告了什么

《一种新的射线初步报告》是德国物理学家伦琴在 1895 年 12 月 28 日写的一份研究报告。它报告了 19 世纪末物理学三大发现之一——X 射线的发现。它给医学和化学结构的研究带来了新的希望,促使了天然放射性的发现和一系列新技术的产生。

1895 年 12 月 28 日,德国的物理学家伦琴写好了一份研究报告,题目是《一种新的射线初步报告》。在报告中,伦琴把这种新发现的射线称为"X 射线",因为当时对于这种射线的本质和性质还了解得很少,称它为 X 射线是表示射线的性质还是未知的。报告指出,"X 射线和阴极射线并不完全相同,它是由放电设备的玻璃管壁上的阴极射线所产生的","X 射线和红外线、可见光线以及目前所知道的紫外线完全不同","X 射线是直线传播的"。他还用 X 射线照了一幅手骨照片。这天,伦琴把论文连同照片一同送交维尔茨堡物理医学学会出版。这件事成了轰动一时的科学新闻,伦琴的论文和照片在 3 个月内被连续翻印 5 次。此后,伦琴又完成了《一种新的射线(续篇)》和《关于 X 射线的第 3 次报告》。这 3 份报告成为 X 射线发现和研究的经典文献。由于 X 射线为伦琴所发现,所以后人又称为伦琴射线。

伦琴是怎样发现 X 射线的呢？

自从阴极射线被发现以后，围绕着阴极射线的本质是什么，在物理界引起了一场争论。一些物理学家认为阴极射线是粒子流，另一些物理学家则认为阴极射线是电磁波。由此，引起了许多物理学家对阴极射线的性质进行深入研究。伦琴就是其中的一个。

1895 年 11 月 8 日傍晚，伦琴在维尔茨堡大学物理研究所进行阴极射线实验时，意外地发现在阴极射线管一米以外放置的荧光屏上出现了微弱的闪光。为了防止荧光屏受偶尔出现的管内闪光的影响，伦琴用一张包相纸的黑纸，把整个管子包严实，当打开阴极射线管的电源时，荧光屏上还是出现了闪光。

第二天，伦琴又来到实验室继续做这个实验。他先把阴极射线管包好，然后打开开关，荧光屏上的闪光又出现了。他用手去拿荧光屏，一个完整的手骨的影子出现在荧光屏上，把他吓了一跳。他反复试验了几次，结果都一样。这时，伦琴已感觉到这光线肯定不是阴极射线，因为阴极射线射程短，现在这射线能透过玻璃、黑纸、手，说不定是一种人类未认识的新射线。

为了探索出这种新射线究竟是什么，伦琴连续几个星期在实验室里潜心研究。他发现，这种射线的穿透力很强，可以穿透 23 厘米厚的木板、15 毫米的铝板、1 000 页厚的书等。只有铅等少数物质对它有较强的吸收作用。

然而，限于当时的条件，伦琴对这种射线所产生的原因及性质都知之甚少。为了鼓舞和鞭策更多的人去继续关注它，研究它，伦琴就把他所发现的这种射线，叫做"X 射线"。

X 射线的发现是 19 世纪末物理学三大发现之一。这一发现给医学和化学结构的研究带来了新的希望，此后，产生了一系列的新发现和与之相联系的新技术。更重要的是人们对 X 射线的研究，促使发现了天然放射性。1901 年，伦琴因为发现了 X 射线而成为第一个获得诺贝尔奖物理学奖的人。

穷困潦倒的伦琴为什么拒绝成为百万富翁

X射线的发现是19世纪末物理学三大发现之一。它的发现，轰动了整个世界。

1896年1月23日晚上，当伦琴在座无虚席的大学讲堂上讲他发现的X射线的时候，和伦琴同在一个大学任教的解剖学教授克里克尔，愿意当场用他的手照张相片。教授走上讲台，把手放在感光胶片上，然后射线管被开通了，没多久伦琴便把显影的胶片取了出来，底片清楚地显示出骨骼、手的软组织以及戴在教授无名指上的金戒指的清晰影像。这一有力的论证结束了伦琴精彩的报告。伦琴和他发现的X射线闻名于世。

伦琴在发现X射线的时候，就意识到了X射线穿透人的肌肉和骨骼的程度不同，具有巨大的医学价值。他在1895年12月28日提交给维尔茨堡物理医学学会的报告中也论述了这一点。这次经过他亲自作的报告和当场的论证，使人们确信X射线将在医学诊断上发挥巨大的作用，将会带来无限的商机和巨大的财富。

有人建议伦琴申请专利，控制X射线的使用权。

有人愿意和伦琴签订合同，开发X射线的使用工具，取得巨大的经济利益。有些集团希望高价购买X射线的使用权。当时，伦琴家境贫寒，穷困潦倒，特别需要钱。他从事科学研究，更需要钱作坚强后盾。按X射线的使用价值和诱人的开发前景，无论伦琴采用何种方式，穷困潦倒的他一下子就会成为百万富翁。

然而，伦琴并不企图从自己的发现中谋取分文之利，拒绝成为百万富翁。他说道："按德意志大学教授们的好传统"，"我认为，他们的发现和发明属于全人类，他们不应以任何方式受到专利、特许和合同的羁绊，也不应被任何集团所控制。"

科学家的高尚品德，使伦琴甘愿贫穷，拒绝成为百万富翁，而将自己辛勤研究的成果无私地奉献给全人类。

由于伦琴的无私奉献，作为医学诊断的一种辅助，X射线的使用迅速遍及全世界。寻找战士腿中子弹的位置、孩子们吞下东西的位置，是最初最明显的应用。后来，人们又对X射线的性质作了进一步的研究，发现用其他方法不能定位的体内肿瘤可以用X射线照相，借助它还可以记录人体的新陈代谢。此外，作为一种新的医疗工具，它还有许多其他方面的应用。到目前为止，X射线仍作为一种神奇的医疗手段，用来帮助诊断病情，造福于全人类。

汤姆生的阴极射线是"愚弄"人吗

《阴极射线》是汤姆生于1897年10月发表在英国《哲学杂志》上的一篇著名论文。在这篇论文中，汤姆生介绍了他发现的电子，打破了原子不可分割的传统观念，使人们进入了原子世界，具有划时代的重要意义。

1859年，德国物理学家普鲁克尔发现，当电流经过盖斯勒真空管时，管中的阴极对面出现了带绿色的辉光。1869年，普鲁克尔的学生希托夫发现从阴极上飞出的东西是沿直线方向前进的，如果在它的通道上放一块小物体，就会在阳极方面的玻璃上出现这个物体的阴影。1876年，德国物理学家戈尔茨坦断定，这种绿色的辉光是由于从阴极上发出某种射线射到玻璃上而引起的，他把这种射线叫"阴极射线"。

这种阴极射线究竟是什么？当时有两种针锋相对的观点：一种以德国物理学家赫兹为代表，认为阴极射线是一种类似光的电磁波；另一种以英国物理学家克鲁克斯为代表,认为阴极射线是一种高速带电的粒子流,J·J·汤姆生也持这种观点。

1894年,汤姆生做了一个实验,似乎有利于粒子说的观点。如果阴极射线是电磁波,那么它的飞行速度就应该是光在真空中的速度 $c=3 \times 10^8$ 米/秒。但汤姆生用旋转镜实验测得阴极射线的速度是 1.9×10^7 厘米/秒(只有 c 的 1/1 500)。这一测量,使汤姆生更加相信阴极射线不是电磁波。

汤姆生猜想,阴极射线也许是由比原子小得多的带电粒子组成的。1897年4月30日,在英国伦敦皇家学会会议上,汤姆生第一次正式提出了自己的猜想,但没有什么人相信,有人甚至说汤姆生在"愚弄"他们。

当然,这不是事实,但汤姆生一时也拿不出实验证明。为了证明自己的猜想是正确的,不是在"愚弄"人,汤姆生想到只有用更精密的实验作出证明,此外别无选择。

首先,他必须用实验证明,阴极射线可以在电场中偏转。他猜想,赫兹之所以没有能让阴极射线在电场偏转,可能是因为气体放电管中真空程度不够,结果残留在平行板电容器中的气体,在阴极射线电离的作用下成了导体,使阴极射线不能偏转。根据这一猜想,汤姆生用更好的真空泵,使气体放电管中真空程度增加。结果,阴极射线真的偏转了!这样,阴极射线是带电粒子流的假说就被证实了。伟大的赫兹没想到自己犯了一个大错误。

第二步,得用实验证实阴极射线是比原子小得多的带电粒子。汤姆生利用正交的电磁场(使电场和磁场相互垂直),可以测定带电粒子的质荷比 m/e(即粒子质量 m 和所带电荷 e 的比值)。他在实验中发现:①质荷比与制造阴极的材料以及放电管中气体种类无关,这说明这种带电粒子与元素原子种类无关,是每种原子中都共有的一种成分;②阴极射线的 m/e 比氢离子(H+)的 m/e 大得多,这说明阴极射线是质量很小的带电粒子,只有氢离子的 1/1 000 左右。

这两步实验,使汤姆生确信:比原子小得多的带负电的粒子是存在的,它是构成物质的普遍成分。1897年10月,他的著名论文《阴极射线》发表在英国《哲学杂志》上。

1899 年,汤姆生同意斯通尼(1821—1911)的意见,把这个带负电的基本粒子叫做"电子"。就这样,电子被汤姆生发现了!

电子的发现具有划时代的意义,它打破了原子是不可分割的最小微粒的传统观念,把人们领进了原子世界,科学开始了向原子更深的层次即原子核与基本粒子进军。

爱因斯坦为什么重抄论文

《论动体的电动力学》是 1905 年爱因斯坦发表的一篇著名论文。该文对牛顿的经典力学进行了全盘否定之后,提出了全新的时间、空间和运动概念,并经过复杂的数学推导和运算,导出了一系列的重要的狭义相对论的结论,震惊了整个世界。

爱因斯坦于 1879 年出生在德国一个犹太人家庭。由于受到法西斯的迫害,移居到美国,加入了美国国籍,曾担任过美国普林斯顿高级研究所主任。1955 年 4 月 18 日去世。

爱因斯坦在物理学方面做出了杰出的贡献。1905 年创建了现代物理学的理论支柱之一——狭义相对论,在此基础上于 1916 年提出广义相对论。他还提出了光量子概念,并用量子理论解释了光电效应、辐射过程和固体的比热。在阐述布朗运动、发展量子统计法方面,他也卓有成就。

爱因斯坦成名以后,请他演讲和要求收藏他的手抄稿论文的很多,而且出价很高。然而,爱因斯坦对金钱看得很淡薄。

有一次,美国电台邀请爱因斯坦作广播演说,答应一分钟给他 1 000 美元。爱因斯坦拒绝说:"我的话根本不值那么多钱。"一个记者诧异地问:"你大概不喜欢金钱吧?"他诙谐地说:"噢!基金会最近寄来面值 1 500 美元的支票,我挺喜欢的。不过,我把它当做书签使用,后来连同那一本书一起丢失了。"记者听了大为惊异。爱因斯坦平静地说:"最重要的不是这个,而是科学。"

可是,有一次,爱因斯坦却为钱同意将他30页的《论动体的电动力学》论文重抄一遍拍卖。

那是西班牙人民在进行反法西斯的斗争时,急需资金添置军火和生活用品。为了筹措资金,有人提议请爱因斯坦帮忙,将爱因斯坦的这篇论文公开拍卖,把拍卖的钱用于抗击法西斯。爱因斯坦听说这件事后,欣然同意,将这篇论文重抄了一遍,交给他们去拍卖。后来,爱因斯坦的这部手稿拍卖了600多万美元,爱因斯坦把它全部捐给了西班牙人民。

卢瑟福如何为看不见的原子画像

《α和β粒子的散射和原子的结构》是卢瑟福于1911年所写的一篇著名论文。在这篇论文中,卢瑟福提出了著名的原子模型。卢瑟福的原子模型,成功地解释了许多物理化学现象,是科学史上最伟大的成就之一。

自从道尔顿建立原子论以后,意大利科学家阿伏伽德罗又建立了分子论,使人类对原子的认识又前进了一大步。但是,他们保留了"原子是不可再分的最小微粒"这一错误观念,所以,原子的大门一直紧闭着,谁也不知道、甚至谁也不想知道原子的内部世界究竟是个什么样子。

1879年,有个名叫克鲁克斯的英国人做了一个放电实验。他在一个接近真空的玻璃管里装了两个电极。当通高压直流电时,一种极不寻常的现象发生了:跟阴极相对的玻璃管壁上,出现了美丽的荧光。更令他惊奇的是,当时并没有看到从阴极上有什么光线发射出来。

为了揭开这一秘密,克鲁克斯继续研究起来。他在管内阴极前面放上障碍物时,对面发光的玻璃上会出现阴影;在管内安装云母风车叶时,能看到叶轮转动起来。这说明有一条看不见的、具有一定质量和速度的粒子射线从阴极射出来。他发现这种射线在电场或磁场中发生偏转,在电场中射线偏向正极。当时,人们称这种射线叫"阴极射线"。

阴极射线是什么?自从它被发现后,科学家立即对它进行了种种推测。克鲁克斯认为它是一种"阴离子流",是管内的气体分子在阳极上得到电荷形成的阴离子。因为阴离子同性相斥,又加上阳性的吸引,所以它就飞向阳极。而英国的汤姆生认为阴极射线是一种带负电荷的微粒子流,因为阴极射线可以穿过金属薄膜,而离子是无能为力的。德国哥尔德斯坦认为是一种"以太波",赫兹认为是一种"电磁辐射波"……真是众说纷纭。

1897年,英国物理学家汤姆生在剑桥大学做了一个具有历史意义的实验。他利用阴极射线在磁场和电场作用下发生偏离的现象,测出了阴极射线粒子流的速度及所带电荷与质量的比值,其速度为光速的十分之一,荷质比值竟是带负电氢离子荷质比值的 1 840 倍。汤姆生用其他方法测定,阴极射线粒子所带的负电量和带负电氢离子所带负电量是相等的。根据荷质比来看,既然电荷相等,那么两种带电粒子荷质比数值相差这么大的原因,是由两者质量所引起的,由此推算出阴极射线粒子的质量只有氢原子质量的 1/1 840。

当时人们只知道氢原子是组成物质最轻、最小的单元,可现在又出现了这种比氢原子还要小得多的粒子,简直不可思议。汤姆生领着他的助手又重复测量了好几次,结果都差不多。并且他们还发现,这种荷质比不随放电过程中气体种类和电极材料改变而改变,说明这种粒子是各种原子的共同组成部分。汤姆生就称这种粒子为"电子"。

电子的发现打开了神秘的原子世界大门,打破了原子不可再分的传统观念,人类认识物质的微观结构又登上了一个新的起点。

在阴极射线发现之后，德国物理学家伦琴又发现了另一种不可见的射线。这种射线是阴极射线在目标物上产生的。阴极射线是具有较高能量的电子流，这些流动的电子打击在任何别的物质上，其能量就会发生转换，成为与光一样的射线发射出去。这种射线不带电，具有一定的穿透本领，能穿透薄的金属片、玻璃和肌肉，能在暗处使照相底片感光。克鲁克斯在研究放电现象时，就发现放在放电管附近的密封的照相底片坏了，可他没追究，以为是产品质量差而向厂家退了货。伦琴发现的这种射线就是现在被广泛用于医疗的 X 射线，也叫做伦琴射线。

就在伦琴射线发现后的第 2 年，法国的贝克勒尔在研究伦琴射线时，又发现一种铀盐能发出与伦琴射线不同的射线。这种射线也是不可见的，也能在暗处使照相底片感光，但它是自动发生的。

贝克勒尔的这一发现引起了波兰女科学家玛丽·居里和她的丈夫皮埃尔·居里的极大兴趣，决心从事这项研究。他俩在一间破旧的木棚里，顶着零下六摄氏度的严寒，用极其简陋的工具，干着繁重的体力劳动。经过两年的艰苦努力，他们终于发现了比铀放射性更强的两种元素：钋和镭。居里夫人把这种能自动发出射线的元素，称为放射性元素。

放射性元素的发现，震惊了世界，不少科学家立即对它进行研究。1899年，英国物理学家卢瑟福把镭的化合物放入上部留有小孔的铅盒里，让一束射线通过狭窄的小孔放出来。这束射线在外界电场（或磁场）的影响下分成了三支。卢瑟福把向负极偏转且偏转较小的带正电荷的一支射线称作α射线；把向正极偏转且偏转较大的带负电荷的那支射线称作β射线；把中间不发生偏转、穿透力极强的一支射线称作γ射线。

后来的实验证明：α射线是一种带正电荷的粒子流。每个α粒子带有两个单位正电荷，质量等于4，实际上它就是带两个单位正电荷的氦原子核，有一定的穿透能力，能穿透0.1毫米厚的铅板。β射线跟阴极射线相似，也是由带有一个单位的负电荷的粒子构成的电子流。不同的是β射线的速度几乎等于光速而阴极射线的速度仅是它的一半。β射线的穿透能力比α射线大，能穿透几毫米厚的铅板。γ射线类似于X射线，它不是由微粒构成的，是一种波长特别短的电磁波。γ射线的穿透力比β射线还要大，能穿透几厘米厚的铅板。

伦琴射线以及元素放射性现象的发现，对原子不可分的传统观念又是一个沉重的打击。它证实：原子不仅是可分的，而且其内部必定有复杂的结构。这就为原子结构理论的建立揭开了序幕，为揭开原子的秘密提供了条件，为撞开原子的大门铺平了道路。

卢瑟福发现3种射线以后，对α射线特别感兴趣。他测知α粒子能以每秒2万千米的速度从原子里面射出来，比普通炮弹不知快了多少倍。于是，他想把α粒子当作"炮弹"，把它射进难以攻破的原子王国中去刺探情况。

为了实现自己的想法，卢瑟福设计了一个α粒子放射实验：把α粒子流以很高的速度从放射源发出，经过两块带有小孔的厚铅板，这时除了从小孔穿过的α粒子外，其他大部分α粒子被铅板所阻挡。而从小孔穿过的这束α粒子流，却可以穿透他放在前面的极薄的金属箔，并打在涂有荧光物质的屏幕上而发出闪光。从闪光点的位置，就可以推断出，粒子在穿透薄金属箔时，运动方向是否发生了改变。

1911年的一天，青年学生马斯登前来跟卢瑟福学习技术，卢瑟福的得意门生汉斯·盖革建议老师为他安排一些实验。卢瑟福想一下，就叫他们用α粒子去轰击金箔，顺便练习怎样用荧光屏来记录那些穿过金箔的α粒子，并观察出经过金箔后的α粒子射线的方位。

盖革和马斯登遵照老师的建议，进行α粒子的散射实验。盖革曾多次做过这个实验，并设计过一种"计数管"，能对付那难以捉摸的α粒子，只要这种带电微粒穿过计数管，与计数管相连的报警器就会发出响声，指示灯也会亮一下。

他和马斯登躲在荧光屏后，通过一架低倍显微镜观察微弱的闪光，并认真记下闪烁的次数和散射的角度。忽然，他们看见有些α粒子被金箔弹回来了。真不可思议,连忙去报告卢瑟福。

卢瑟福一听也大为震惊,这应当是绝不可能的事,用一枚重磅炮弹去轰击一页薄纸,难道炮弹会被纸片弹回来?卢瑟福自己也连忙参加了这一实验,事实真是如此。大部分α粒子畅通无阻地穿过了金箔,有少数α粒子像是遇到了什么麻烦,发生了偏转;个别α粒子竟像碰到了坚硬的对手,被反弹回来了。

卢瑟福进行了反复的思考和分析,既然大部分α粒子能畅通无阻地穿过原子,这说明原子中有一个很大的空间,那么有一些发生偏转,甚至有个别被弹了回来,这是什么原因呢?这肯定不是α粒子跟电子相撞而引起的。因为电子的质量极小,α粒子的质量比它大7 000多倍。α粒子跟它相碰,运动方向是不会改变的。并且,原子中质量的分布以及正电荷的分布都是不均匀的,因为质量及正电荷的分布若是均匀的,α粒子在穿透原子时,运动状况的改变也应当是均等的,那就不可能出现部分散射的现象了。那么原因在哪里呢?卢瑟福冥思苦想,终于找出了原子有核的结构。在原子中,质量及正电荷是集中在一个很小很小的体积里,它可以看作原子的核心。这个核心的体积至少要比整个原子的体积小许多万倍。因为,只有这样,大部分α粒子不会碰上或靠近这个核心而直线前进;少数α粒子靠近了这个核心,由于α粒子带正电,同性电荷排斥,因而发生偏转;个别α粒子碰上这个核心,偏转角度就很大,甚至被反弹回来了。

1911年,卢瑟福写出了著名论文《α和β粒子的散射和原子的结构》。在这篇著名论文中,他正式提出了原子模型:每个原子都有一个极小的核,核的直径在10^{-12}厘米左右,这个核几乎集中了原子的全部质量,并带有若干个单位的正电荷。原子核外有若干个电子绕核旋转,核与电子之间的吸引力与电子绕核旋转的离心力达成平衡。由于原子核所带的正电荷数与电子所带的负电荷数相等,所以在一般情况下,原子显中性。

原子模型的提出,是卢瑟福在科学史上最伟大的成就之一。

几乎无人能懂的广义相对论是如何得到世人认同的

《广义相对论的基础》是爱因斯坦于1916年在《物理学杂志》上发表的一篇著名论文。该文中创立的广义相对论，是一种没有引力的新引力理论，是适用于所有参照系的物理定律。相对论的创立，改变了人们认识我们所赖以生存的这个世界的思想观念和思维方式，对开创物理学乃至整个人类文明的新纪元都产生了巨大的影响。

1905年，爱因斯坦发表了《论动体的电动力学》的论文，创立了"狭义相对论"。1916年，他又在《物理学杂志》上发表了《广义相对论的基础》，从而创立了"广义相对论"。相对论是一种全新的理论，并且数学结构过于艰深，许多人看也看不懂，听也听不明。据说爱因斯坦有一次对卓别林说："您真伟大，您演的电影全世界人人都能看懂。"而卓别林幽默地对爱因斯坦说："您也真伟大，您的相对论世界上几乎没有几个人能够弄懂。"相对论如此难懂，人们又是如何认同它的呢？这要归因于爱因斯坦从相对论出发，所做的一些伟大的科学预言。

在爱因斯坦的相对论中，有关于"质能转换"的结论：能量和质量是同一物质的两个不同的侧面，质量可以转变为能量，能量也可以转变为质量。放射能就是微小的质量转变成了能量。由于转变成能量的质量非常小，以致用普通的重量测定方法测不出亏损的质量；但微小质量所释放出能量却非常巨大，因此可以通过能量的测定，推出亏损的质量。1905年9月，爱因斯坦根据相对论原理推导出物体能量与质量的关系式：$E=mc^2$ 即能量等于质量与光速平方的乘积。爱因斯坦的这一结论后来被原子弹的爆炸所证实，并且一直是原子能利用的理论基础。

爱因斯坦的相对论认为：空间和时间不仅与运动有关，而且与物质的质量、分布状态有关。在任何具有质量的物体周围，都会产生引力场，这是一种新的物质形态。在强引力场的作用下，时间和空间会发生弯曲，质量越大，时间和空间的弯曲越厉害。为此，他预言：恒星发出的光由于太阳的影响会发生弯曲，所以我们看到的恒星位置与实际位置会有一点误差。他还计算出了偏斜度为 1.75 弧秒。由于平时日光太强，只有在日全食时才好观察。1919 年 5 月 29 日，赤道地区将要发生日全食，这正好被利用来观测太阳边缘所射来的星光，来证实相对论的正确与否。那一天，科学家们分别在南美和北美设立了两个观测点，精确地拍下了在变暗了的太阳周围星光的照片。观测证明：星光在通过太阳附近时，由于太阳巨大质量的作用，的确发生弯曲而偏离了原来的直线。通过计算，弯曲度是 1.61 到 1.98 弧秒之间。这与爱因斯坦 4 年前预言的相差无几。

1919 年 11 月 6 日，英国的戴森爵士在英国皇家学会正式宣布了观测结果。这一消息立即在全世界引起了极大的轰动。11 月 7 日，新闻媒介发表新闻，标题为"科学革命"，两个副标题为"宇宙新理论"和"牛顿观念的破灭"。12 月 14 日，爱因斯坦的照片登在周刊《柏林画报》的封面上。

世界各国的报纸杂志，争先恐后地刊登这则新闻，爱因斯坦一夜之间成了世界最著名的人物。美国的《纽约时报》从 1919 年 11 月 9 日开始，连续刊登爱因斯坦的文章和传奇故事。各国竞相邀请爱因斯坦作演讲，与大众见面，每到一地均受到国王才能得到的礼遇。有一次，一位姑娘见到鼎鼎大名的爱因斯坦，竟然因为过分激动而昏了过去，其知名度之大可想而知。

爱因斯坦的相对论还预言，引力场很强的恒星发出的光谱线向红端（波长比较长的一端）推移，1924 年，在天文观测中证实了有引力红移现象。

相对论中还有一个伟大的科学预言，就是水星近日点的运动是由于太阳本身引起了空间结构的改变而造成的。观测证明，水星每绕太阳公转一周，离太阳最近那一点的位置就有些改变。爱因斯坦的广义相对论还圆满地解释了这种现象。

随着大口径的光学望远镜和射电望远镜的发展,人们陆续发现了一些新天体,那里存在着很强的引力场。广义的相对论成了进行这方面研究的重要工具。

一个法国亲王在博士论文答辩时为什么竟无人能提问

《关于量子理论的研究》是法国著名科学家德布罗意在1924年11月24日向巴黎大学理学院提交的一篇博士论文。这是一篇划时代的论文,文中提出了在量子理论中著名的"德布罗意的物质波",为量子力学体系的建立作出了重大的贡献。1929年德布罗意由于这篇论文"发现了物质波"而获得了诺贝尔奖,成为历史上第一个因为博士论文而获得诺贝尔奖的人。

法国著名科学家路易斯·德布罗意亲王1892年出生于法兰西一个非常显赫的家族。法国于1759年封德布罗意家族的长者为亲王,从那以后,这个家族为法兰西提供了一位总理、一位国会领袖、三位上将、一位外交部长、一位教育部长和两位驻英国大使。不知为什么,到了路易斯·德布罗意这儿却在科学上大显身手,成了诺贝尔奖获得者、举世闻名的物理学家。

德布罗意亲王的哥哥莫里斯·德布罗意是一位物理学家,德布罗意从哥哥那里了解到普朗克和爱因斯坦在量子力学上的成就,对理论物理学产生了兴趣。

中学毕业后,德布罗意就进入巴黎大学学习理论物理学,但是后来改行学了历史学,并且于1909年就获得了历史学学位。然而,在他的内心深处从来没有放弃过对理论物理学的重大兴趣,后又转而选择了科学的道路,重新开始了他的理论物理学的学习与研究。

1924年11月24日,原来学历史、后又专攻理论物理学的博士研究生路易斯·德布罗意亲王向巴黎大学理学院提交了一篇使教授们感到十分惊奇的博士论文《关于量子理论的研究》。这是一篇划时代的论文,在这篇论文中,德布罗意提出了一些惊人的观点。他认为,根据爱因斯坦学说,不仅在光的理论中,而且在物质理论中,都必须利用波粒二象性。他提出:"每个微粒都伴随着一定的波,而每个波都与一个或许多个微粒的运动联系着。"在德布罗意看来,电子再不能被认为是简单的电的微粒,而应当把波同电子联系起来。德布罗意说的波,既不是光波,也不是电磁波,德布罗意把它叫物质波。他还导出了关于物质波波长的公式:

$$\lambda = \frac{h}{mv}$$

λ表示物质波的波长,m、v分别代表物体的质量和速度。

德布罗意的结论是从物理学最基本的假设出发的,他的推理过程极为严密,可以说是无懈可击的,更为重要的是,这个理论具有很高的独创性,因此,在论文答辩时,使得在座的教授们无人能提出什么问题。尽管教授们并不相信他的理论会在短期内得到验证,但仍然非常顺利地让他通过了论文答辩。

事实上,3年以后的1927年,美国科学家戴维森和J·J·汤姆生的儿子G·P·汤姆生从实验上证明了德布罗意的理论。他们让一束在电场中被加速的电子射向晶体,结果得到了电子的衍射图像,这种衍射图和光波的衍射图几乎没有什么两样。从衍射环的直径计算出电子的波长,与德布罗意公式所给出的波长完全一致,当束中的电子的速度增大或减小时,这个波长也随之减小或增大。

德布罗意的这篇论文还为薛定锷提出波动力学作出了重大贡献。薛定锷从德布罗意的物质波的观念出发,得出了描述自由粒子运动的波动方程,成为量子力学大师。

1929 年，德布罗意由于这篇论文"发现了物质波"而获得了诺贝尔物理学奖金，成为历史上第一个因为博士论文而获得诺贝尔奖的人。

《宇宙火箭列车》如何圆了人类的"飞天"梦

《宇宙火箭列车》是齐奥尔科夫斯基于 1929 年发表的著名论文。在这篇论文中，他提出了多级火箭的伟大构想，迅速引起了广泛的轰动效应。"宇宙火箭列车"这一构想的实施，彻底解决了宇宙飞船脱离地球吸引力所需速度的问题，实现了人类的"飞天"梦，在航天领域里产生了深远的影响。

1929 年，已达 72 岁高龄的齐奥尔科夫斯基发表了《宇宙火箭列车》一文，在这篇迅速引起了广泛轰动效应的论文中，他提出了多级火箭的伟大构想。何为"火箭列车"？"火箭列车"实质上就是多级火箭，因为它是一节一节的火箭连接起来的，就像一列火车一样，所以叫做"火箭列车"。

齐奥尔科夫斯基提出宇宙火箭列车的构想，源于人类的一个伟大梦想。

自古以来，人类就有"飞天"的梦想。在古老的中国，就有"嫦娥奔月"的神话故事。随着科学技术的发展，科学家们试图梦想成真，达成人们"飞天"的愿望。

1895 年，俄国的齐奥尔科夫斯基提出以人造卫星作为星际航行的"驿站"，再从这个"驿站"向月球和其他星球发射火箭的主张。为此，他自行设计安装制造了一个风洞，研究了 100 多个宇航飞行器的模型，取得了不少关于空气动力实验的第一手珍贵资料。

经过几年的潜心研究，他出版了一本《可驾驶的金属飞船》，在人类历史上第一次提出了火箭飞行理论。他指出，火箭是克服地球引力、飞出地球的最理想可靠的工具。他还精心构想出了火箭的外观及内在构造情况。

他的这一大胆的构想和设计,为现代火箭的产生奠定了坚实的理论基础。

人类要想飞向太空,必须首先征服地球引力这个拦路虎。当时,齐奥尔科夫斯基所设计的火箭,速度不超过每秒 2.5 千米,这个速度根本不能摆脱地球的引力。经过严格的计算,齐奥尔科夫斯基得出结论,要想摆脱地球引力,必须具有每秒 11.2 千米的速度。这就是所谓的"逃逸速度"。

齐奥尔科夫斯基经过研究,得出了两个结论:一是火箭的速度决定于排气速度,而排气速度又跟所选用的燃料和氧化剂有关,以液态氧做氧化剂,用液态氢做燃料比用汽油所得排比速度大。二是要使火箭达到较高的速度,必须提高火箭满载燃料时的质量和火箭躯壳的质量之比。

然而,用 1 吨的外壳要装下 30 吨左右的燃料是绝对不可能的,更何况外壳的质量还要包括火箭发动机和其他设备的质量,同时还得考虑外壳的坚固性。正是由于这些原因,使 72 岁高龄的齐奥尔科夫斯基在多年研究的基础上提出了"火箭列车"的构想。

这种多级火箭之所以能够取得逃逸速度,使火箭飞离地球,是由于第一节火箭在完成自己的使命后便自动脱落,减轻了负荷,上面各级火箭在下面各级火箭已经取得速度的基础上增加速度,所以一级比一级飞得快,客舱和科学仪器设在最顶上的一级火箭内。

"火箭列车"这一构想的实施,最终解决了宇宙飞船脱离地球吸引力所需速度的问题,实现了人类的"飞天"梦。

化 学 篇

谁最早把化学确立为科学

《怀疑派化学家》是英国化学家罗伯特·波义耳所写的一部名著。此书于 1661 年在牛津匿名出版,后来由作者署名出版。它被译成拉丁文后,广泛流传。波义耳在这部著作中,证明亚里士多德的土、气、火、水,帕拉塞尔斯的盐、硫、水银为元素的不合理性,并叙述了微粒理论适用于化学的原理。该书还提出了研究化学的方法和任务,第一次把化学单独列为一门科学。

最早把化学确立为科学的人是英国的物理学家和化学家罗伯特·波义耳。

波义耳最先提出把化学单独列为一门科学。

在波义耳生活的时代,化学被深深地禁锢在经院哲学之中。亚里士多德的观点被奉为圣典,他认为冷、热、干、湿是物体的主要性质,这种性质两两结合就形成了土、水、气、火 4 个元素。还有一些医药化学家认为万物皆由代表一定性质的盐、汞、硫 3 种元素以不同比例组成。

波义耳针对当时的化学发展状况,撰写了《怀疑派化学家》一书。

他在书中明确提出：把化学单独列为一门科学，并提出了研究化学的方法和任务。波义耳所倡导的研究化学的新观点和思路，有力地推动了化学的健康发展。《怀疑派化学家》成了最早把化学确立为科学的著作。

波义耳不仅在《怀疑派化学家》这部著作中把化学确立为科学，而且为化学这一学科的发展作出了重要贡献。

波义耳是定性分析化学的奠基人。1685年他发表的《天然矿泉水实验史简编》中，已相当全面地总结了当时已知的分析化学鉴定反应，包括溶液颜色的变化、沉淀的生成以及焰色反应等，初次引入了"化学分析"和"定性检出极限"的重要概念。

波义耳通过不断实验最先制得石蕊试纸，并最先使用石蕊试纸来检验溶液的酸碱性。波义耳进行过很多燃烧实验。1673年，他写的论文《关于火焰与空气关系的新实验》，首次揭示了空气是燃烧的基本条件。他还用定量的方法进行了金属在空气中煅烧的实验分析。波义耳进行了磷元素化学的研究。他单独制取了磷，研究了磷的重要性质，包括磷的氧化燃烧、磷酸和磷化氢的生成及性质等。波义耳在理论化学上也有伟大的贡献。波义耳在总结实验事实的基础上，否定了古希腊哲学家的"四元素"说和医药化学家们的"三元素"说，提出了新的元素定义。虽然波义耳定义的元素和现代"元素"概念仍然是不同的，但波义耳的元素定义提出后，人们不断地寻找新的元素，终于导致一系列新元素的发现，化学随之迅速发展。

波义耳一生留下了10余部重要的科学著作和10多篇著名的论文，它们都是科学史上的珍贵遗产。恩格斯赞誉波义耳：他最大的贡献就是把化学确立为科学。他在化学史上留有光辉的一页。

发现氧气的人是谁

　　"氧气"的发现是自然科学史上的一项重要发现。1771年瑞典的舍勒制得了氧气；1774年8月1日，英国的普利斯特列也用不同的方法制得了氧气；1777年法国的拉瓦锡也发现了氧气，他系统地研究了氧气的性质并为氧气命了名；1807年，法国汉学家朱利斯·克拉普罗特在俄国的一次科学大会上宣读了一篇题为《第八世纪时中国人的化学知识》的论文，说氧气是中国唐代炼丹家马和发现的。到底是谁最先发现氧气，请读者自己评判。

　　氧气的发现是自然科学史上的一项重要发现。是谁最先发现氧气，在自然科学界也颇有争议，有的说是舍勒，有的说是普利斯特列，有的说是拉瓦锡，还有的说是中国的马和。到底是谁呢？请你们也来参加评判。

　　1771年初秋的一天，秋高气爽，天气宜人。在瑞典的一个研究室里，有一名叫舍勒的科学家正在忙于做一个化学实验。只见他把一些硝石和矾油放在曲颈瓶里，高温加热，一会儿冒出一种棕红色气体。舍勒好像早就预料到一样，忙用盛有石灰乳的猪尿泡去吸收这种气体，果然，棕红色气体顿时消失。

　　"这里面该没有气体了吧？"舍勒边想边将身旁燃着的小蜡烛伸进猪尿泡里。突然，猪尿泡里火光闪耀，把正在观察的舍勒吓了一跳。这是什么原因？难道猪尿泡里还有其他的气体存在吗？这种气体是什么？

　　为了找到答案，这位享有盛名的化学家又开始了新的探索。他单独加热硝石、硝酸汞，巧得很，都得到了这种气体。

　　空气中有没有这种气体呢？舍勒穷追不舍。他在浮于水面的蒸发皿里放进一小块磷，然后点燃，并迅速用钟罩扣上，磷在钟罩里燃了一会儿，冒着滚滚白烟。随着白烟消失，罩里的水面慢慢上升了五分之一。接着，他把点燃的蜡烛放进罩内，烛火立即熄灭了。

舍勒是当时流行的燃素学说的崇拜者，他不承认空气是混合物，自然不知道他发现的这种气体是空气的成分之一。他称这种气体为"火气"，剩余的叫"浊气"，认为燃烧是空气中的这种"火气"跟燃烧物体中的"燃素"的结合。

无独有偶。1774年8月1日上午，英国有一位名叫普利斯特列的科学家，把一包红色的三仙丹(氧化汞)放进玻璃瓶里，然后手持一个较大的凸透镜，把阳光聚在三仙丹上。不久三仙丹便开始分解，放出一种气体。他用排水法收集到这种气体，并作了一系列研究，发现该气体不溶于水，能使烛火燃得更猛烈，使老鼠活得更痛快，人闻了也觉得十分舒畅。

普利斯特列也是燃素学说的忠实信徒。他认为这种气体是没有燃素的，它疯狂吸取蜡烛里的燃素，光芒四射，是"失燃素的空气"。舍勒和普利斯特列制得了一种新气体后，他俩还不知不觉，宣称是"火气"和"失燃素的空气"，因此也没有作更深的研究。

1744年10月，普利斯特列到欧洲大陆旅行，在巴黎会见了法国著名的化学家拉瓦锡，向他介绍了加热三仙丹的发现。此时，拉瓦锡正在对当时支配西欧化学界的燃素学说进行追根究底的研究工作，发现了燃素学说的不真实性。当他听到普利斯特列的介绍以后很兴奋，立即重复了这个实验，并且又仔细测定了空气的成分，掌握了一定的实验数据。根据他的种种实验，已确认空气并不是一种单质，而是几种气体的混合物。

拉瓦锡不畏阻力，勇敢挑战，率先冲破燃素学说的束缚，发动了一场化学革命。他当众宣布："我不知道什么'燃素'，我从来没有见过它。在我的容器里只有'活空气'。燃烧的结果，易燃烧的活空气不见了，出现了新物质。这种新物质的质量，正好等于活空气和易燃物的总质量。"

"这种'活空气'应当是一种单独的气体，该给它取个合适的名字。"拉瓦锡当众宣布了他的见解以后，马上就想到要为这种气体命名。"取个什么名字好呢？"根据磷、硫、碳在"活空气"中燃烧后生成的物质都易溶于水，且都变成了酸，他便把这种气体命名为"Oxygen"（希腊文为酸酐的意思），表明这种元素是形成酸的主要元素。

拉瓦锡的见解和命名建议得到了许多化学家的承认。人们一直沿用这个名称。我国近代化学家徐寿在翻译这个词的时候，将它译成"养气"，意思为它是"养气之质"。后来统一元素名称，气态单质一律用气字头，才改称为"氧气"。

拉瓦锡纠正了舍勒和普利斯特列的错误，揭示了氧气的本质和物质同氧气反应的一些基本规律，但他误认为一切酸中都含有氧，因而将它称为"成酸元素"，这就纠错又犯错。因为一切酸中都含有氢，但不一定都含有氧。

舍勒和普利斯特列单独制得氧气之后，因他们不知道这是一种新元素的气体，在科学界也就无人问津。时隔不久，当拉瓦锡仔细研究这种气体，确证这是一种新元素的气体，而且将它命名为氧气之后，如同在平静的水面上投下一块巨石，引起了片片涟漪，震动了化学界，波及了全世界。对氧气的发现权该归属何人，也引起了轩然大波。

有人提议发现氧气的功绩应当属于舍勒，是他最先制得氧气；有人说普利斯特列的功绩不应当埋没，他也单独用不同的方法制得了氧气，应当与舍勒同享这一荣誉；更多的人则认为这个发现权非拉瓦锡莫属，是他使人们真正认识了氧气。拉瓦锡本人宣称，是他们三人共同且互相独立地发现了氧气。拉瓦锡的宣称顿时遭到了许多人的非议，说拉瓦锡自私自利，窃取别人的成果，他无权享受这一荣誉。这样，化学界便意见纷纭，各持己见，难以定论。

这一显赫功绩到底该记在谁的功劳簿上？当时的一位很有威望的人，仔细分析了各种不同的说法，详细研究了氧气的发现经历之后，便力排众议，作出了公正的评判。这位伟人就是被世界人民尊称为无产阶级革命导师的恩格斯。

恩格斯在他的《资本论》第二卷序言中写道："普利斯特列和舍勒已经

找到了氧气,但不知道他们找到的是什么。他们不免为现有燃素范畴所束缚。这种本来可以推翻全部燃素观点并使化学发生革命的元素,没有在他们手中结下果实。不过,普利斯特列不久就把他的发现告诉巴黎的拉瓦锡,拉瓦锡依据这个新的事实,研究了整个燃素化学,方才发现这种新的气体是由一种新的化学元素组成,燃烧的时候并不是什么神秘的燃素从燃烧体分离,而是这种新的元素和这种物体化合。因此,使在燃素形成上倒立着的整个化学正立起来。照拉瓦锡后来主张,他和其他两位学者同时并且互相独立地发现了氧气,虽然事实不是如此,但同其他两位比较起来,他仍不失为氧气的真正发现者,因为其他两位不过找出了氧气,但一点也不知道他们自己找出了什么。"

导师的精辟分析令人折服,拉瓦锡成了发现氧气的人,戴上了这顶荣耀的"桂冠"。就在恩格斯对这场争论进行公正评判以后,一位年轻的学者又引出了一个关于氧气发现的新话题,从而对氧气的发现问题又有新的争议。

1807年的一天,在俄国彼得堡召开的一次科学大会上,年仅24岁的德国汉学家朱利斯·克拉普罗特登上讲台,宣读了一篇题为《第八世纪时中国人的化学知识》的论文。论文中提到,发现氧气的时间应提早1 000多年,发现氧气的"桂冠"应该让给中国唐代炼丹家马和。克拉普罗特的观点惊动了四座,轰动了整个欧洲。

1802年,他在德国朋友波尔兰那里见到了一本叫《平龙认》的著作,该书的作者是中国炼丹家马和,全书共有68页,出版日期是唐至德元年(公元756年)3月9日。

《平龙认》是马和毕生研究的工作记录。他在多次仔细观察木炭、硫黄等可燃物在空气中燃烧的情况以后,作出了大胆的结论:空气成分复杂,主要由阳气和阴气组成,其中的阳气要比阴气多得多。阴气可以跟可燃物化合,把它从空气中除去,阳气仍安然无恙地留在空气中。显然,马和指的阳气就是氮气,阴气就是氧气。

马和还进一步指出：阴气存在于青石（氧化物）、火硝（硝酸盐）等物质中，如用火来加热它们，阴气就会放出来。他还推测水中有大量的阴气，不过很难把它们取出来。

公元 756 年的唐朝是一个版图辽阔、经济繁荣、文化发达、国力强盛的帝国，东西方学术交流频繁，人民生活安定，马和是具有优越的研究条件的。这本书经历数代，直到腐败的清政府屈膝投降外国时，才被德国侵略军乘机抢走。

尽管有不少人对克拉普罗特的观点还有种种疑问，有些事实还待澄清，但中国人对化学所作出的贡献将不可磨灭，谁是氧气的真正发现者还将有一番争议。

拉瓦锡是否是"共和国不需要的科学家"

《化学纲要》是著名化学家拉瓦锡于 1789 年出版的一部科学名著。这一著作的内容非常丰富，几乎包括了拉瓦锡化学研究的全部成果，详尽地论述了推翻燃素说的各种实验依据和以氧气为中心的新燃烧氧化理论。这部著作的出版，标志着氧化说的确定，对化学这门学科的发展作出了巨大的贡献。

拉瓦锡于 1743 年 8 月 26 日出生于法国巴黎一个富裕的律师家庭，父亲是巴黎高等法院的专职律师。他从小对自然科学有浓厚的兴趣，在大学虽然学的是法律专业，但他总是挤时间学习自然科学。1764 年他从巴黎马萨林学院法律系毕业，获得法学学位。不久，他成为巴黎高等法院的律师，业余从事自然科学研究，主要研究的是化学。

拉瓦锡对化学的研究成果主要收录在他 1789 年出版的《化学纲要》这一著作中。

《化学纲要》是一本划时代的化学名著，它对化学的贡献如同牛顿的《自然哲学数学原理》对物理学的贡献一样。在这部著作里，拉瓦锡详细地论述了以氧气为中心的新燃烧氧化理论，创立了氧化说；证明了化学反应中的质量守恒定律；提出了化学物质命名原则；给元素下了一个在当时较科学的定义，并列出了第一张真正的化学元素表；创造了现代有机化合物分析法，等等。

拉瓦锡在化学研究方面取得了很大的成绩，特别是他的氧化理论"像一阵革命的风暴，扫向世界的知识阶层"。然而，就在这时，另一个革命浪潮也在横扫法国，并日益向拉瓦锡逼近。

拉瓦锡的青年时代，正是法国以路易十五为代表的封建专制统治走向异常腐败的时期。封建贵族们只要生前纵情享乐，哪管死后洪水滔天。国王为了维持宫廷的奢侈生活，示意成立"包税公司"，只要向国王交纳一大笔费用，就可以该公司的名义到各地去征税。

1768年，拉瓦锡加入了这个公司，从法国皇帝那里购买了对人民的直接剥削权。这也是一场赌博，不过赢的机会是很大的，因为要从人民身上榨取比政府规定应交税额多得多的金钱，总是能够办得到的。

拉瓦锡参加这个公司，是因为他需要更多的钱，来维持科学实验的巨大开支。虽然不是为自己，但是这种行业的名声不大好听。由于帮助统治者进一步榨取人民的血汗，自然要激起民愤。

1789年，不堪压迫的平民在资产阶级的领导下向封建制度开火，掀起了法国大革命，推翻了腐朽的封建专制制度，建立了资产阶级共和国。

榨取人民血汗的"包税公司"遭到了猛烈抨击。曾和拉瓦锡有学术矛盾的马拉在其主编的报纸上对拉瓦锡进行激烈的谴责："法国公民们，我在你们面前谴责拉瓦锡这个诈骗大王、暴君的伙伴、流氓的徒子徒孙、窃贼的大师……我们应该把他吊死在就近的一根街灯柱子上！"

1791年3月，革命政权解散了"包税公司"。1793年11月，逮捕这个公司的所有成员。不懂政治的拉瓦锡天真地认为，大不了是没收财产，不会危及生命,只要能继续进行科学研究就行。

于是,拉瓦锡托人说情,但被驳回。

1794 年 5 月,拉瓦锡被判处死刑。在审判中,他的辩护律师请求法官注意拉瓦锡在科学上的伟大贡献,得到的回答是:"共和国不需要这样的科学家,无论是谁都不能犯法。"

1794 年 5 月 8 日,拉瓦锡被送上断头台,终年 51 岁。

拉瓦锡是共和国不需要的科学家吗?

法国数学家拉格朗日愤怒地说:"砍掉拉瓦锡的头只需在一刹那,但是,也许 100 年也不能再生出这样一个人才来。"

拉瓦锡的死,并不是他在政治上反动,而是他参加了"包税公司",直接参与压榨和剥削法国人民的罪恶活动达 23 年之久。在法国大革命期间,他的经济活动是当时革命的对象。

然而,拉瓦锡在科学上的功勋将永远留在史册上。

他不墨守成规,不囿于传统,敢于创新,这种科学精神是非常可贵的。他长于理论思维,不迷信前人的理论,对实验中的现象进行不断的分析和探索。他特别注重实验中的定量分析。正是这些方面,拉瓦锡在理论化学中取得了巨大的成功。

拉瓦锡建立的氧化说,推翻了统治理论化学 100 年之久的燃素说。从此,近代化学真正进入了一个新的发展时期。

拉瓦锡死后的第二年,热月政变把罗伯斯庇尔等激进派也送上了断头台。10 月,在巴黎艺术公学建成一座拉瓦锡塑像,上面的铭文写道:

他是残暴政权的牺牲品

他是艺术之友,备受尊敬

他将永世长存

他的天才,将永远服务于人民

1796 年 8 月,巴黎艺术公学再次为拉瓦锡举行了有 3 000 多人参加的葬礼。

1943年，是拉瓦锡诞辰200周年的日子，而法国巴黎正处于第二次世界大战中被德国占领期间，巴黎人民不顾禁令，成千上万人涌向拉瓦锡纪念馆，向这位伟大的科学家致以崇高的敬意！这些事例充分说明，共和国需要拉瓦锡这样的科学家，人们永远怀念在科学上具有伟大成就的科学家。

道尔顿原子论是怎样崛起的

《化学哲学的新体系》是英国化学家道尔顿于1808年出版的一部科学名著。在这部著作中，道尔顿提出了著名的原子论，使人们对化学过程本质的认识大大深化了，有力地推动了化学的发展，开辟了化学科学全面、系统发展的新时代。

1766年9月6日，被称为近代化学之父的约翰·道尔顿诞生在英格兰北部巴兰郡的穷乡僻壤。他的父亲是个织布工人，除了手工织布之外，还耕种微薄的土地，以半工半农维持一家的贫苦生活。约翰·道尔顿共有六兄妹，由于饥寒交迫，有三个兄妹在幼年夭折了，只留下他和一个哥哥、一个姐姐。

由于道尔顿是家中最小的一个，父母便省吃俭用，送他上农村小学读了几年书，但终因家境窘迫，不得不中途辍学。当时，他们村里有一位叫鲁宾逊的亲戚，是农村少见的自然科学爱好者，经常独立进行气象观测等科学研究。鲁宾逊很爱惜少年约翰的才华，同情他无钱上学，便自愿教给他数学、物理等知识。

家庭的贫困使道尔顿过早地成熟了。为了解决家庭生活的困难，他才12岁就在村里一所小学教书，然而所挣的一点钱仍然不够用。望着劳累的父母，他心情沉重，决定离家出走，去找一个能挣更多钱的工作，帮助父母维持家庭生活。

1781年秋季，道尔顿来到肯代尔城，在一所教友学校任教。在这里，他遇到了盲人学者约翰·格夫。格夫两岁时因患天花，双目失明，但他并不悲观厌世，自暴自弃。相反，他长期坚持刻苦自学，30岁时已精通几国语言，对数学、哲学、天文学、化学等也有研究。多年艰苦磨炼，造就了他特殊的本领，对周围看不见的事物都了如指掌。实验室里的各种仪器、药品，他能准确无误地走近随手取用，从瓶子向试管里倾倒液体试剂时，他的技术比明眼人还高明，几乎不漏掉一滴试剂。

在格夫这位盲人学者的帮助和教导下，道尔顿认识了人生的价值，体验了意志的真正威力。他除了教课外，一有空就坚持自学和进行科学研究。

1793年，道尔顿才27岁。经格夫的介绍，他来到了曼彻斯特，在一所新学院里担任讲师，讲授数学和自然科学。这一年，他出版了第一部科学著作《气象观测论文集》。

曼彻斯特市是开展科学活动的广阔天地，有藏书丰富的图书馆、各种学会和出版社，还有著名的科学家。道尔顿参加了一些学会，和一些著名学者讨论他感兴趣的问题。他对科学的兴趣越来越浓，从事科学研究的愿望越来越强烈。可是，繁重的教学工作使得他不能自由地支配时间。1799年，他毅然辞去了新学院的工作，去当一名家庭教师，每天不超过两个小时的课，其余的时间用来从事科学研究。

他首先研究的是气体的压强。他知道，要说明气体的特性，必须知道它的压力。混合气体也是一样，混合气体中各组气体的压力有多大呢？它们之间是否存在某种联系呢？为了弄清这个问题，他设计了一个实验：如果能够找到两种气体，其中之一可以很容易地从混合气体中出来，这样就可以分别测量混合气体和各组气体的压力了。

实验结果表明，装在具有一定容量的容器中的某种气体，其压力是不变的。接着，道尔顿往容器里引进了第二种气体，这个混合气体的压力比原来增加了，但它等于这两种气体分压之和，而每种气体单独的压力却并没有发生变化。也就是说，混合气体的总压等于组成它的各个气体的分压之和。他把这个规律叫做气体分压定律。后来人们叫它道尔顿分压定律。

奇怪，为什么会出现这种情况？道尔顿反复思索，最后认识到，气体也许是由许多小微粒所构成的。气体混合后，这些微粒相互扩散，一种气体的微粒均匀地扩散到另一种气体的微粒之间，因而，这种气体的微粒所表现出来的性质，就仿佛在容器中根本没有另一种气体一样。

想到这里，道尔顿又陷入了沉思：气体的微粒是什么呢？它是不是原子？对于原子，我们实质上知道些什么？如果原子确实存在，我们就应该根据原子理论来解释物质的一切性质和各种规律。

现在，道尔顿显得非常清醒了。要从理论上解释气体分压定律，必须对原子有一个明确的认识，建立起物质结构的真正理论——原子理论。

然而，原子的特点是什么？一种元素的原子和另一种元素的原子是否有区别？尽管原子极小而且肉眼看不见，但是有没有什么办法可以确定它们的重量、形状、大小……

于是，道尔顿又转入原子理论的研究。工夫不负有心人，经过多年的勤勉劳动，1803年10月21日，道尔顿在曼彻斯特文学哲学学会上作了题为《关于水及其他液体对气体的吸收作用》的报告，正式提出了原子论的基本思想，后来，他又在自己的科学著作《化学哲学的新体系》中详尽地发展了原子论。

1.一切元素都由不可再分的微粒构成，这种微粒叫做原子。原子在一切化学变化中都保持它的不可再分性。

2.同一元素所有原子的质量和性质相同，不同元素原子的质量和性质不相同。

3.两种不同元素的化合，就是它们的原子按简单整数比的结合。

道尔顿在提出科学的原子论时，还以氢气为标准，测定了一些元素的原子量，并且给各种元素的化合物制定了一些符号。他的理论很快被许多化学家所接受，从此，原子论又重新在大地上崛起，化学进入了现代科学的新的发展阶段。

碘的发现为什么与猫有关

  《库图瓦先生从一种碱金属盐中发现的新物质》是1813年《物理与化学年报》上发表的一篇报告,该报告介绍了1811年法国药剂师库图瓦所发现的碘元素。碘元素的发现在元素发现史上具有重要意义。

  1811 年,法国药剂师库图瓦·库尔特瓦斯发现了一种新元素。两年后,《物理与化学年报》上发表了题为《库图瓦先生从一种碱金属盐中发现的新物质》的报告,介绍了这种元素。法国化学家盖·吕萨克把它命名为"碘"。他还独立研究了碘的许多性质,撰写了一本关于碘的书。这是化学史中专写一种元素的第一本专著。

  西方的一些化学史研究者宣称,碘元素的发现与猫有很大的关系。

  18 世纪末至 19 世纪初,法国皇帝拿破仑挑起战争,欧洲上空顿时硝烟弥漫。战争急需大量火药,但欧洲制造火药的硝酸钾主要来自印度,且储量相当有限。为了缓和矛盾,欧洲人在南美的智利发现了大量硝酸钠的矿床。但是,硝酸钠有很强的吸湿性,不适宜制造炸药。

  1809 年,一位西班牙化学家试着用含有钾化合物的海藻灰溶液与硝酸钠反应生产硝酸钾,获得成功。

  当时,在法国巴黎附近,有一位采用上述方法生产硝酸钾的药剂师,名叫库尔特瓦斯。一天中午,他工作完毕后,把两个玻璃瓶放在工作台上。一个里面盛着制药用的海藻灰和酒精,另一个则盛满硫酸。他坐在工作台边,一边吃饭一边思考问题。

  正在这时,他喂的一只猫闯进了工作室,跳到了他的肩上。他刚想赶走它,谁知那猫却向工作台猛跳过去,随着两声玻璃器皿的碎裂声,药液撒满一地。他一边咒骂那调皮捣蛋的猫,一边准备收拾那些玻璃碎片。就在他弯腰的一瞬间,奇迹发生了:地面上升腾起一股蓝紫色的气体。

细心的库尔特瓦斯惊呆了,这是他从未经历过的事。他把那些蓝紫色的气体收集起来,发现这种气体冷凝后不变成液体,而直接变成暗黑色带金属光泽的结晶体。

库尔特瓦斯断定它可能是一种当时还未为人知的元素,便潜心研究起来。

奇迹究竟是怎样发生的呢?原来,海藻灰中含有碘化钾和碘化钠,在硫酸作用下,首先生成HI(碘化氢)碘化氢再与硫酸反应,便产生了游离碘。它的反应方程式是:

$$H_2SO_4+2HI=2H_2O+SO_2+I_2$$

蒙在碘上的神秘面纱就这样揭开了。多少年来,这段化学元素发现史上的趣事一直为人们津津乐道。

铝的发现权应归属于谁

金属铝是德国化学家维勒于1827年首先提炼出来的。铝在现代生活中是仅次于铁的重要金属材料,它的发现具有重大意义。

16世纪时,德国的医学、自然科学史家帕拉塞尔沙斯经过反复实验证实:矾土中有一种还不知道名字的金属氧化物。1754年,德国化学家马格拉斯分离了这种矾土,得到了这种金属氧化物,它就是氧化铝。1807年,英国化学家戴维用电解法发现了钠和钾。继而他又想用同样的方法从氧化铝中分解出铝,但没有成功。几年后,瑞典化学家伯齐利厄斯又进行了类似戴维的实验,还是以失败告终。

难道就没有一点办法了吗?

1825 年，丹麦一家不出名的化学杂志上发表了一篇物理和化学家兼医师的厄斯泰德的论文。他用一种奇特的方法提炼出一块金属，颜色和光泽看起来像锡，这种金属后来被证实为铝。可惜杂志不出名，科学界没有注意，发现者忙于研究电磁现象，也不重视。

1827 年的一天，丹麦首都哥本哈根城厄斯泰德的住宅来了一位陌生的年轻人，年轻人向主人递上名片，主人不禁一惊，这人竟是大名鼎鼎的德国化学家维勒。

"先生，我是从这本杂志上看到您的论文后，从德国专程赶来向您求教的。您得到的那种外表像锡的金属据我猜测就是金属铝，我将协助您将这一实验继续下去。"维勒很谦虚地说。

厄斯泰德很佩服这位年轻人，对他虚心学习的精神非常感动，很诚恳地说："提炼这种金属的实验我目前不打算继续下去，我正在忙于研究电磁现象，如果你有兴趣，我将尽力帮助你，把我所整理的资料全部送给你。"

维勒，这位年轻的大学者感动得不知如何是好。维勒一回到德国，立即着手铝的提炼。他首先重复厄斯泰德的实验，把黏土和木炭粉混合在一个容器中加热，当烧到红热时通入氯气，便有无水氯化铝生成。把干燥、过量的无水氯化铝与含 1.5% 金属钾的汞齐混在一起，加热到红炽，氯化铝被分解，生成了铝汞齐，汞挥发了，得到与厄斯泰德叙述一样的金属。

在实验过程中，维勒观察到钾汞齐与氯化铝作用后，生成的灰色熔块在加热后即部分气化，放出钾蒸汽和绿色烟雾。他想：这定是因为反应不充分，还有钾、氯化铝的残余和其他杂质。氯化铝的不纯是得不到纯净铝的原因。

怎么办呢？维勒首先改进了制取原料的方法，用过量的热碳酸钾溶液加到沸热的明矾溶液中，将得到的氢氧化铝沉淀洗涤干燥后，再与木炭、糖和油脂等调成糊状，放在密闭的坩埚中加热，得到氧化铝与炭的均匀致密的黑色混合物，将这种混合物加热到红炽，再通入干燥的氯气，便蒸馏出纯净的氯化铝。

维勒把纯净的无水氯化铝与钾放入坩埚中混合好，再把坩埚盖紧紧缚住，开始以文火促其反应，不久坩埚便呈白热化。待反应停止，坩埚冷却后，把坩埚投在冷水中，这时有金属铝的灰色粉末分离出来。

1827年末，维勒发表文章介绍了自己提炼这种新金属的方法，立即得到科学界的公认，他成为世界上第一个制取金属铝的人。

维勒制得的铝分量极少，呈颗粒状，大小没有超过一个针头。后来他辛辛苦苦工作了18个春秋，才提炼出一块致密的铝块，而且还是含有钾、铝、铂的氯化物。

1854年，担任培松赞大学教授兼教务长的法国化学家亨利·德维尔，用钢与无水氯化铝反应，得到闪耀着金属光泽的美丽小铝球。德维尔高兴异常，称它为"来自黏土的白银"。

1855年，他用这种方法制得了铝板和铝锭，在巴黎举办的世界博览会上展出，轰动了世界。自此，他便开始研究工业化产铝方法。

德维尔得到了拿破仑三世的支持，在耶维尔进行大规模的试验，先从矿石中提取氧化铝，再把它与木炭和食盐混合，并在加热条件下让该混合物与干燥的氯气反应，生成氯化铝钠，这种复盐与过量金属钠共热熔化，就得到了成锭的金属铝。

德维尔第一个制得了纯净的铝，并使铝的生产实现工业化，他成了一个了不起的人，但更了不起的是他与维勒的友谊。

当时，许多人见到德维尔制得了大量的纯铝，便对德维尔说："你制的铝才是真正的铝，维勒所制的那个铝算什么，杂质那么多。""你德维尔才堪称是铝的发明人。""你应声明：你才是世界上第一个制得金属铝的人。"德维尔对这些话付之一笑。

他用一块金属铝铸成一枚纪念章，在上面恭恭敬敬地刻上了"F·维勒"和"1827"赠给了维勒，并宣布："我始终承认维勒是世界上第一个制得铝的人。"这是一种多么高尚的品格啊！德维尔虽然使铝的生产实现了工业化，使铝变成了商品，但由于造价太高，价格昂贵，铝一时十分高贵，为群金之首。

1886年2月23日，年仅21岁的青年化学家豪尔，欣喜若狂地手握银光闪闪的铝球，跑进了他的老师——维勒的学生、美国俄柏林学院化学教授裘埃特的房间，报告他电解制铝成功的消息。

这位风华正茂、才华横溢的学生，用铁铝矿石做原料，把它溶在熔融的冰晶石中，又往熔盐中加入氯化钙，以进一步降低熔点，在他设备简单的实验室中，用自制的电流进行电解，制得了铝。

几乎在同时，与豪尔同龄的法国桑特—巴比学院的学生、年轻的化学家埃罗在电解冰晶石时，发现电解槽中的铁阴极忽然熔化了，当时熔盐的温度是不能把铁熔化的，他断定铁变成了某种合金。几天后，他把氯化铝钠加到电解槽中，以求降低温度，又发现碳阳极被腐蚀了。根据这一现象，他断定是氯化铝钠吸收了潮湿的空气，生成了氧化铝，氧化铝被电解析出了氧。于是，他也创立了氧化铝冰晶石电解的工艺。这套新工艺大大降低了炼铝的成本，使得铝被大量生产应用。

《论尿素人工制成》为什么引起轩然大波

《论尿素人工制成》是德国化学家维勒在1828年发表的一篇著名论文。该文通过用无机物制成有机物尿素这一例证，打破了"生命力论"。这篇著名论文不仅开创了由无机物合成有机物之先河，而且使唯物论的生命观前进了一大步，大大动摇了唯心论的生命观。

1828年，德国化学家维勒发表了一篇震动科学界的论文《论尿素人工制成》。他在文中阐明："尿素人工制成是特别值得注意的事实。它提供了一个从无机物人工制成有机物的例证。"这篇论文的发表，吹响了化学界向生命力论挑战的号角,引起了轩然大波。

18世纪末至19世纪初期,在生物学和有机化学领域里,流行着一种生命力论。生命力论者认为:动植物有机体具有一种生命力,依靠这种生命力才能制造有机物质,因此,人们只能合成无机物,而不能合成有机物。这种错误的理论严重阻碍了有机化学的发展。

1824年,维勒在进行氰化物与铵盐溶液相互作用的试验中,意外地发现了一种白色沉淀物,按照他的推测,这种沉淀物可能是氰酸铵。后经过反复实验和研究,他认为这种白色沉淀物不是氰酸铵的白色结晶体。

那么,这种沉淀物究竟是什么呢?维勒穷追不舍,继续研究。通过一系列实验,证明这种白色沉淀物就是尿素。

尿素是人和动物新陈代谢的产物,属于当时被人们普遍认为只有在生物体内,借助"生命力"的帮助才能得到的有机物,而他却在实验室里用无机物制造出来了。他敏锐地预感到,他的这一发现将在无机物和有机物之间架起桥梁,给盛行的"生命力论"以致命的一击。

维勒人工制成尿素的消息,很快传遍欧洲,引起科学家广泛的关注,同时也激起了"生命力论"者们的一片反对、怀疑、挖苦、讽刺声。为了力保"生命力论",还有人狡称尿素是动物的排泄物,不是真正的有机物。

然而,事实毕竟是事实。

1844年,德国化学家科尔贝利以木炭、硫黄、氯气及水为原料,合成了有机化合物醋酸。随后,人们又合成了葡萄酸、柠檬酸、琥珀酸、苹果酸等一系列有机酸。这些有机酸过去都是从植物中提取出来的。1854年法国化学家贝特洛又成功地合成了油脂类物质。1861年俄国人布特列洛夫合成了糖类物质。

由于人们陆续合成了许多有机物,从而使人们确信,人工不仅可以合成无机物,而且可以由无机物合成有机物。自此,"生命力论"遭到了彻底破产。

被冷落50年的分子说如何结束了化学史上的"混乱局面"

《化学哲理课程大纲》是1860年在德国的卡尔斯鲁厄召开的一次国际化学会议上，意大利化学家康尼查罗散发了一本小册子。这本小册子大力推介了阿伏伽德罗的分子论，引起了与会学者的重视，使化学逐步进入了研究原子和分子的阶段，开辟了定量化学之路，给新时代的化学奠定了基础。

1748年秋季，俄国化学家罗蒙诺索夫的化学实验室终于落成了。他欣喜若狂，连忙写了一封信给他的好友彼得堡科学院院士欧拉。这封信他写了好几个星期，除了报告他这个喜讯之外，还详细地阐述了他对自然界的变化的看法："自然界所发生的一切变化，都是这样的：一种东西失去多少，另一种东西就获得多少。因此，如果某个物体增加了若干物质，则另一物体必须有若干物质消失。"

这个看法在他心中酝酿好几年了。他知道，要彻底弄清这个问题，必须借助于实验。现在实验室建成了，他怎能不格外高兴。

是用实验来验证这个看法的时候了。罗蒙诺索夫准备了一些专用容器，里面分别装入铅屑，铁屑和铜屑等金属，然后在火炉上把容器颈部的玻璃烧红，再用钳子夹紧，把容器口全部封死。

他把这种冷却的容器称过以后，放在一个大型加热炉上一一加热，发现铅屑熔化了，光闪闪的银白色熔滴镀上了一层灰黄色，红色的铜屑变成了暗褐色粉末，铁屑变黑了！他又把这些容器一一称量，结果表明，这些容器的重量没有变化。

金属的重量变没有变呢？第二天，他把实验重做了一次，在密封容器

087

口之前,先把金属屑称量过,燃烧之后,他又重新称量一下容器,然后打开它,称量所得的金属灰,比原来的金属重。

罗豪诺索夫沉思起来,怎样解释这种现象呢?对,容器里是有一定数量空气的,一定是金属与空气的微粒化合了。即在容器中的金属灰重了一些,那就是说,它增重多少,容器中的空气也就减轻了多少。

自然界中的一项伟大发明,化学这门学科中的一个基本定律——质量守恒定律就这样形成了。

可是,罗蒙诺索夫没有对这一定律下定义,许多人不知道他的这一发现。几十年后,法国拉瓦锡也发现了在密封的玻璃器皿里燃烧铝、汞和其他金属时,器皿的重量在加热前后没有改变,尽管形成的金属灰重于最初使用的金属。后来,他又从事水的研究,证明了水能分解为氧气和“可燃空气”,对这两种气体的混合物加热燃烧时,它们又重新结合成水。为了证明这里没有任何重量方面的错误,他在浸放汞的玻璃罩里准备了两种气体的混合物。他把整个装置放在一个大的分析天平上,几次将混合物烧掉,它的重量在反应前后总是相等的。1789 年,他出版一本《化学教程》,第一次给质量守恒定律下了定义,并写入书中:“……在任何化学实验中,化学反应前后存在着等量物质。元素的质和量是同一的,只是发生了变化和变态而已。上述认识可以看作是一条公理,一条化学上所有实验技术的根据。”拉瓦锡的这段话用今天的语言来说就是:参加化学反应的各物质的质量之和,等于化学反应后生成物的各物质的质量之和。

然而,尽管质量守恒定律已经发现,但是由于道尔顿原子学说的缺陷,一些化学概念的混乱以及测定原子量所遇到的困难,人们仍不能把化学原理与这一伟大定律结合起来,进行定量化学的研究。

1811 年,意大利化学家阿伏伽德罗经过长期研究,发现了道尔顿原子学说的缺点。为了改正这一缺点,他提出了著名的分子论:一切物质,无论是单质还是化合物,都是由分子组成,分子则是由原子组成的;单质分子是由相同原子所组成,化合物分子则是由不同的原子所组成;原子是参加化学反应的最小微粒,分子则是物质独立存在的最小微粒。

阿伏伽德罗的这个观点是以假说的形式在一篇论文中提出来的。由于他当时还很年轻,又没有名气,许多名家对他的学说都采取冷落和反对的态度。就这样,他这项出色成果受到了最不公正的待遇,在历史上被搁置了将近50年。

自从阿伏伽德罗的分子学说遭到冷落以后,50年来化学界对于化合物组成中原子个数的确定,始终没有找到合理的解释方法,并且导致了发表的原子量大都是不准确的,各化学家采用的原子量标准极不一致,化学符号的使用更是混乱不堪。化学界笼罩着一团阴云。不少有名气的化学家对原子的测定失去了信心,对道尔顿的原子学说也产生了怀疑,化学史上进入了一个令人不安的"混乱时期"。

为了结束这种混乱的局面,1860年,也就是阿伏伽德罗逝世后的第4年,在德国的卡尔斯鲁厄召开了一次国际化学会议,来自全世界的100多位知名的化学家参加了会议。会议的目的是澄清一下多年来的化学式、原子量、原子价等问题上的混乱局面,统一大家的认识,从理论上探讨认识这些问题。

会议由著名化学家卡尔·魏尔青教授担任主席。会上各化学家对化学式、原子量、原子价等问题提出了各自的看法和争议,争论十分激烈,很难取得统一的意见。

就在这个争执不休的时刻。意大利化学家康尼查罗以他特有的高度激情作了发言。他叹息地说,多年来在化学式、原子量、原子价问题上的混乱局面,是由于未能接受分子和分子量的要领所造成的。他在会上散发了一本名为《化学哲理课程大纲》的小册子。在这本小册子里,他据理重申了阿伏伽德罗关于原子和分子必须加以区别的论点,坚决纠正道尔顿关于单质是由单个原子所组成,同种原子只能相斥而不能结合的错误观念,具体介绍了他根据气体密度所测定的7种单质和3种化合物的分子量,明确指出了在测定分子量的基础上确定原子量的合理途径。

康尼查罗的小册子和他那激昂的演说打动了每个与会者,他们"好像拿掉了蒙眼布,先前不可理解的东西,现在却是如此清晰而明白地展现在眼前"。

卡尔斯鲁厄化学家代表大会给新时代的化学奠定了基础,从此化学就逐步进入研究原子和分子的阶段。随着原子的精确化、分子的确定及分子式、化学方程式的出现,人们联系质量守恒定律,进一步开辟了定量化学之路。

凯库勒为什么会梦中发现苯分子结构

《论芳香族化合物——苯的结构》是德国化学家凯库勒在 1865 年 1 月所发表的一篇著名论文。凯库勒在这篇论文中介绍了他所发现的苯分子结构,建立了一个崭新的有机化合物结构理论——环状碳链理论。苯分子结构的确定,给芳香族研究指出了前进的方向,是有机化学发展史上一块里程碑。

1865 年 1 月,德国化学家凯库勒发表了《论芳香族化合物——苯的结构》论文。文中介绍了他所发现的苯分子结构,建立了一个崭新的有机化合物结构理论——环状碳链理论。

据说苯分子结构的发现缘于凯库勒的一个梦。凯库勒本人曾经用文字记下了这段梦中经历:"我坐下来写我的教科书,但事情进行得不顺利,我的心想着别的事情了。我把座椅转向炉边,打起瞌睡来了。原子在我眼前飞动:长长的队伍,变化多姿,靠近了,联结起来了,一个个扭动着,回转着,像蛇一样。我的思想因这类幻觉的不断出现变得更敏锐了。看,那是什么?一条蛇咬住了自己的尾巴,在我眼前轻快地旋转。我如从电掣中惊醒。那晚我为这个梦的结果工作了整夜,作出了这个设想。……先生们,让我们学会做梦吧！或许我们将学到真理。"

在凯库勒发现苯的结构以前,有机分子的碳原子都是链式结构,凯库勒缘何有此梦而发现苯的环状结构呢?

凯库勒从小热爱建筑,很有建筑天赋,在中学时就设计过三所房子。考入吉森大学,他毫不犹豫地选择了建筑专业,受过建筑师的基本训练,具有高度的形象思维能力。后来,他被化学家李比希生动的化学课所吸引,渐渐地对化学研究着了魔,便放弃了建筑学而改学化学,并进入李比希的化学实验室工作。因此,凯库勒有一种能巧妙地把模型建筑和化学结构联系起来的内在素质,为他产生这个梦奠定了基础。这是一般的化学家所不具备的。

知识的储备和辛勤的劳动是凯库勒产生这一梦境的重要原因。凯库勒于1859年在根特大学集中研究了有机化合物的主干——碳链问题,他以碳四价为核心,建立起碳结构理论。然而,苯是一种重要有机化合物,它的化学性质无法用碳链结构理论来解释,一些化学家因此而怀疑碳链理论的正确性,放弃了碳链学说。凯库勒坚信碳链理论的正确。为了合理解释苯的性质,他对苯的结构问题进行了深入研究。尽管多年的努力未见成果,但苯的结构问题仍时时缭绕在他的脑际。毫无疑问,他曾有过诸多设想,有的与现在这种模型相差甚远,有的接近但总没有找到圆满答案。而最后以在似睡非睡状态下的"梦幻"获得了最终结果,这不能不说是偶然性很大的机遇作用。俗话说"踏破铁鞋无觅处,得来全不费工夫"就是这种机遇作用的总结。偶然中有必然的因素,如果是一个对有机化学素无了解的人,如果是一个从不思考苯结构问题的人,不管他如何"做梦"都是不会发现苯的环状结构的。

此外,当时凯库勒的心理状态和环境,也是促使他有这一梦中奇遇的重要原因。从心理学角度来看,尽管凯库勒当时想摆脱思考苯的结构问题,丢下手头的写作去闭目养神,但却"脑"不由己,多年积累的各种印象、信息和设想一齐涌上,使他的大脑异常活跃;加之处于"人睡脑未睡"的半

091

睡眠状态,使他排除了外界的一切干扰,神志清醒敏锐,已经大部分接通了的思维神经网络,可能就在那一刻完成了最末的关键性联通,迅即映出了苯分子结构的完美图像。

梦中的启迪给凯库勒带来了机遇。但是,我们应当记住法国大细菌学家尼科尔的一句名言:"机遇只垂青那些懂得怎样追求她的人。"

门捷列夫是在研究"鬼怪"吗

《元素属性和原子量的关系》是1869年2月俄国化学家门捷列夫发表的一篇著名论文,文中还发表了他排出的第一张元素周期表。1871年,门捷列夫又发表了著名论文《化学元素周期性依赖关系》和第二张元素周期表。在这两篇著名论文中,门捷列夫介绍了他发现的元素周期律。元素周期律的发现,在化学发展史上是一件极有意义的大事,是化学中最重要的基本理论之一,至今仍是中学化学教学的重要内容。

1861年,俄国彼得堡大学年轻的化学教授门捷列夫从德国海德堡大学深造后回到祖国。为了反映化学新成就,他准备编写化学教材《化学原理》。他准备在教材里把有关当时人类已经发现的63种元素的知识进行全面的阐述,但是究竟如何去组织这些内容,他却感到有些理不出头绪。

门捷列夫收集了大量先驱者的研究资料,制作了许多小卡片。每一种元素一张卡片,上面详细地注明他们的原子量、原子价、元素名称、溶解度及性质等。他试图通过各种不同的排列方法,找到一把"金钥匙"。

门捷列夫拿着这些卡片一次又一次地排。当他把所有的元素按照原子量递增的顺序排列的时候,惊喜地看到:这些排列成行的元素大部分都在经过一定的间隔后重新表现出了相似的性质。

为了让这种规律表现得更直观,他把63种元素按原子量递增顺序排成若干竖行。于是,他得出了一个重要的结论:元素的性质随着原子量的递增呈现周期性的变化。

可是还有少数不符合这个规律的元素。比如铍,在形成化合物的时候表现出来的是二价,按性质应该排在一价的锂和三价的硼之间。可是依据当时测得的原子量,却被排到硼后面去了。门捷列夫怀疑铍的原子量13.5有误,应该改为9。他进行了精确的测定,结果测出铍的原子量是9.4,正好位于锂和硼之间。他按同样的方法,大胆修正了铀、铟、铯、铒、钍等元素的原子量。

在把性质相似的元素排成一横行的时候,门捷列夫发现有的元素顺次排下来后,与同一横行中其他元素的性质差异较大,但却与它下一横行中元素的性质相近。他决定空出一个位置,从下一个位置接着排下去,使整个排列更符合已经发现的规律。对于这些空位,门捷列夫大胆地预言,它们一定是一些人类尚未发现的元素。

1869年2月,门捷列夫终于排出了第一张元素周期表。同时,他还根据自己的研究结果,写了一篇论文《元素属性和原子量的关系》。在俄国化学学会上,他委托朋友舒特金代为宣读了论文。但是,他的发现没有立即被承认,甚至他的老师也不支持。

1871年,门捷列夫发表《化学元素周期性依赖关系》,制作了第二张"元素周期表"。

在这个表中,他首先将元素周期表由竖排改为横排,使同族元素处于同一竖行中,更突出了元素化学性质的周期性;在同族元素中,他划分为主族和副族。他在元素周期表中留有6个空位,预言其中3种元素的性质分别类似于硼、铝和硅,它们的原子量大约是44、68和72。

然而,门捷列夫在探求元素周期律时,曾经遇到了极大的阻力。

一些知名学者,包括门捷列夫的导师,有"俄罗斯化学之父"之称的沃斯克列森基教授和化学界权威齐宁一开始就不支持他从事这项研究,嘲笑他不务正业。还训斥他说："到了干正事，在化学方面做些工作的时候了！"

还有一些人说门捷列夫的元素周期律是科学研究中"不能依靠"的"一种普遍分类法"，对元素周期律加以排斥和贬低。

对于门捷列夫的这些工作，连和他同时提出过元素周期律的迈尔也曾表示过怀疑，认为他在"薄弱"的基础上来修改当时公认的原子量，是近乎"鲁莽"的行为。

更有甚者，一些人竟对门捷列夫和他的这一研究报之以挖苦和讥讽："化学是研究已存在的物质的，它的研究结果是真实的无可争辩的事实。而他(指门捷列夫)却研究鬼怪——世界上不存在的元素，想象出它的性质和特征。这不是化学，而是魔术！等于呓人说梦！"

门捷列夫是在研究鬼怪吗？不是。在当时，由于人们的认识可能带有片面性，认识不到原子量并非绝对的标准；经验材料的局限性，不知道原子量测定可能有错误；人们认识的发展性，还不能理解门捷列夫留出新元素的空格的意义；没有掌握自然科学的可利用性，对门捷列夫预测新元素的性质不能接受等，以致人们认为门捷列夫是在研究"鬼怪"，世界上不存在的元素。

同时，那时形而上学的自然观还统治着科学界，引起了理论思维的混乱和纷扰，符合唯物辩证法的元素周期律，不可避免地要受到形而上学自然观的巨大阻力。

实践证实门捷列夫研究的不是"鬼怪"，而是科学。就在第二年，法国化学家布瓦博德朗发现了新元素镓，就是门捷列夫四年前就预言的"类铝"。门捷列夫还指出布瓦博德朗把镓的比重测错了，不是4.7，而是5.9或6。布瓦博德朗把镓重新提纯一测，果然是5.94。他深深佩服门捷列夫的远见卓识，著文盛赞他的元素周期表。

镓元素的发现，在科学界引起了巨大的反响，元素周期律迅速地闻名天下，得到了人们的承认。各个国家的实验室迅速行动起来，以期发现门捷列夫预言的其他元素。

1879 年，瑞典化学家尼尔森发现了"钪"，即门捷列夫预言的"类硼"。

1886 年，德国化学家文克勒发现了"锗"，即门捷列夫预言的"类硅"。

门捷列夫的元素周期律获得了伟大的胜利。随着科学的发展，元素周期律和元素周期表不断得到了发展和完善。现在它被列入中学化学教科书中，成为中学化学教学的重要内容。

《空间化学》是怎样成名的

《空间化学》是范霍夫于 1875 年所发表的一篇著名论文。在这篇论文中，范霍夫首次提出了"不对称碳原子"的新概念和建立了碳的正四面体构型假说，由此而诞生了立体化学。

19 世纪中叶，关于有机化合物的经典结构理论，已经由凯库勒和俄国化学家布特列洛夫等人基本上建立起来了。但同时，人们越来越多地发现了某些有机化合物具有旋光现象。法国人巴斯德首先发现酒石酸、葡萄酸都具有左旋和右旋两种不同结构。后来，德国化学家威利森努斯也发现了乳酸的旋光异构现象。范霍夫在巴黎由武兹指导，同勒·贝尔分别对某些有机化合物为什么会有旋光异构现象的问题，进行了广泛的实验和探索。1874 年，范霍夫和勒·贝尔分别提出了关于碳的正四面体构型学说。

一天，范霍夫坐在乌德勒支大学的图书馆里，认真地阅读着威利森努斯研究乳酸的一篇论文。他随手在纸上画出了乳酸的化学式，当他把视线集中到分子中心的一个碳原子上时，他立即联想到，如果将这个碳原子上的不同取代基都换成氢原子的话，那么这个乳酸分子变成了一个甲烷分子。由此他想象，甲烷分子中的氢原子和碳原子若排列在同一个平面上，情况会怎样呢？这个偶然产生的想法，使范霍夫激动地奔出了图书馆。他

095

在大街上边走边想,让甲烷分子中的四个氢原子都与碳原子排列在一个平面上是否可能呢?这时,具有广博的数学、物理学等知识的范霍夫突然想起,在自然界一切都趋向于最小能量的状态。这种情况,只有当氢原子均匀地分布在一个碳原子周围的空间时才能达到。那么在空间里甲烷分子是个什么样子呢?范霍夫猛然领悟,正四面体!当然应该是正四面体!这才是甲烷分子最恰当的空间排列方式。他由此进一步想象出,假如用四个不同的取代基换去原子周围的氢原子,显然,它们可能在空间有两种不同的排列方式。想到这里,范霍夫重新跑回图书馆坐下来,在乳酸的化学式旁画出了两个正四面体,并且一个是另一个的镜像。他把自己的想法归纳了一下,惊奇地发现,物质的旋光特性的差异,是和它们的分子空间结构密切相关的。这就是物质产生旋光异构的秘密所在。

范霍夫认为,在已经建立起来的经典有机结构理论中,由于人们还不了解原子所处的实际位置,所以原有的化学结构式不能反映出某些有机化合物的异构现象。他根据自己的研究,于1875年发表了《空间化学》一文,首次提出了一个"不对称碳原子"的新概念。

不对称碳原子的存在,使酒石酸分子产生两个变体——右旋酒石酸和左旋酒石酸;二者混合后,可得到光学上不活泼的外消旋酒石酸。范霍夫用他所提出的"正四面体模型"解释了这些旋光现象。

范霍夫关于分子的空间立体结构的假说,不仅能够解释旋光异构现象,而且还能解释诸如顺丁烯二酸和反丁烯二酸、顺甲基丁烯二酸和反甲基丁烯二酸等另一类非旋光异构现象。

分子的空间结构假说的诞生,立刻在整个化学界引起了巨大的反响。一些有识之士看到新假说的深刻含义,纷纷称赞范霍夫的这一创举。例如,荷兰乌德勒支大学的物理学教授毕易·巴洛称:"这是一个出色的假说!我认为,它将在有机化学方面引起变革。"著名有机化学家威利森努斯教授写信给范霍夫说:"您在理论方面的研究成果使我感到非常高兴。我在您的文章中,不仅看到了迄今未弄清楚的事实及其机智的尝试,而且我也相信,这种尝试在我们这门科学中……将具有划时代的意义。"他们都积极支持和鼓励范霍夫把自己的论文译成法文、德文等多种文字予以广泛传播。

然而在当时,许多人还不了解新学说的真正含义,他们甚至激烈反对范霍夫的观点。德国莱比锡的赫尔曼·柯尔贝教授写文章尖锐地讽刺说:"有一位乌德勒支兽医学院的范霍夫博士,对精确的化学研究不感兴趣。在他的《空间化学》中宣告说,他认为最方便的是乘上他从兽医学院租来的飞马,当他勇敢地飞向化学的帕纳萨斯山的顶峰时,他发现,原子是如何自行地在宇宙空中组合起来的。"而菲谛格等人却断言范霍夫的假说与物理定律不相容。但是,这些反对意见不仅没有妨害范霍夫的新理论,反而为这一理论的推广和传播起了宣传作用。因为那些凡是读过柯尔贝等人的尖锐评论文章的人,都会对范霍夫的理论发生兴趣,都要去了解一下他的论文内容。于是,反倒使新理论在科学界迅速传播开来。正如拜伦说过的话一样"一朝醒来,名声大噪。"柯尔贝等人的批评竟使范霍夫成了显赫一时的人物。不久范霍夫就被阿姆斯特丹大学聘为讲师,1878年又成为化学教授。

因此,范霍夫首创的"不对称碳原子"以及碳的正四面体构型假说(有时又称为范霍夫一勒·贝尔模型)的建立,尽管学术界对其褒贬不一,但往后的实践却证明,这个假说成了立体化学诞生的标志。

一篇获诺贝尔化学奖的论文为什么最初只得了3分

《电解质的导电性研究》是阿伦尼乌斯在1883年底所写的一篇著名论文。在这篇论文中,作者全面阐述了他的电离理论,以化学观点说明了溶液的电学性质。1903年,阿伦尼乌斯因创立电离理论而荣获诺贝尔化学奖,电离理论也留芳于世,直到今天仍常青不衰。

瑞典化学家阿伦尼乌斯在研究溶液的导电性时发现。浓度影响着许多稀溶液的导电性。阿伦尼乌斯对这一发现非常感兴趣。在埃德伦德教授的指导下，他设计了一系列实验，对这一课题进行深入探索。在实验时他发现，气态的氨根本是不导电的，但氨的水溶液却能导电，而且溶液越稀导电性越好。氢卤酸溶液也有类似的情况。阿伦尼乌斯紧紧地抓住稀溶液的导电问题不放，把电导率这一电学属性，始终同溶液的化学性质联系起来，力图以化学观点来说明溶液的电学性质。经过许多个日夜，他得到了一大堆实验测量的结果，并对这些结果进行了处理和计算。1883年5月，他终于形成了电离理论的基本观点：电解质在溶液中具有两种不同的形态：非活性的——分子形态，活性的——离子形态。实际上，溶液稀释时电解质的部分分子就分解为离子，这是活性的形态；而另一部分则不变，这是非活性的形态。当溶液稀释时，活性形态的数量增加，所以溶液导电性增强。

阿伦尼乌斯的这一想法，实质上是提出了电解质自动电离的新观点，是一个伟大的发现。为了从理论上概括和阐明自己的这一研究成果和新的创见，他写成了两篇论文。第一篇是叙述和总结实验测量和计算的结果，题为《电解质的电导率研究》；第二篇是在实验结果的基础上，对水溶液中的物质形态的理论总结，题为《电解质的化学理论》，专门阐述电离理论的基本思想。这两篇论文发表在1884年初出版的《皇家科学院论著》杂志的第11期上。

1883年底，阿伦尼乌斯又把这两篇论文中的主要内容集中起来，写成全面阐述电离理论的名作《电解质的导电性研究》，作为学位论文交乌普萨拉大学。该校学术委员会接受了他的申请，决定在1884年5月进行公开的论文答辩。

答辩会争论得非常激烈。阿伦尼乌斯以大量无可辩驳的实验事实，说明电解质在水中的离解，精辟地阐述了自己的新见解，受到了一些委员和与会者的赞许。但是，塔伦教授表示，他对实验事实无任何异议，只是电解质在水溶液中自动电离的观点不能理解。克莱夫教授则提出，他对阿伦尼乌斯的实验事实持怀疑态度,认为电解质在水溶液中自动电离的观点十分荒唐。阿伦尼乌斯列举大量的实验事实来支持自己的观点。他引证了早在 1857 年德国科学家克劳希斯提出的电解质在水溶液中不用通过电流就产生离子的假设,也引用了德国化学家奥斯特瓦尔德的研究成果来为自己的观点辩解。但最后,由于委员会支持教授们的意见,这篇著名的论文只得了 3 分。

阿伦尼乌斯并未因成绩不佳而灰心。相反,他坚信自己的观点是正确的。后来,他的这一理论得到了克劳希斯、迈尔、奥斯特瓦尔德、范霍夫等著名科学家的支持,他自己也不断研究,进一步丰富与完善了电离理论。1903 年,他因"电离理论在化学发展上具有特殊意义"而荣获诺贝尔奖金。他所创立的电离理论也留芳于世,直到今天仍常青不衰。

为什么说《氟及其化合物》是一本用生命铸就的著作

《氟及其化合物》是法国化学家莫瓦桑于 1886 年所写的一部科学著作。这部著作系统地介绍了作者对氟及其化合物的研究成果,特别是氟单质的制备方法,轰动了整个化学界。

在五彩缤纷的大自然里,有一种叫做萤石的矿石,许多收藏家和矿物学家都收藏它。

1670 年,德国有一名叫斯万哈德的艺术家,偶然发现萤石和浓硫酸混合在一起能雕刻玻璃。他惊喜万分,用它们在玻璃上雕刻出了不少艺术珍品,但他对其中的奥秘却一无所知。

约 100 年后,德国的矿物化学家马格拉夫对萤石产生了兴趣。他用硫酸处理萤石,得到了一种酸,并且初步研究了它的性质。时过 3 年,舍勒也研究了它。这种酸的性格非常奇怪,连玻璃也会溶解。这到底是种什么酸？两位大化学家陷入了迷雾之中。1810年11月1日，英国化学家戴维收到法国化学家安培的一封信，他说这种溶解玻璃的酸和盐酸的性质相似，组成也相似。

第二年8月25日，安培又给戴维去信说，这种酸中存在着一种新元素，并建议把这种新元素命名为氟，这种酸叫氢氟酸。安培的建议很快被欧洲各国化学家所采纳，于是，一场寻找单质氟的战斗便打响了。戴维在英国、盖·吕萨克和泰纳在法国率众制取氟气。他们想尽了种种办法，还是一筹莫展，并且都因吸入了一些氟化氢而病倒。

英国皇室爱尔兰科学院院士乔治·诺克斯和托马斯·诺克斯兄弟，用萤石制成了一种很精巧的器皿，他俩在这种器皿里放了些氟化汞，加热条件下通入干燥的氯气。氟气虽然释放出来了，但是他们不但没有收集到，而且因此中了剧毒，几乎丢掉了性命。

不久，比利时的化学家鲁耶特又不避艰险地重复诺克斯兄弟的实验，并且长时间地进行研究，最终因中毒太深而为科学捐躯。

1850年，法国巴黎工业学院化学教授艾德蒙·弗雷米又决心做一番尝试，他采用了种种办法，都无法得到氟，只好把这个未完成的宏愿交给他的学生亨利·莫瓦桑。

莫瓦桑吸取前人的经验，用氧化砷、硫酸和萤石为原料，先制取氟化砷，然后对这种低熔点化合物进行电解。经过多次失败，也因中毒而中断四次，莫瓦桑终于在阴极上得到了粉状的砷。他看到在阳极上有少量的气泡冒出，可是，这些气泡还未升到液面，就被周围的氟化砷吸收了。

失败并没有使莫瓦桑退缩。1886年，他把氟氢化钾加到液态氟化氢中，再把混合物装入U形铂管，并用气体氯仿使U形管冷却到−50℃。6月26日，当接通电源时，U形管阳极上方的空间里便出现了淡黄绿色的氟气。莫瓦桑制备了氟气以后，便根据前人的经验和自己对氟及其化合物的研究成果，写出了科学著作《氟及其化合物》，轰动了整个化学界。但是，这位伟大的化学家因与含氟的毒气接触太多而早逝，终年54岁。

为了制得氟，不少科学家中剧毒，有的甚至贡献出了生命，莫瓦桑也因研究氟而英年早逝，所以人们说《氟及其化合物》是一本用生命铸就的著作。

莱姆塞是怎样发现稀有气体元素的

《大气中的各种气体》是莱姆塞于1896年出版的一部科学名著。该书介绍了作者所发现的稀有气体元素，引起了极大的震动。稀有气体元素的发现，使元素周期表添加了新的零族元素栏，让他在化学史上留下了不朽之名。

1904年，诺贝尔化学奖授予名著《大气中的各种气体》的作者莱姆塞。莱姆塞在这一名著中，介绍了他发现的几种稀有气体元素，并确定了它们在元素周期表中的位置。

门捷列夫元素周期表中，有一个零族。这族元素性质稳定，一般不与其他物质发生化学反应，且又都是气态元素，所以人们称它们为"稀有气体"或"惰性气体"，意思是在空气中"稀少"和"懒惰"的意思。这样一族特殊的元素是如何被发现的呢？

1868年8月18日，印度发生日食，自然规律给人们创造了研究太阳表面的大好时机。世界各地的许多科学家都千里迢迢，提前云集印度，抓住这绝好的短短几分钟。

在这众多的科学家中，有一位法国经度局的研究员、米顿天体物理观象台的台长、天文学家严森。这时，他携带了望远镜和分光镜，风尘仆仆地来到观测现场。

日全食开始了，严森把早已安装好的望远镜和分光镜对准了日珥。日珥，这种太阳表面喷发出的巨大火焰，曾引起了他的浓厚兴趣，把它列为自己的研究课题。为此，他不知熬过多少不眠之夜，流出了多少汗水。今天，他要利用这难逢的时机,揭开它的紧紧笼罩的面纱,窥测出它的那蕴藏的无穷奥秘。此时此刻的严森,正在聚精会神地观察,他从分光镜上看到了几条亮线,一条红的,一条蓝的,这显然是氢元素的谱线。

啊!还有一条格外明亮的黄线,这是谁的谱线呢?是钠的线吗?不对,钠的线是双线,这只有一条。他想仔细看清楚,但日食几分钟就过去了。

第二天凌晨,当旭日又从东方冉冉升起的时候,怀着侥幸心理的严森又把望远镜和分光镜对准了日珥,希望重新见到昨天那位"怪客"。好的,"怪客"居然不约而来,明亮的黄线重现在这位著名的天文学家面前。他经过仔细观察,认定了这条黄线不是钠的线。

1868年10月26日,巴黎科学院收到了两封特别的信。一封是严森写来的,报告他从分光镜中看到的那条不知名的黄线;另一封信是英国皇家科学院太阳物理天文台台长洛克耶于10月20日自英国发来的,巧得很,信中的内容和严森一样,报告的是同一件事。

同一时间来自两个不同国家的两个内容相同的报告,引起了巴黎科学院负责人的浓厚兴趣,他们立即在科学院的会议上宣读了这两份巧合的报告,与会者听后惊叹不已。经过严格查对核实,这条谱线不属于当时已知的任何元素产生的谱线。他们断定这是一种新元素的谱线,是人类有史以来第一次在地球上发现的太阳上的元素的谱线。于是,大家就根据希腊神话中的"太阳神"名字将这种元素命名为"太阳元素",中文名称叫做氦。

第一种惰性元素就这样被人们发现了,它揭开了人类研究自然新的一页,开辟了化学这片神奇土地的一块新的处女地。

1879年,为纪念这项辉煌的成就,巴黎科学院特铸造了一枚金质纪念牌:一面雕刻着传说中的太阳神驾着四套马车,在无限的宇宙奔驰的雄姿,表示这种元素来自太阳;另一面则雕刻严森和洛克耶这两位伟大的天文学家的浮雕像,说明这种元素是他俩首次发现的。

太阳元素的发现轰动一时,但不久就销声匿迹了。人们只见到了它的光谱,没有见到它的真容,无法认识它的性质,更不清楚它能帮我们什么忙。所有这一切，都等待科学家们去探索，去发现。

时光一天天逝去，氦的面纱仍未揭开，研究氦的人一度处于一筹莫展之境。这时，从英国传来一条令人振奋的喜讯，氦的一位兄弟"氩"在著名的卡文迪什实验室降生了。

1882 年，在英国剑桥大学卡文迪什实验室，有一名学者正致力于大气中各种气体密度的研究，他就是著名的物理学家、卡文迪什实验室主任瑞利。瑞利早年毕业于剑桥大学，是一个优秀的实验工作者。他拥有一台灵敏度达万分之一克的天平。他开始称氢，接着称氧，现在决定称氮气了。

自从舍勒和拉瓦锡测定了空气的成分后，都知道空气中五分之四的是氮，只要把空气中的氧、碳酸气和水蒸气除掉，留下来的应当是纯氮。瑞利利用一些巧妙的方法除去了空气中的氧、碳酸气和水蒸气，把得到的氮气放在天平上一称，每升重 1.2572 克。为防差错，他又反复检查了装置，并从其他地方取来空气重做，结果都一样。

瑞利有位朋友，名叫莱姆塞，是英国的物理化学家，他劝瑞利从氨中取氮。瑞利听从劝告后，从氨中取得氮气，并将它提纯，称量结果是每升 1.2508 克。

真是不可思议！都是一升氮气，为什么质量相差 0.0064 克呢？这可超出了实验误差范围呀！是哪儿出了错误？细心的瑞利抓住这蛛丝马迹，又仔细做了三次检查试验，结果还是那样。他不得不写信给《自然》杂志编辑部，向化学家呼吁，希望大家提醒他，应该怎样解释这个差额。

1894 年 4 月 19 日，瑞利又在伦敦皇家科学会上报告了自己的试验。会后，他的好友莱姆塞对他说道："两年前您给《自然》杂志写信的时候，我还弄不清为什么您会在这里得到两种不同的密度。现在完全明白了，空气中的氮中一定有一种较重的杂质、一种未知气体……如果您同意，我愿把您的实验接着做下去。"瑞利欣然同意。

他俩刚讲完，皇家研究院化学教授杜瓦又提供了一个重要而又有趣的线索：早在 1785 年，卡文迪什在研究空气组成时，曾发现一个奇怪的现象：

当时人们已经知道空气中含有氮、氧、二氧化碳等,卡文迪什把这些气体分别除去,发现还残留少量的气体,这时无论怎样放电,它再不减少了。卡文迪什对所有的实验都作了详细记录,但当时没有整理发表。他去世50年后,这些记录才由麦克斯韦整理发表。

无巧不成书。卡文迪什的实验资料就保存在他的剑桥大学里,瑞利和莱姆塞立即借来仔细研读。瑞利重做了卡文迪什的实验,莱姆塞利用除去氧、二氧化碳和水蒸气的空气,通过灼热的镁而除去氮气,他俩都得到了一些残余气体,约占原空气的百分之一。经过多次实验,他们才断定该气体为一种新元素。因它们不活泼,便叫它为"氩",含有"懒惰"的意思。1895年1月31日,瑞利和莱姆塞写出了论文《大气中的新成分——氩气》,在皇家学会例会上发表。

他们发现"氩"以后,莱姆塞又获得了一个新的信息,正是这个信息,使得他从地球上找到了"太阳元素"。

1895年的一天,莱姆塞刚从皇家科学会上做完例行报告回家,就收到地质学家麦尔斯寄给他的一封信。信上说:1888—1890年,美国化学家赫列布莱德曾用硫酸处理一种钇铀矿,获得了一种不活泼的气体,赫列布莱德认为这种气体是氮气。麦尔斯认为,这种气体里面也可能含氩,建议莱姆塞检验一下,或许会有所发现。

莱姆塞读罢来信,频频点头,认为麦尔斯的主意出得很有道理,并立即托伦敦商业界的朋友代他购买一些钇铀矿。不久这位朋友花了18个先令,为他弄来了约60克钇铀矿。

莱姆塞收到钇铀矿后,立即研究这种气体的光谱,发现里面有许多条不同颜色的明亮谱线,其中有条黄线,显得尤为突出。

为什么会出现黄色谱线?难道镁屑里混有钠不成?难道分光镜出了毛病?莱姆塞经过多次实验,排除了种种猜测,忽然想到这可能又是一种未知元素,便忙为这种新元素取了个名字氦(含有"秘密"的意思)。

莱姆塞虽然认为它可能是一种新的元素,但没有精密的分光镜,不能对此作出肯定的回答。于是,他就把这种气体的标本送给了光谱学家克鲁克斯,请他帮忙验证。

1895 年 3 月 23 日,克鲁克斯向莱姆塞发来了电报:"您的氦就是氦,请您过来看看吧!"莱姆塞连忙赶过去了,他看见黄线跟太阳光谱上的那条神秘的黄线——氦的黄线完全吻合,波长都是 5875.6 埃。这种神秘的太阳元素,莱姆塞在朋友的启迪和帮助下终于从地球上找到了。找到了氩和氦以后,莱姆塞心胸顿开,思维一下子跃向一个新的高度,他乘胜进军,又连续发现了新的惰性元素。

自从门捷列夫发现元素周期规律以后,杂乱无章的元素便有秩序、有规律的排列起来了。同一主族的元素都有它相似的化学性质。氦与氩的性质非常相近,而且它们与周期系中已被发现的其他元素在性质上风马牛不相及。富有想象力的莱姆塞根据元素周期的规律性,作出了一个大胆而实际的设想:氦和氩可能是一族的元素,在它俩之间应当还有一些尚未发现的元素。他大胆作出了寻找这种未被发现元素的计划,并把这个计划交给他的助手特莱弗斯去实施。特莱弗斯,这位年仅 21 岁就获得伦敦大学博士学位的助手高兴地接受了这项任务,一场寻找新的惰性元素的战斗又打响了。

1898 年 5 月 30 日,莱姆塞和特莱弗斯在用分光镜检查大量液态空气蒸发后的残余体时,发现了比氩线略带绿色的谱线,另外还有一条明亮的绿线。他们便给发出这条谱线的元素取名叫氪,并于当天晚上就测定出它的原子量为 82.9。

时隔不久,他们又采用使液态空气在减压下突然沸腾造成超低温的方法,把从空气中分离出来的那部分氪凝结下来了。然后,他们再使液态氪慢慢挥发,收集其中最早分馏出来的那部分气体。当把气体充入放电管并经激发后,突然红光满室。毫无疑问,这又是一种新的气体元素,他们给它取名叫"氖"(含有"新奇"的意思)。

后来,新式空气液化机诞生了,由于有它的帮助,莱姆塞和他的助手得以制备到多量的氪和氙，便又把这种液化了的惰性气体仔细地加以分馏，从中取出馏分更重、沸点最高的那部分气体，把它装入放电管以后，一经激发，立即闪耀着艳丽的蓝色强光。1898 年 7 月 12 日，他们把这种气体叫做"氙"。

1990 年，道思在某些放射性矿物质中发现了氦。自此，这族神奇的气体全部展现在人们面前，开始了它们新的生涯。

稀有气体元素的发现，使元素周期表中增加了一个新的族——零族。它的发现历程，是许多科学家不断探索、不断进取的历程，是元素发现史上一个闪光的历程。

侯德榜为什么公布制碱奥秘

《制碱》是中国化工专家侯德榜于 1932 年在美国用英文出版的一部科学著作。在这部著作中，侯德榜披露了苏尔维制碱法的奥秘，打破了外国资本家对这一技术的垄断，让全世界各国人民共享了这一科技成果，推动了制碱业的发展。

1932 年，侯德榜在美国以英文出版了他的专著《制碱》，披露了苏尔维制碱法的奥秘。侯德榜为什么要把这个本可以高价出售大发其财的奥秘公开披露呢？

17 世纪时，人们在生产玻璃、纸张、肥皂时，已经知道要用纯碱。那时的纯碱制造是从草木灰和盐湖水中提取的，人们还知道可以从工厂生产出来。1791 年，法国医师路布兰首创了一种纯碱制造法，从工厂里生产出纯碱，满足了当时工业生产的需要。可是这一方法并不完善，生产过程中温度很高，工人劳动强度大，煤用得很多，产品质量也不高，因此这种方法还需改进。

1862 年，比利时化学家苏尔维提出了一种以食盐、石灰石、氨为主要原料的制碱方法,称为"氨碱法"或"苏尔维制碱法"。这个方法产量高,质量优,成本低,能连续生产。这样很快就替代了路布兰纯碱制造方法。但新方法被制造商严密控制,一般人得不到生产方法,只能买他们的产品。

20世纪初,中国的工业发展起来了,也大量需要纯碱,但因为自己不会生产,只能依靠进口。第一次世界大战时,纯碱产量大大减少,加上交通受阻,外国资本家乘机抬价,甚至不供给中国,致使中国以纯碱为原料的工厂只得倒闭关门。

当时在美国留学并取得博士学位的中国学生侯德榜听说外国资本家如此卡中国人的脖子,发誓学好知识,报效祖国,振兴中国的民族工业。

1921年10月,侯德榜应中国近代化学工业的开创者范旭东先生的邀请,回国出任永利碱业公司的总工程师,创建中国第一家制碱工厂。当时由于技术封锁,侯德榜只能靠自己不断研究、试验、摸索。经过几年的努力,克服了重重困难,终于在1924年8月13日,工厂正式投产了。1925年,中国永利碱厂生产的"红三角"牌纯碱在美国费城举办的万国博览会上获得了最高荣誉金质奖章。侯德榜终于冲破了苏尔维公会的封锁,独立摸索出了苏尔维制碱法的奥秘,使中国的民族工业在渤海之滨发展了起来,实现了自己报效祖国的诺言。

侯德榜摸索到苏尔维制碱法的奥秘后,立即想到外国资本家卡中国人脖子的情景,他不愿这些资本家再去卡别人,决心把这一奥秘公布于众,让全世界各国人民共享这一科技成果。于是,他把制碱法的全部技术和自己的实践经验写成专著《制碱》,公开出版了。

1937年日本帝国主义发动了侵华战争,侯德榜为了不使制碱工厂遭受破坏,把工厂迁到四川,新建了一个永利川西化工厂。

四川的食盐都是井盐,浓度稀,要经过浓缩才能成为制碱原料;况且苏尔维制碱法的致命缺点是食盐利用率不高,有30%的食盐要白白浪费掉,致使纯碱成本很高。因此,侯德榜决定不采用苏尔维制碱法,而采取食盐利用率达90%～95%,同时可以生产氯化铵的察安法。

107

察安法是德国新发明的,当时,德日法西斯已暗中勾结,德国不准许侯德榜参观生产现场,而且提出将来不许在东三省销售产品的无理要求。侯德榜对此十分气愤,决心不依靠德国人,自己另开辟新路。

侯德榜首先分析了苏尔维制碱法的缺点,发现原料中各有一半的成分没有利用上,只用了食盐中的钠和石灰中的碳酸根,食盐中的氯和石灰中的钙都没有利用上。怎样才能使另一半变废为宝呢?他设计了许多方案,但是都一一被推翻了。后来他终于想到,能否把苏尔维制碱和合成氨法结合起来,也就是说,制碱用的氨和二氧化碳直接由氨厂提供,滤液里的氯化铵用加入食盐的办法使它结晶出来,作为工厂产品或化肥,食盐溶液又可以循环使用。

为了实现这一设计,在抗日战争的艰苦环境中,在侯德榜的严格指导下,研究人员经过500多次循环试验,分析了2 000多个样品后,终于把具体工艺流程定下来。这个新工艺使食盐利用率从70%一下子提高到96%,减少了石灰窑、化灰桶、蒸氨塔等设备,也使原来无用的氯化钙转化成化肥氯化氨,解决了氯化钙毁田、污染环境等问题。这个方法把世界制碱技术水平推向了一个新高度,赢得了国际化工界的极高评价。1943 年,中国化学工程师学会一致同意将侯德榜发明的联合制碱法命名为"侯氏联合制碱法"。

划时代巨著《高分子有机化合物》是怎样诞生的

《高分子有机化合物》是德国化学家施陶丁格在 1932 年出版的一部科学名著。这部著作系统地阐述了大分子理论,创立了高分子科学。在这部著作的指导下,人们认识了高分子的面目,合成了许多新的高分子,使高分子合成工业获得了迅速的发展。

1932 年,德国化学家施陶丁格出版了他的科学著作《高分子有机化合物》。著作系统地阐述了大分子理论,成为高分子科学诞生的标志。这部被誉为划时代的科学巨著,是在激烈而又严肃的学术争鸣的过程中争论出来的。

我们知道棉、麻、丝、木材、淀粉等都是天然高分子化合物,从某种意义上来说,甚至连人本身也是一个复杂的高分子体系。在过去漫长的岁月中,人们虽然天天与高分子物质打交道,对它们的本性却一无所知。

1812年,化学家在用酸水解木屑、树皮、淀粉等植物的实验中得到了葡萄糖,证明淀粉、纤维素都由葡萄糖组成。1826年,法拉第通过元素分析发现,橡胶的单体分子是C_5H_8,后来人们测出C_5H_8的结构是异戊二烯。就这样,人们逐步了解了构成某些天然高分子化合物的单体。

1839年,美国人古德意发明了天然橡胶的硫化技术,在化学上叫做高分子的化学改性。后来,化学家们又将纤维素进行化学改性,获得了第一种人造塑料——赛璐珞和人造丝。1907年,美国化学家贝耶尔在研究苯酚和甲醛的反应中制得了最早的合成塑料——酚醛树脂。1909年德国化学家以热引发聚合异戊二烯获得成功。后来又采用与异戊二烯结构相近的二甲基丁二烯为原料,在金属钠的催化下,合成了甲基橡胶,开创了合成橡胶的工业生产。

这一系列对高分子化合物的单体分析,天然高分子的化学改性的实践和在合成塑料、合成橡胶方面的探索,使人们深切地感到必须弄清高分子化合物的组成、结构及合成方法。

早在1861年,胶体化学的奠基人英国化学家格雷阿姆曾将高分子与胶体进行比较,认为高分子是由一些小的结晶分子所形成,并从高分子溶液具有胶体性质着眼,提出了高分子的胶体理论。这理论在一定程度上解释了某些高分子的特征,因而得到了许多化学家的支持。

胶体论者拿胶体化学的理论来套高分子物质,认为纤维素是葡萄糖的缔合体。他们还因当时无法测出高分子的末端基因,而提出它们是环状化合物。德国有机化学家施陶丁格等人不同意胶体论者的上述看法。施陶丁格发表了《关于聚合反应》的论文,他从研究甲醛和丙二烯的聚合反应出发,认为聚合不同于缔合,它是分子靠正常的化学键结合起来。天然橡胶应该具有线性直链的价键结构式。这篇论文的发表,引起了一场激烈的论战。

1922年,施陶丁格进而提出了高分子是由长链大分子构成的观点,动摇了传统的胶体理论的基础。胶体论者坚持认为,天然橡胶是通过部分价键缔合起来的,这种缔合归结于异戊二烯的不饱和状态。他们自信地预言:橡胶加氢将会破坏这种缔合,得到的产物将是一种低沸点的低分子烷烃。针对这一点,施陶丁格研究了天然橡胶的加氢过程,结果得到的是加氢橡胶而不是低分子烷烃,而且加氢橡胶的性质上与天然橡胶几乎没有什么区别。结论增强了他关于天然橡胶是由长链大分子构成的信念。随后他又将研究成果推广到多聚甲醛和聚苯乙烯,指出它们的结构同样是由共价键结合形成的长链大分子。

然而,施陶丁格的观点继续遭到了胶体论者的激烈反对。为此,他先后在1924年和1926年召开的德国博物学及医学会议上及1925年召开的德国化学会议上,详细地介绍了自己的大分子理论,与胶体论者展开了面对面的辩论。

辩论主要围绕两个问题:一是施陶丁格认为测定高分子溶液的黏度可以换算出其分子量,分子量的多少就可以确定它是大分子还是小分子。胶体论者则认为黏度和分子量没有直接的联系。

另一个问题是高分子结构中晶胞与其分子的关系。胶体论者认为一个晶胞就是一个分子,晶胞通过晶格力相互缔合,形成高分子。施陶丁格认为晶胞大小与高分子本身大小无关,一个高分子可以穿过许多晶胞。

科学裁判是实验事实。正当双方观点争执不下时,1826年瑞典化学家斯维德贝格等人设计出一种超离心机,用它测量出蛋白质的分子量,证明高分子的分子量的确是从几万到几百万。这一事实成为大分子理论的直接证据。

事实上，参加这场学术争鸣的科学家都是严肃认真和热烈友好的，他们为了追求科学的真理，都投入到缜密的实验研究中，都尊重客观的实验事实。当许多实验逐渐证明施陶丁格的理论更符合事实时，支持施陶丁格的队伍也随之壮大。最使人感动的是原先大分子理论的两位主要反对者，晶胞学说的权威马克和迈耶在1928年公开承认自己的错误，同时高度评价了施陶丁格的出色工作和坚忍不拔的精神，并且还具体地帮助了施陶丁格完善和发展了大分子理论。这就是真正的科学精神。

激烈而又严肃的学术争鸣，促进了科学家们对高分子化合物的实验研究，不断的学术辩论，使施陶丁格的大分子理论进一步完善。正是有了这样一种良好的学术氛围，才使得施陶丁格能完成《高分子有机化合物》这一巨著的创作。因此，人们说《高分子有机化合物》这一巨著，是学术争鸣中争出来的。

《高分子有机化合物》的出版，使人们认清了高分子的面目，合成高分子的研究有了明确的方向。从此，新的高分子被大量合成，高分子合成工业获得了迅速的发展。为了表彰施陶丁格在建立高分子科学上的贡献，1953年他被授予诺贝尔化学奖。

生 物 篇

林奈为什么修改《自然系统》

《自然系统》是瑞典生物学家林奈于 1735 年 7 月写成的一本科学著作。这本著作是林奈的生物分类学成就的集中反映,奠定了近代生物学的基础,并为 19 世纪的自然分类法提供了借鉴。这本著作出版后至林奈逝前,共出版 12 次,其中 1753 年的第 5 版和 1768 年的第 12 版,林奈作了较大的修改。

《自然系统》是瑞典生物学家林奈的生物分类学成就的集大成之作。这本著作是林奈于 1735 年 7 月写成的。当时,林奈带着这本著作的初稿,访问了荷兰莱顿大学著名植物学教授格罗诺乌博士。格罗诺乌博士对《自然系统》极为欣赏,立即出资使其在荷兰出版。此书出版后至林奈逝前,共出版 12 次,其中在两次再版时林奈作了较大的修改。

第一次修改是 1753 年的第 5 版。1753 年正是林奈创立"双名制命名法"的那一年。从 1735 年《自然系统》出版以后,林奈对生物的命名和生物分类又进行了科学的研究,他发现以前的生物分类还有许多不足之处,有必要建立更为科学、合理的生物分类系统。于是,他决定修改《自然系统》

一书,把他这 18 年新的研究成果反映到书中去,使生物分类系统更完善。

在《自然系统》的第 5 版本里,林奈把自然界分为无生和有生两界,在有生界中再分动物和植物两个亚界,亚界以下再分纲、目、属、种。

对植物界,林奈用植物雄蕊的数目区别纲,用雌蕊的数目区别目,以花果性质区别属,以叶的特征区别种。这样,他把显花植物分为 23 纲,隐花植物分为 1 纲,构成"林氏 24 纲"。

对动物界,林奈以动物的心脏、呼吸器官、生殖器官、感觉器官和皮肤特征等多种特征作为分类的综合标志,把动物分为六大纲。林奈的生物分类方法属于人为分类法,它奠定了近代生物的基础,为 19 世纪的自然分类法提供了借鉴。

第二次修改是 1768 年第 12 版。林奈生平研究过寒带、温带、热带数以万计的生物标本,但不知怎的,他竟没有看出物种的变异。在《自然系统》一书中,始终贯彻着他的物种不变论,即生物物种虽然繁多,但物种的数目是不变的。不同的物种最初只有一对,即"第一对原种",第一对原种通过繁殖,形成无限的个体。物种数目不变,个体数目可变。由于他认为物种不变,所以他对第一对原种的产生无法解释,只能说是造物主上帝创造的。

到了晚年,林奈对他的物种不变论产生了动摇,并进一步地看到了物种可变的事实,于是认为物种本身也是可变的,通过杂交有可能产生新种。于是,在《自然系统》第 12 版出版时,林奈把物种不变的文字全部删去了。

113

布丰是怎样从困惑中解脱出来的

《自然发展史》是法国皇家植物园园长布丰所写的一部科学巨著。这部著作从 1749 年开始出版,共出版了 44 卷。在这部巨著中，布丰以他优美的文笔描绘了天体的演化、地球的形成和生命的起源，为近代天体演化理论和达尔文生物进化论开创了前进的道路，在科学史上占有重要地位。

布丰1707年出生于法国一个相当有钱、有势的贵族家庭里。他从小就十分好学，读过许多书。他有一个毛病：非常爱美、爱打扮。在年轻的时候，由于恋爱受挫，他一气之下渡过英吉利海峡去了英格兰。

布丰来到英国的时候，正是英国科学革命的高潮时期，牛顿力学的巨大成功使得当时的英国占据了欧洲科学成就的顶峰。布丰在英国的伦敦居住了很长时间，在这里读了大量的科学书籍，进行了广泛的研究，并且选定了生物科学为自己的研究方向。

回到法国不久，布丰得到了一笔数量很大的遗产，这使得他可以一生都不用为生活四处奔波，一心一意地进行他的科学研究了。

在布丰那个时代以前，人们认为物种是上帝创造生物的一个基本单位，物种是固定不变的。布丰开始也是主张物种不变的。但是，他经过进一步的研究，发现许多生物身上都生着一些退化了的、无用的器官，如果物种不变，现存的动物怎么会生有这样的器官呢？这个问题使布丰感到困惑。

布丰想，无比智慧的上帝决不会创造无用的东西，一定是这些物种在上帝创造它们之后发生了变化。因此，布丰走出了物种不变这个问题的困惑境地，改变了自己的错误观念，提出了生物进化的观点。

布丰认为生物进化有三个原因：

第一是气候的变化。由于气温不同，生物会发生不同的变化。

第二是食物的变化。环境发生变化后，动物的食物发生了变化，于是导致了动物形态的变化。

第三是被役使的原因。即动物被驯化、家养也会发生变化。布丰在长期的研究中还发现：生物的种群不同，它们进化的速度也不相同。并且，他还提出，如果对现在的五花八门的各种生物按一定的属性进行归类的话，可以归纳成很少的几个种类，也就是说，现在的生物是从数量并不太多的几种生物通过进化形成的。

1739 年，布丰当上了法国皇家植物园的园长，在这时他写了一本《博物学纲要》，文笔优美，非常畅销，不热心科学的人也愿意读。法国国王路易十五也读了这本书，他鼓励布丰进一步研究。后来，布丰又写出了 44 卷的《自然发展史》，提出了生物进化的观点，对拉马克生物进化理论的提出具有极大的影响。

生命是从哪里来的呢

1786 年，意大利博物学家斯巴兰兹尼做了人工授精的著名实验，证明了一切生物都有母体，严重打击了认为生命物体能从非生命物体中自发产生的无生源说。在人们认识生命过程中，初步确立了唯物主义的思想观。

在人们认识生命的过程中，最早提出来的一个问题就是生命是从哪里来的。围绕这个问题，形成了两种观点。

一是无生源说。这种学说认为生命物体能从非生命物体自发产生，如腐草化萤、滞水孳蚊、汗液生虱、腐肉生蛆等。我国古代的荀子说"积土成山，风雨兴焉；积水成渊，蛟龙生焉"，说明蛟龙是自然发生的。甚至有人认为，把破烂衣服加上杂粮等物品放入阴暗人稀处，只要"处方精确"，过一段时间就能产生"人造小矮人"。还有人认为，把小牛打死后埋在地下，露出双角，过一段时间把角锯掉，就能从角里飞出蜜蜂。

一是有生源说。这种学说认为物种都是由以往生物繁殖来的，原始生命是一切后来生命的渊源。

在 17 世纪中期，意大利医生雷迪首先对无生源说提出怀疑。雷迪用

115

实验证明,腐肉表面的蛆是外面的苍蝇排卵所致,不是由腐肉直接产生的。这就动摇了无生源说。

18世纪,意大利博物学家斯巴兰兹尼,通过实验沉重地打击了无生源说。

一天,斯巴兰兹尼在报纸上看到一条消息,说法国一个叫尼达姆的神父,用显微镜看到一些小动物从羊肉汁里奇妙地生殖出来,轰动了学术界。斯巴兰兹尼根本不相信这回事,他用实验证明,一切生物都有母体,不可能无缘无故地生长出来,蜜蜂繁殖蜜蜂,甲虫繁殖甲虫,细菌只能由细菌繁殖出来。

斯巴兰兹尼根据他的实验成果,写成了一篇出色的论文,发表在1768年的学术杂志上,引起了强烈的反响。

但是,有生源说根本没有回答生命是怎样来的,只是说明了生命来自生命,因此,还不能给无生源说以致命的打击。直到细胞学说的建立,人们才逐步弄清楚生命是怎样来的这个问题。

最先提出进化论的是谁

《动物哲学》是法国的拉马克于1809年出版的一部科学著作。在这部著作中,拉马克提出了生物进化论思想。虽然拉马克的生物进化论思想未得到当代的承认,但是这种思想还是具有一定的影响,一些成果为达尔文创立生物进化论起了一定的作用。

许多人认为进化论只有一种,它是英国伟大的生物学家达尔文创立的。然而,在历史上却有两种进化论,并且最先系统地提出进化论的并不是达尔文。

历史上第一个系统地提出进化论的是法国的拉马克。拉马克生活在法国社会大变革时期，当时的自然科学有了较大的发展，人们对植物和动物有了更多的了解。随着矿业的发展，人们挖掘出越来越多的生物化石，并发现地层越古老，化石和现在的生物越不同，这给当时盛行的物种不变的观念以有力的冲击。此外，生物分类学、胚胎学、解剖学的发展，也都证明了生物物种并不是始终如一的。就在这些科学材料的基础上，拉马克于1809年在《动物哲学》一书中，全面系统地讨论了生物的本质、物种的性质和可变性。生命发展的趋向以及环境、习惯引起变异等有关问题。他指出，生命是连续的，物种是不断变化的。其变化的动力是由于生物天生地具有向上发展的内在倾向。这种天生地向上倾向，使生物从低级到高级，沿着一条直线阶梯逐级向上发展。

但是，实际上生物的进化总是与直线阶梯有偏离，拉马克就用环境的影响来解释这种现象。生物所处的环境是不断变化的，生物为了适应不同的环境，不断改变自身，产生出不同的器官构造，因而打乱了生物逐级向上发展的倾向，在同一级水平上，繁衍出种种不同的生物类型。例如，同是鱼，就有各种各样的鱼。基于这种认识，拉马克后来把生物进化的直线阶梯改成了系谱树，像一棵树那样分支发展。

环境对生物进化的影响，拉马克认为有两种方式。一是对于植物和低等动物，环境条件能给以直接的影响，首先是引起生理机能的相应改变，然后由机能的改变引起形态构造的相应改变。二是对于高等动物，环境改变会引起行为、习性的改变，从而使某些器官因活动减少而退化。这就是拉马克的生物进化"用进废退"原理。例如，鸡用脚行走，腿就发达了，不用翅膀，翅膀就退化了。拉马克还认为，这种生物出生后由于后天环境的影响而发生的适应性的变异叫做获得性，它能直接遗传给后代，即"获得性遗传"。

拉马克所提出的进化论虽然比较系统，但总体来说，推测比科学事实多，说服力不大，因而未得到当代的承认。正因为如此，才有第二种进化论的创立。

有传教士资格的达尔文为什么提出反神学的进化论

《物种起源》是英国生物学家达尔文于1859年出版的一部科学名著。在这部名著中,达尔文从分类学、胚胎学、生物地理学、古生物学等方面,通过大量的事实证明,不同生物之间具有一定的亲缘关系;古代生物和现存生物之间有着共同的祖先;现存生物是远古少数原始类型按照自然选择的规律逐渐进化的产物;生物由低级到高级,由简单到复杂不断地进化,从而创立了著名的生物进化论。达尔文的进化论把生物科学各门学科的有关理论综合起来,形成一门统一的科学,第一次对整个生物界的发生、发展作出了规律性的解释,并且为辩证唯物主义自然观的确立奠定了重要的自然科学基础。

1809年,达尔文出生在英国一个靠近乡村的小城镇里。他的祖父和父亲都是医生,祖父有早期的进化论思想,写过一本名为《动物生理学》的著作,达尔文经常阅读这本书。由于受家庭的影响和乡村田园风光的熏陶,达尔文从小就热爱大自然。他常常到江边、河边坐上几个小时,钓鱼自乐,或者爬到树上,摸取鸟蛋。在上小学的时候,他对博物学十分喜爱,又具有强烈的采集欲,他试着为一些树木定名,并且搜集各种各样的东西,如小石头、贝壳、印鉴、邮票、钱币、矿物、鸟蛋、虫子等。

小达尔文非常顽皮、淘气,时常偷摘果实,编造一些离奇的"事件"欺骗别人。长大以后,他对自己的这些做法深感羞愧,便立志改正,用心去研究自然界。

达尔文9岁那年,父亲把他送进当地一所学校。学校设置的课程单调、空洞,老师讲课味如嚼蜡,学校生活死水一潭,毫无生气,这都使达尔文厌恶至极。于是，他便按照自己的兴趣和爱好，重新安排学习，以满足他的求知欲望。在学校生活的早期，达尔文曾专心致志地阅读《世界奇观》一书，并且同其他同学辩论书中一些叙述和论点的正确性。这本书激起了达尔文去遥远的地方旅行和考察的强烈愿望，这种愿望在1831年得以实现。

在学校读书期间，达尔文经常去打猎、养狗、捉老鼠，四处搜集瓶瓶罐罐做化学实验。他的这些举动，都被校方认为是目无校规的行为，校长还当着全校师生的面训斥他，说他胡闹、乱来，是一个"不可救药"的学生。他的父亲也说他给自己和整个家庭丢尽了脸。

1825年，达尔文提前离开这所学校，被父亲送到爱丁堡大学学习医学。达尔文对大学的生活充满着幻想，但是学校的课程除了化学以外，其余的全都索然无味。达尔文无心学医，而热衷于博物学和矿物学研究，倾心于参加学生们组织的自然科学团体，并经常深入海滨、渔村考察，调查、采制海洋动物标本。他父亲骂他是"游手好闲"、"荒废学业"、"不务正业"，并见他确实无意学医，继承父业，就于1828年初送他到剑桥大学基督学校改学神学，希望他将来做个"体面的牧师"。

达尔文进基督学院后，学习努力，考试成绩优良，名列第11名。但"江山易改，本性难移"，达尔文在剑桥大学虽然学习努力，却仍然醉心于生物学研究。他跟随地质学家塞治威克教授到北威尔士进行古岩层的地质调查，学习检验岩石、采集化石标本等一套地质调查的本领；向工人师傅学习标本的搜集和制作技术，并常常外出去搜集甲虫进行研究。有一次，达尔文细心地剥去一棵大树的老树皮，发现两只未见过的甲虫，于是他两手各提一只。就在这时候，他又瞧见了第三只新种类的甲虫，他舍不得把它放走，于是就把放在右手里的那只甲虫毫不犹豫地塞入口中，以腾出一只手抓第三只甲虫。达尔文热爱科学的精神由此可见一斑。

在剑桥大学期间，达尔文经老师介绍，结识了在大学任职的著名青年矿物学家和植物学家亨斯洛。他们两人一见如故，并且友谊日益加

119

深。1831年,达尔文在剑桥大学毕业后,经亨斯洛教授建议,继续留校进修植物学和地质学,并广泛阅读各种自然科学的书籍。这年夏天,23岁的达尔文冲破重重阻力,接受了亨斯洛的邀请,以一个青年博物学家的身份参加了随同英国海军"贝格尔"号勘探舰去南美洲海岸进行考察的活动。

"贝格尔"舰从欧洲出发,周游南美洲、澳洲、非洲,历时5年,于1836年8月结束旅行回到英国。在整个考察中,达尔文以坚强的毅力和求实的精神,忍受晕船和不时袭来的疾病的折磨,进行了大量的生物考察和地质发掘。在南美洲的时候,有一次他连续发烧几个星期,但对考察丝毫不动摇。每到一处达尔文都独自登岸,跋山涉水或是深入当地居民中进行调查、考察、收集标本,写下了大量的考察笔记,采集了丰富的动植物标本。

经过这5年的实践,在大量的生物变异的事实面前,这个已经取得了传教士资格的神学院毕业生,竟对《圣经》产生了怀疑。在南美洲的科隆群岛考察中,达尔文发现这里的动植物虽然和南美的是同一类型,但又有区别,甚至由于各个岛的环境和自然条件不同,岛与岛之间的动植物形态也有差异。他想《圣经》上说,世界上的生物都是上帝一天之内创造出来的,它为什么要造那么多既像又不完全相像的物种呢?他还通过对化石的鉴定和研究发现一种奇特的现象:现存的好几种不同种类的动物,它们的一些特点竟然会集中表现在某一种动物化石的身上。一连串的疑问,大量的物种变异事实,使达尔文勇敢地摆脱了宗教神学的束缚,走上了追求客观真理的科学道路。

回国以后,达尔文开始对物种的起源问题进行全面系统的研究。他一面整理旅行考察资料,一面开辟试验园地,继续收集资料。他还深入研究了进化论的先驱者布丰、圣提雷尔、拉马克等人的著作,批判地接受了他们的研究成果,终于弄清了物种的起源和物种之间的亲缘关系。经过22年的艰苦奋斗,他完成了巨著《物种起源》,创立了生物进化论。

拖延了十多年后，达尔文为什么
突然匆忙推出《物种起源》

1836 年 10 月，达尔文乘"贝格尔"号考察船凯旋回国后，对生物进化问题进行了深入的研究和思考。他广泛搜集有关动植物在人工培养或自然状态下发生变异的事实，并同时着手进行一些最初的动植物育种实验，得出了如下结论：具有不同特征的动植物品种，可能起源于共同祖先；它们在人工的干预下，保留和发展了对人类有利的变异，逐渐形成了人们所需要的新品种。

1838 年 10 月，达尔文又偶然翻到马尔萨斯的《人口论》，从马尔萨斯的生存斗争的观点中受到启示。达尔文认为，在自然界到处都存在着自觉或不自觉的生存斗争，生物必须跟生活的环境作斗争，才能生存和传留后代。在斗争中，有利的变异就被保留下来，不利的变异将被消灭。

为了充实实验依据，达尔文继续研究，直到 1842 年，他才把自己的观点写成 35 页的概要。1844 年，又进一步地扩充为 230 页的《物种起源问题的论著提纲》。

达尔文继续进行调查、实验，认真地考察小麦、玉米等农作物的选育过程，仔细地比较鸡、鸭、鹅、牛、羊、猪、狗、猫等家禽、家畜各个品种之间的差异，还着重研究了各种家鸽品种之间的差异和起源问题。

在掌握了大量的选择、变异、进化等方面的实验证据后，1856 年 5 月，达尔文开始写作酝酿近 20 年的生物进化论巨著——《物种起源》。

1858 年，达尔文把他的理论告诉了几个好朋友，其中有地质学家赖尔、英国的植物学家胡克和美国的大动物学家格雷，有些人还读过他的初稿，他们催促他加快速度，劝他："将你的理论赶忙印出来吧，如果别人有同样的思想,先印出来了,不是毁灭了你近20年的功夫么!"但是,达尔文不愿急于求成。

然而,就在1858年6月18日,达尔文收到了华莱士的一篇《论变种无限地离开其原始模式的倾向》的论文。达尔文看到这篇论文后,不禁大为震惊,该文几乎用了他自己的词句来表达他自己的思想。自己近20年的功夫,长年累月积累的记录,似乎都无用处了。达尔文决定牺牲自己,帮助华莱士发表论文。

达尔文把华莱士的论文送给赖尔和胡克看,并希望将华莱士的论文马上发表。但是,赖尔和胡克都不同意达尔文的意见,他们想了一个两全其美的办法,将华莱士的论文和达尔文在1844年写的《物种起源问题的论著提纲》、达尔文在1857年写给美国科学家格雷的信,以及赖尔和胡克联名写的说明达尔文和华莱士的论文同时发表的原因的信。这四个文件于1858年7月1日,在伦敦林奈学会上同时宣读,并刊载在这个学会期刊的第3卷上。同时,他们还建议达尔文抓紧时间进行《物种起源》的创作。达尔文采纳了他们的建议,克服了丧子的悲痛,不顾病魔缠身,拼命写作《物种起源》。

1859年11月24日,生物学史上划时代的巨著《物种起源》在伦敦问世。

达尔文的进化论与拉马克的进化论有什么差异

达尔文的进化论与拉马克的进化论就生物是进化的而言,它们是一致的,但在生物如何进化上有很大的冲突。生物是如何进化的呢?两种进化论对生物如何进化是怎样解释的呢?到底谁的解释更符合实际些?

对于生物如何进化,拉马克学说用的是"用进废退"理论。他认为变异是后天的,变异与适应是一回事、一个步骤,适应直接由用进废退的变异形成，不存在什么选择。如对长颈鹿的颈变长，"用进废退"原理的解释是：这种动物祖先生活在非洲干旱地区，周围环境里缺乏青草，迫使它们改变原来以吃草为主的生活习性，时常努力伸长脖子吃树上的叶子，脖子在经常使用后逐渐延长，并遗传给后代。通过世代相传的努力和积累，它们就进化成现在的样子。

达尔文用"自然选择"原理来说明生物如何进化。达尔文认为，不定变异是自然选择的主要对象，它是先天的，它与适应是两回事。适应包括两个步骤：一是变异的发生，二是自然条件对变异的选择即适者生存。也如对长颈鹿的颈变长。"自然选择"原理的解释是：长颈鹿的祖先之间存在着许多微小的差异，有些个体的颈长一点，有些短一点，这些差异是先天的，一生出来就存在。当它们处于同一环境（如地面缺乏青草）时，颈长一点的个体由于比较容易达到高树，比较容易得到食料，就比较有生存的机会，从而传代繁殖。颈短一点的个体，则由于比较不容易得到食料而容易死亡，从而逐渐被淘汰。代代如此，即都是颈长一点的变异对生存有利得到保存，于是它们的颈愈来愈长了。

两种进化论似乎都能解释适应的起源、生物的进化。但是究竟哪一种更正确呢？实践证明，有一些老大难的问题拉马克学说解释不了，而达尔文学说则能合理地解释。例如，一些动物（如工蜂、工蚁、兵蚁等）并不产生后代，它们的获得性根本没有遗传的机会，其特性的来历按拉马克学说难以解释。而达尔文学说可解释为，自然选择逐代对有变异的个体发生作用，使它朝一定的方向积累增进，形成其特性。再如，枯叶蝶落在植物上像枯叶一样，这种保护色显然不是用进废退的结果，按自然选择学说可解释为，枯叶蝶的祖先个体之间有差异，有的外貌似枯叶，有的不像。在生存斗争中不像枯叶的容易被天敌发现而被淘汰；略似枯叶的由于不易被天敌发现，容易生存下来，并遗传给后代。在后代里又普遍存在变异，其中越是像枯叶的个体，保留下来的机会越多，否则淘汰的机会就越多。这样在选择的作用下，便形成了今天所见的枯叶蝶。

由此看来,达尔文学说是比较完善、令人信服的进化学说。生物进化的过程是:在剧烈的生存斗争中,凡是具有适应环境好的有利变异的个体,在斗争中将有较多的机会得到生存繁殖,而适应较差的具有不利变异的个体则被淘汰,即自然选择,或适者生存。被保留的有利变异通过遗传,将逐渐积累,到一定程度就形成新类型,实现生物进化。

赫胥黎为什么被称为"达尔文的斗犬"

达尔文的《物种起源》出版后,很快风行英国,出版的当天就销售了1 250册,很快又销售了13 000多册。进化论在英国差不多成了每个人的谈话材料,特别是在年轻人中影响很大,大多数是拥护者。

但是,极力维护神学的教士们,斥责达尔文的进化论是亵渎神明的异端邪说,是一种推翻上帝的阴谋,意在扰乱对神的信仰,企图毁灭上帝。因此,他们极力叫嚷,要"围剿达尔文,打倒达尔文!"

英国反动统治阶级,大肆污蔑达尔文的学说,公开禁止讲授达尔文学说,企图把它从学校和英国驱逐出去。

在科学界,那些保守的科学家也加入到攻击达尔文的行列。号称生物学界权威的欧文,原来是达尔文的好友,也成为反对进化论的代表人物。达尔文的地质学老师薛得维克写信给达尔文:"我读你这本书,不但不觉得快乐,而且非常痛苦。有些部分使我觉得好笑,有些部分则使我为你忧愁。"著名的天文学家赫歇耳称达尔文的理论为"胡闹定律"。

与此相反,马克思和恩格斯满腔热情地支持达尔文学说,一些进步学者也挺身而出,积极捍卫达尔文学说。

赫胥黎就是捍卫达尔文学说的一员虎将,他自称是"达尔文的斗犬",勇猛地与反动势力格斗起来。

赫胥黎是英国伦敦矿物学院地质学教授，和达尔文是朋友，对达尔文的进化论深信不疑。当达尔文身边充斥一片攻击声时，赫胥黎发自肺腑地对达尔文说："让那些恶狗去嗥叫吧，你应该记住，你的一些朋友无论如何还有一定的战斗性。"

"我正在磨利我的牙爪，以用来保卫这一高贵的著作。"

"我准备接受火刑——如果必须的话——也要支持。"

在赫胥黎的支持宣传下，许多青年接受了达尔文学说，信奉进化论。

英国的教会和那些自以为是上帝所造的祭司长老，眼望着那些信奉进化论的青年人，认为他们误人歧道，不得不想一个拯救的办法，于是他们在1860年6月28日在牛津大学召开英国科学促进会，提出"拯救心灵和打倒进化论"的口号。参加那次会议的有1 000多人，主持人是反对达尔文学说的牛津主教威伯福士。赫胥黎代表支持达尔文学说的一方参加了会议。

会议一开始，威伯福士首先发言。他指责达尔文的进化论与《圣经》不相容，触犯了造物主。他的叫嚷空空洞洞，除了以势压人外，没有任何科学内容，最后竟像泼妇骂街似的，指着赫胥黎说："坐在我对面的赫胥黎先生，你是相信猴子为人类祖先的，……那么请问你，究竟是你的祖父由猴子变来的，还是你的祖母由猴子变来的？"

一些教士和善男信女们狂呼喝彩，鼓掌助威。

赫胥黎坚定地走上讲台，以人类学、古生物学和植物学无可辩驳的事实，用高昂的声音回敬了牛津大主教的胡说，阐述了达尔文的进化论，使许多没有读过《物种起源》而听信谣言的人心服口服。他最后说，自然界漫长的进化历程，确实使类似猿猴的动物变成了人；但是我丝毫不认为，人类会因为猿猴是他们的祖先而感到可耻。真正感到可耻的是对科学一无所知还不承认事实并利用宗教蒙蔽人民的人。赫胥黎的一席话，气得大主教面色如灰，然而他理屈词穷，无力反驳，只好在"热烈"的掌声中悄悄地溜走了。

在这一场短兵相接的神学和科学的论战中，赫胥黎这一"达尔文的斗犬"取得了胜利。

困扰达尔文的"詹金噩梦"是什么

达尔文依据他观察到的大量事实,提出了生物进化论。讲生物进化,必然牵涉到遗传和变异问题,但是,由于当时科学水平的限制,达尔文对此所知甚少。他的名著《物种起源》一书,论述遗传和变异的部分写得最糟,意思不明,前后矛盾,很难自圆其说。

英国工程师詹金,看出了达尔文生物进化论的漏洞,他以融合遗传理论为依据,提出了一个叫达尔文百思不得其解的问题,人们称这个问题就是困扰达尔文的"詹金噩梦"。

融合遗传理论认为,雌雄两性交配产生后代,它们的性状会在后代中融合起来,后代的性状是它双亲的中间类型,双亲的特点都被削弱。按照这种理论,高个子与矮个子婚配,孩子不高不矮;聪明人与普通人结婚,孩子聪明程度会降低;开红花的植物和开白花的植物杂交,子代是开粉红花。就像一杯红颜色的水与清水混合,成为淡红色的水。这淡红色的水若再与清水混合下去,颜色会更淡,直到显不出红色。达尔文在进化论中说,少数个体发生的变异,如果对生存有利,就会在生存斗争中保存下来;变异的逐渐积累,可以形成新物种,这就是物种起源的方式。詹金根据融合遗传理论推论,在一种生物的少数个体身上发生的变异,因为和普通个体交配进行生殖,这种变异会在后代中逐渐淡化、消失,根本不可能形成新的物种。

例如,在一种观赏类热带鱼——孔雀鱼中有一种变异后产生的珍品,叫红眼金孔雀,但是,只要把它们同一群普通孔雀鱼同养一缸,几代以后,小鱼就会全变成黑眼了。据遗传学统计,第一代杂种中红眼睛的可能有50%,第二代则只有25%,第三代就不足10%了,到了第四、五代以后就逐渐消失了。

达尔文回答不了詹金的问题，又没有胆量批判融合遗传理论，既然有性生殖不是使生物向多样性发展，而是使一种生物各个个体的性状趋于统一，显然它不是新物种形成的途径。于是，达尔文不得不回到拉马克的观念上去了。当《物种起源》以后再版时，尽管达尔文仍然采用了自然选择的理论，但是，环境的影响、器官的"用进废退"的观念、"获得性遗传"的观念，却占了一定的地位。这无疑是向拉马克主义后退。

实际上奥地利伟大的生物学家、遗传学的创立者孟德尔在1865年已经发现了生物的遗传规律，找到了解决这个问题的钥匙。但是，这把闪光的钥匙不仅是达尔文，而且整个科学界在当时都没有注意到。遗传学在很大程度上解决了生物进化论的机制问题，如果达尔文那时了解孟德尔的工作，他早就可以从"詹金噩梦"中解脱出来了。

为什么说《一斑录》是"中国的《物种起源》"

《一斑录》是我国清代博物学家郑光祖在达尔文出版《物种起源》稍早的时候出版的一本科学著作。在这部著作中，郑光祖提出了生物进化论的思想，人们称这部著作是中国的《物种起源》。

在达尔文出版他的名著《物种起源》，系统地提出生物进化论之前，比达尔文稍早的中国清代博物学家郑光祖在他的著作《一斑录》中，就曾经揭示了自然界生物以及人类社会的起源和演化过程，含有丰富而深刻的生物进化思想。因此，人们称《一斑录》是中国的《物种起源》。

郑光祖，字梅轩，江苏昭文县张野人，生于1776年。他在《一斑录》中指出，宇宙、生物界和人类社会均有着它的起源和演化过程。人类是生命界不断进化的产物，生物进化同时受到"先天之理"（遗传）和自然环境的制约。地球经历过许多次的"小劫"、"大劫"（灾变），地球上的生物也经历了

127

一次次的毁灭和重新创生过程,这是郑光祖进化思想的主要内容。郑光祖认为世界上运动的万物是统一的,并有一定规律可循,他由宇宙创生和演化理论推及"世界由来",称:"有天地以来,阳日照临于外,地球旋转于内,地球之面万物化生,始生虫鱼,继化鸟兽,生化既众,于是生人,各土各生其人,而成各国。适人事既盛,定人伦,兴礼乐,语言各异、文字各异、风俗各异。"这是郑光祖在《一斑录》中关于生物和社会进化最为精彩的一段论述。

尽管郑光祖关于生物进化和人类起源的描述显得过于简单化,甚至没有涉及植物进化的问题,但其思维的触角已经敏锐地探索到了生物进化论的主要问题。遗传、变异和选择是达尔文在《物种起源》中提出的生物进化论的基本要素,在郑光祖的《一斑录》中对这些基本要素都有记述,不仅有丰富的例证,也有理论方面的解释。如解释眼皮性状的不同,他认为是由"先天之理"决定的,这是他的遗传思想的反映;他记录的自己家中所饲母鸡,如无雄鸡同饲,母鸡就会发生打鸣的变化,这就是他关于变异的记录;他提出的"天与凡物相应",与自然选择适者生存实际上是同一回事。

郑光祖在《一斑录》中所提出的生物进化论思想,虽然并非出于臆测,也不是纯粹思辨的产物。但与达尔文的进化论相比,缺乏一定的系统而显得过于简单。而且郑光祖囿于中国古代科学的传统,没有也不可能将这些材料加工成一篇近代意义上的材料论文,因而他的生物进化论思想被历史的尘埃所湮没。

物理学家的《生命是什么》为什么唤起了生物科学革命

《生命是什么》是著名的物理学家薛定谔于 1945 年所写的一本名著。这本著作出版后,把一批物理学家引向研究生物学,开创了生物学研究的新纪元,唤起了生物科学的革命。

1945 年以前，一般的物理学家的生物学知识还停留在陈旧的动植物学常识范围内，这时，量子力学的创始人薛定谔写出了一本通俗的著作《生命是什么》，提出了什么是生命这样的问题。薛定谔认为，目前的物理学规律和化学规律虽然还不能说明生物的各种现象，但丝毫不能怀疑人们是不能用这两门科学来解释这些现象的。

薛定谔认为，生物体比原子大得多，但不能因此说明它们就不服从各种物理定律。基因虽然是生物体所表现的有序性之源，为什么基因能够抵抗得住它遇到的种种变化而保持稳定的结构呢？基因是如何将它的信息量保存几个世纪之久呢？薛定谔认为，基因是一种由同分异构连续体组成的非周期性晶体，这种连续体的精确性质组成了遗传密码。薛定谔用莫尔斯电码中的两个符号作为它的同分异构单体的例子，来说明这种密码有巨大数量的排列组合。

薛定谔写这本书的目的，还是想从复杂的生命物质运动中去发现尚未了解的其他物理定律。

不少物理学家读了这本书后，受到可以通过遗传学的研究来发现物理定律这样一个浪漫设想的鼓舞和启发，纷纷离开了物理学的研究转向基因本性问题的研究。在这支生力军的参加下，触发了一场生物科学的革命风暴。

1948 年，美籍匈牙利数学家维纳发表了《控制论》一书，把对生物系统的研究和对通信控制系统的研究联系起来，用信息、反馈等概念，用必然性和偶然性结合起来的统计方法，把对生物系统的分析和综合提高到新的理论高度。

1953 年 2 月，英国病毒遗传学家汉生和物理学家克里克，共同发表了DNA 的双螺旋结构模型，成功地解释了 DNA 的复制。许多物理学家研究生命学，成了知名的分子生物学家。物理学与生物学相结合，成为现代生物学发展的特征。由于许多物理学家是读了《生命是什么》这本书后而转向研究生物学的，所以人们说这本书唤起了生物科学革命。

"植物大王"林奈如何为生物取名

《植物种志》是瑞典生物学家林奈在 1753 年出版的一部科学名著。在这部著作中,林奈创立了"双名制命名法",后来为全世界的生物学家共同采用,从而统一了紊乱的生物名称,开创了生物科学的新纪元。

以往,同一种动物或植物,由于地区和语言不同,往往有几个不同的名称,即同物异名。另一方面,不同的动物或植物又会有相同的名称,即同名异物。为避免混乱,便于工作和学术交流,有必要给一种动物或植物一个能够通用的科学名词,即学名。由于种种原因,一直没有给动物或植物取合适的学名的方法。名称的混乱给生物研究带来了极大的困难,严重阻碍了科学的进步。

1753 年,有"植物大王"之称的瑞典生物学家林奈出版了一本名叫《植物种志》的科学著作。在这部收集有 5 938 种植物的著作中,林奈对过去命名植物的方法进行了大胆的革新,创立了"双名制命名法",又叫"二名法"。

这种命名法统一采用拉丁文,每一种植物的名字由两部分组成,一个是属名,一个是种名。属名在前,用名词;种名在后,用形容词,把两者联在一起构成植物的学名。

比如,桃和李有许多特征相同,所以归入 *Prunus* 一属,再按个别不同特征予以种名:桃的种名是 *Persica*;李的种名是 *Salicina*。因此,桃的学名是 *Prunus persica*;李的学名是 *Prunus salicina*。

这个命名法则同样适用于动物界。新发现而尚无学名的植物和动物,都可以按这种方法命名,并且在种名后加上命名者的名字,以示负责。运用这种命名法,林奈给他所知道的 7 700 种植物和 4 400 种动物命了统一的学名。林奈的双名制命名法科学合理，以简代繁，方便易行，为全世界的生物学家共同采用，从而统一了紊乱的生物名称，开创了生物科学的新纪元。

柳树"吃"什么

"绿色植物的光合作用"是从 17 世纪初叶到 19 世纪中叶由许多科学家通过一系列著名的科学实验而发现的。它的发现对人类认识植物的生长具有极其重要的意义。并且它为人工控制光合作用和人造食物指明了研究方向。

在 17 世纪，荷兰生物学家梵·海尔蒙特曾经别出心裁地做了这样一个实验：他称起 90 千克干土壤，放在一个桶里，然后插上一枝重 2 千克的柳条，柳条插下去后，很快就生根发芽，长大成树。在栽培过程中，海尔蒙特什么肥料也没施，只是天天浇些水，历时 5 年，再称土壤和柳树的重量，土壤重 99.74 千克，柳树重 77 千克，比原先重了 30 倍。

柳树增加的重量是哪儿来的呢？有人推测是从水中取得的，但是柳树干中的一半是碳元素，水中根本不会有碳元素，这些碳只能从周围空气中的二氧化碳摄取。

有人为了验证这一事实，试着把柳树种在除去了二氧化碳的温室里，结果柳树很快停止了生长。如果让普通的空气进入温室，柳树又恢复了正常的生长。这个事实有力地证明了柳树是从空气中吸收了二氧化碳来使自己长大的。

可是，那时候人们并没有认识二氧化碳，还在艰难地探索它的秘密。

1774 年 8 月的一天，英国化学家普利斯特列掌握了一种制氧的方法：他用排水法收集了两瓶氧气，把燃着的木条放进一瓶氧气里，发现木条烧得更旺，把一只小老鼠放进另一瓶氧气里，发现小老鼠活得更加欢快。一会儿,他把那只活泼的小老鼠放进木条燃烧过的瓶子里,并盖上盖子,小老鼠就喘不过气来。然而,他在这瓶子里放一棵绿色植物,植物却长得很好,叶子平展展地伸展开来,这时候,再放小老鼠,盖上盖子,小老鼠又活下来。

当时,普利斯特列还不认识氧气和二氧化碳,他称它们是好空气和坏空气。然而坏空气为什么会变好,他却一直没有找到原因。

1779年,荷兰医生英根·浩斯用一个盛水的烧杯,把绿叶或者水草浸在水里,水草上面倒扣一个玻璃漏斗,漏斗管上再倒扣一个试管。然后,他把这个大烧杯放在阳光下,不久,在漏斗里就有小气泡上升。等试管里收集了一大半气体以后,他就把点燃的蜡烛放进试管里,顿时看到火焰增亮了。然后,他把烧杯放在暗处,这时却没有气泡产生。英根·浩斯的实验揭开了坏空气变好的秘密:绿色植物要在太阳光的作用下才有这个本领。

1782年,瑞士牧师谢尼柏又用实验解释了普利斯特列的封闭中老鼠和绿色植物共存的问题。老鼠呼吸时放出的二氧化碳被绿色植物吸收,绿色植物放出的氧气又作为老鼠呼吸之用。它们互相依赖,共同生存。

二氧化碳真的是被绿色植物作为粮食吃进去了吗?

为了弄清这个问题,德国的植物生理学家朱里斯·萨克斯做了这样一个实验:把两盆绿色植物放在暗处一两天,然后分别把它们放在特制的甲、乙两个玻璃钟罩内。罩底边是严密封闭的,罩口的软木塞上各插一支弯曲的玻璃管。甲罩里放置一小杯氢氧化钠溶液,上口的玻璃弯管装进小块的碱石灰;乙罩里放一小杯清水,上口的玻璃弯管装些小石块,空气可以自由地流动。然后,把它们移到阳光下照射几个小时,再分别摘取叶片,洗干净后放在盛满酒精的烧瓶里加热,使叶肉里的叶绿素溶解到酒精中。这时候,绿叶变成黄白叶。再用水冲洗一下,滴上一滴碘酒,发现甲罩里叶片没有变成蓝色,而乙罩里的叶片变成蓝色。遇到碘变成蓝色是淀粉的特性,这说明甲罩里的叶片不含有淀粉,而乙罩里的叶片含有淀粉。

为什么会出现这一现象呢?朱里斯·萨克斯分析的原因是:甲罩里有氢氧化钠和碱石灰,都是碱性的,它们吸收了空气中的二氧化碳,使甲罩里几乎没有二氧化碳了。由此他得出结论：二氧化碳确实是绿色植物的粮食，它们吸收了空气中的二氧化碳，使甲罩里几乎没有二氧化碳了，而在乙罩里的空气中，含有正常含量的二氧化碳。二氧化碳被绿色植物吸收后转变成了淀粉。

那么植物是怎样"吃"进二氧化碳的呢？

植物叶子的表面有许多的气孔，可以让二氧化碳自由进去。一张普通的白菜叶子有1万个左右的气孔。在夏天，每1平方分米的叶子，就能够吸收1 500 000亿个二氧化碳分子。

叶子中有一种叶绿素，它在吸收二氧化碳的同时，吸收太阳光的光能，使二氧化碳跟水发生化学反应，生成淀粉和氧气，这就是绿色植物的光合作用。植物体内的葡萄糖、淀粉、纤维素等有机物，基本上是靠光合作用形成的。1960年1月，人们第一次人工合成了叶绿素。现在，正在朝着人工控制光合作用和人造食物的方向努力。

《植物名实图考》为什么为世界植物学界所推崇

《植物名实图考》是我国清代植物学家吴其浚所写的一部科学名著。这部著作在1848年即吴其浚死后一年，由山西巡抚陆应谷校刊出版。著作共71 000字，38卷，记载植物1 714种，分12类。每类列若干种，每种重点叙述名称、形色、味、品种、生活习性和用途等，并附图1 800多幅。这部著作是我国古代一部科学价值比较高的植物学专著或药用植物志。它在植物学史上的地位，早已为古今中外学者所公认。

《植物名实图考》是吴其浚以历代本草书籍作为基础，结合自己的长期调查，大约花了七八年时间才完成的一部科学名著。

《植物名实图考》所记载的植物涉及我国19个省,在种类和地理分布上,都远远超过历代诸家本草,对我国近代植物分类学、近代中药学的发展都有很大影响。

《植物名实图考》对药用植物的记载已经不限于药性、用途等内容,还有许多植物种类着重同名异物或同物异名的考证以及形态、生活习性、产地的记述,读者结合植物和图说,就能掌握药用植物的生物学性状来识别植物种类,具有极大的应用价值,为读者利用这些植物提供了极大的方便。

《植物名实图考》主要以观察作为依据,作者把采集来的植物标本绘制成图。这部书的图清晰逼真,能反映植物的特点,到现在还可以作为鉴定植物的科、属甚至种的重要依据。许多植物或草药在《本草纲目》中查不到,或和实物相差比较大,或是弄错了的,都可以在这部书里找到,或互相对照加以解决。

《植物名实图考》一书在国际上享有很高的声誉,为世界植物学的发展作出了一定的贡献。1870年德国毕施奈德在《中国植物学文献评论》中认为,《植物名实图考》是中国植物学著作中比较有价值的书,"刻绘尤极精审"、"其精确程度往往可资以鉴定科和目",甚至"种"。1884年日本首次刻印这部书,伊藤圭介所作序中对这部书作了高度评价,认为"辩论精博,综古今众说,析异同,纠纰缪,皆凿凿有据,图写亦甚备,至其疑难辨者,尤极详细精密"。此外,美国劳弗·米瑞和沃克等人的著作对这部书也有所引用和推崇,现在世界上很多国家的图书馆都藏有这部书。

卢瑟为什么被称为"植物魔术大师"

《如何培育植物为人类服务》,是美国生物学家卢瑟于19世纪末完成的一部植物学名著。这本著作系统介绍了他从事植物育种 50 多年所取得的巨大成就,不仅给科学界带来了重大影响,而且对直接增加发展中国家人民的食物来源,使成千上万的农民、林业工人、果木栽培者创造出更高的经济价值,取得了重大成效。科学界评价他是"19 世纪末最有影响和最富有创造力的科学家之一",人们称他为"植物魔术大师"。

人们为何尊称卢瑟为"植物魔术大师"呢?卢瑟 1849 年出生于美国马萨诸塞州一个普通农民家庭。那里美丽而神秘的大自然陶冶了他幼小的心灵,使他从小就爱上了大自然。

少年时,卢瑟有幸结识了当时著名的生物学家路易斯。路易斯向他介绍了许多植物错综复杂的发育过程,如虫、鸟、风等怎样帮助植物传粉等。自然界植物生活的奇特方式深深地吸引了卢瑟,于是,他逐渐迷上了这门神奇的科学。

年轻的卢瑟反复阅读了前人留下的有关作物育种方面的著作,并且不断进行植物育种实验。不到几年,便在家乡的土地上培育出了一些人们见所未见的新作物。如他培育出的一种新土豆,不仅营养丰富,而且产量比本地土豆翻了两番。不久,卢瑟发现家乡的气候不宜于他的育种工作,他便选择了气候适宜的加利福尼亚州,搬到那里去育种。那时他年仅 21 岁。

卢瑟一到加州,就创建了一个苗圃,用远缘杂交的方法,用常见的植物培育出了一些罕见的极有利用价值的新植物果实。因此,他渐渐远近闻名,来自苗圃的收入也大增。

有了经费,卢瑟就集中精力从事杂交选育植物新品种的研究工作。他像魔术师变戏法一般,用现有的植物培育出了各种人们从未见过的极有价值的新植物品种。在他的一生中,他用蜜蜂、鸟等作"助手",培育了成千上万种新的果树、蔬菜和其他作物品种,著名的有无核李、无刺黑莓、李和杏的远缘杂种——李杏,可作饲料的无刺仙人掌等。

由于卢瑟利用现有植物培育出了许多的极有利用价值的植物新品种,

135

所以人们尊称他是"植物魔术大师"。

化学为什么涉足植物分类学

"植物化学分类学"是荷兰学者赫格豪尔在 1958 年所发表的一篇论文的一个重要观点。植物化学分类比经典植物分类更为科学合理,并在开发和利用植物资源方面有重要作用。因此,这个观点提出后,立即被科学界普遍接受,并由此诞生了"植物化学分类学"这门新型的科学。

经典的植物分类学以植物的形态解剖特征为基础依据,把植物分门别类。然而,1958 年,荷兰学者赫格豪尔在他的论文中,首次提出了"植物化学分类学",让化学涉足植物分类学的研究。

为什么要让化学涉足植物分类学的研究呢?

首先,植物化学分类有源远流长的思想基础和大量的实践总结。早在16 世纪末,我国明代医药学家李时珍编著的医学巨著《本草纲目》,就按自然属性与特征对药物进行了分类,这是化学分类的原始观点。17 世纪末,国外也有这样的观点产生。如伦敦的药剂师佩蒂弗,他发表了一篇关于植物医药特征的论文,指出在已被承认的某些形态的植物类群中,每一群均由相同或相似治疗特性的植物种类所组成,就是这种观点的反映。并且,长期以来,人们在实践中就已经把化学证据应用于植物分类学中。如按照植物对于人类有益和有害的标准,将植物分成药用植物、箭毒植物、有毒植物、染料植物、芳香植物、单宁植物、调味植物、树脂植物、毒鱼植物、树胶植物等等,实际上就是植物化学分类。

其次,植物化学分类对确定植物科、属或种之间的系统和进化的关系,比经典植物分类更为科学合理。根据化学分析发现,甜菜菜素这种物质仅局限于被子植物的十个科中,而这十个科均归于中央种子目。但在经典分类学上,根据形态、解剖和胚胎特征所确定的中央种子目,还包括一个十分重要的科——石竹科。但是,这个科不具有甜菜菜素,而具有普遍的花青甙和花黄质,因此,石竹科就应从中央种子目中分出去。仙人掌科的归属问题是植物分类学界长期以来争论不休的问题,自从仙人掌科中发现了甜菜菜素后,把它归于中央种子目就无话可说了。

更为重要的是,由于植物化学分类侧重于研究分子工作,因而在开发和利用植物资源方面有重要作用。利血平是 20 世纪 50 年代国外研制的一种特效降血压药物,是从印度蛇根木中提取的,但我国没有这种植物。为了满足我国医疗事业的需要,我国科技工作者根据植物化学分类学知识,亲缘关系相近的植物具有相似的化学成分,从我国相应科属的植物中找到了含利血平的萝芙木。后来,萝芙木总碱制剂(降压灵)不仅能满足国内需要,而且还出口创汇。国外在石油生产中广泛使用一种叫做瓜尔豆胶的植物胶。瓜尔豆胶是由瓜尔豆种子胚乳制取的。我国不产瓜尔豆这种植物,只有从另外的植物中去寻找像瓜尔豆植物产出的那种性能的胶。于是,同样根据亲缘关系相近的植物类群具有相似的化学成分这一原理,筛选含胶植物,结果找到含胶植物田箐。从田箐种子的胚乳制取一种植物胶,叫做田箐胶。田箐胶不亚于国际上堪称王牌的瓜尔豆胶,现在这种胶的生产已形成很大产业。

袁隆平如何创造了一个世界奇迹

《水稻的雄性不孕性》是中国农业专家袁隆平于 1966 年 2 月发表在《科学通报》上的一篇著名论文。论文介绍了作者研究杂交水稻的重要成果,杂交水稻的研究从此全面启动。杂交水稻的研究成功轰动了世界,被国际农业科学界称之为"世界第三次绿色革命"。杂交水稻使水稻的产量大大提高,为人类挑战饥饿、战胜饥饿带来了福音。

从遗传现象来看,一般生物的杂交第一代都具有一定的杂交优势。早在1926年,美国科学家琼斯就报道过水稻杂交优势的现象。自20世纪50年代以来,世界许多国家先后都开展了水稻杂交优势利用的研究工作。但是,水稻的花是两性花,而且花很小,水稻主要依靠自传花粉结实,传粉受精作用完成以后,每朵花只能结一粒小小的稻谷。所以,要采用异花传粉,指望在农业生产上利用杂交水稻优势来提高水稻产量,可谓困难重重。不少水稻专家纷纷放弃了这个研究课题,攻克杂交水稻成了全世界农业科学家公认的难题。

然而,在湖南偏僻地区黔阳县安江农校执教的袁隆平却勇敢地选择了这个世界难题。

袁隆平出生于1930年9月,祖籍江西省德安县。1938年秋,因日本军国主义侵略我国,8岁的小隆平随父母逃难来到湖南。国破家亡的严酷事实,耳闻目睹日军的暴行,使小隆平从小立下大志,一定要为中国富强、不受外侮而努力奋斗。

1946年,袁隆平随父亲迁入汉口,进入汉口博学中学。两年后,他父亲在南京政府侨务委员会谋到一份差事,袁隆平又进入南京中央大学附中学习。

袁隆平在高中读书时,有一次游园活动使他对生机盎然的花草、果木和大自然的蓬勃生机,春华秋实的自然规律,产生了极大的兴趣。高中毕业时,他没有听从父亲要他报考南京重点大学,以图将来升官发财、光宗耀祖的意见,而报考了重庆相辉学院的农学系,并以优异的成绩被录取。

四年的大学学习,袁隆平广泛猎取各种知识,并对米丘林、摩尔根、李森科等人的多种不同学术观点的理论进行了初步的比较研究,打下了坚实的专业基础。大学毕业后，袁隆平便来到了湖南安江农校。

"大跃进"时期，正在安江农校执教的袁隆平目睹由于粮食产量低、老百姓忍饥挨饿的严酷事实，决心攻克杂交水稻这一世界难题，提高粮食产量，解决人类饥荒。

1960年，袁隆平发现了一些天然杂交水稻，这种稻穗谷大粒多，子粒饱满，与众不同。袁隆平心里描绘着一幅通过"三系法"途径来利用人工杂交稻优势的壮丽蓝图。

研究杂交水稻，关键在于找到水稻"雄性不育株"，有了雄性不育株，就可以引入外来水稻花粉与之杂交，获得杂交第一代种子，杂交水稻的优势利用就会变成现实。从1964年6月起，袁隆平花了两年时间，带领妻子邓哲在稻田里前后共检查了14 000余个稻穗，找到6株雄性不育的植株，对不育种子进行了无数次繁殖试验。1966年2月，他将几年来研究杂交水稻的重要成果写成论文《水稻的雄性不孕性》发表在《科学通报》上。很快，这篇论文得到了有关专家的关注和重视。

可是就在这一年，"文化大革命"开始了。袁隆平这个"臭老九""反动学术权威"受到冲击和批斗，他的试验材料也被当做"资产阶级坛坛罐罐"给砸碎了。

正在这万分危急的关头，赵石英代表国家科委责成湖南省科委，要支持袁隆平的极有前途的科研工作。一个由袁隆平、李必湖、尹华奇师生三人组成的水稻雄性不育科研小组正式成立了。

研究小组成立以后，研究进展却不顺利，拦路虎是不育材料不理想，雄性不育率达不到要求。袁隆平坐立不安，反复思索，终于想到了野生稻。

1970年秋天，李必湖在海南岛发现了天然的雄性野生稻，袁隆平把它命名为"野败"。他精心转育，把"野败"的不育基因转入栽培稻。到1972年，终于成功地培育出了一批理想的不育系和保持系。1973年，又找到了恢复系。"三系"配套成功了。1974年，第一个强优势组成"南优2号"杂交水稻试验成功，作中稻栽培亩产超过628千克。人们利用水稻杂交优势的理想,由中国农业专家变成了现实。世界农业科研难题,被中国农业专家所攻破。1975年冬,国务院做出了在全国迅速推广杂交水稻的决定。

杂产水稻培育成功,是一大世界奇迹。我国将杂交水稻的育成与推广与氢弹试验、人造卫星发射成功并列为中国科学技术取得的重大成就。有人把杂产水稻比作中国继指南针、火药、造纸、活字印刷术之后,对人类作出的第五大贡献。国际水稻研究所所长、印度农业部长斯瓦米纳森博士称袁隆平为"杂交水稻之父";日本农业界称杂交水稻为"神奇水稻""海外传奇"。

1980年1月,美国著名圆环种子公司与我国种子公司签订了20年内在种子技术方面进行交流与合作的原则协议,我国将杂交水稻制种技术转让美国,在美国制种。

1981年6月,国家科委发明评选委员会对杂产水稻这一重大发明授予特等重大发明奖,这是迄今为止我国颁发的唯一特等发明奖。1985年,袁隆平荣获联合国世界知识产权组织颁发的发明和创造金质奖章和荣誉证书。1987年,袁隆平荣膺联合国教科文组织颁发的1986—1987年度科学奖。1988年,袁隆平又获国际朗克奖。

1998年6月24日,受国家杂产水稻工程技术研究中心委托,由湖南四达资产评估事务所承担,中国首次对农业科学家的品牌进行的评估揭晓。自1976年到1997年,仅三系杂交水稻大面积推广应用一项,全国已累计推广32.8亿亩,增产粮食3 300亿千克,若最低以每千克1元计,累计增收3 300亿元。农业科学家袁隆平品牌价值1 008.9亿元。

科学的探索是无止境的。在杂交水稻的研究过程中,袁隆平尽管付出很多,在攻关的前十年,他有7个春节是在海南育种基地度过的;两个孩子出生时,他都不在妻子身边;年迈的父亲在重庆病逝,他仍坚守海南基地……可他并未想到退缩。党和国家领导人的多次接见,一大堆的荣誉,袁隆平也没有想到功成隐退,他又开始了更深入的研究。

为什么称《美洲鸟类》是科学与艺术的结晶

　　《美洲鸟类》是美国著名鸟类学家奥杜邦于 19 世纪初叶所出版的一本科学著作。这部著作不仅对美洲大陆的鸟类活动、生活习性作了详细的论述，而且还附有大量精美的鸟类图案，具有极高的科学价值和艺术价值，在美国的科学史上占有独特的地位。

　　由美国著名鸟类学家奥杜邦用毕生精力编绘而成的《美洲鸟类》出版后，立刻轰动了全美国。人们称它是科学与艺术的结晶，将成为美国科学与艺术史上一部极不平凡的著作。

　　这是一部什么样的著作呢？人们对它为何有如此高的评价？

　　《美洲鸟类》是一部关于美洲鸟类的著作。书中对美洲大陆的鸟类活动、生活习性作了详细的论述，文字优美，叙述真实，具有极高的科学价值，对研究美洲鸟类具有很好的指导作用。

　　《美洲鸟类》又是一部精美的画册。书中附有大量与美洲鸟类的真实大小相仿的精美插图，图案精美，各种鸟类画得栩栩如生，具有很高的艺术价值。

　　在科学史上，科学性与文学性同样出色的书不乏其类，如布丰的《自然史》、法布尔的《昆虫记》。但科学家为自己的著作插图，且取得很高成就的，就凤毛麟角了。在这本著作中奥杜邦把科学和艺术表现得淋漓尽致，实现了科学与艺术完美的统一，所以赢得了人们如此高的评价。

　　奥杜邦能够写出这么好的著作，从而登上科学与艺术的高峰，与他良好的素质、惊人的毅力和顽强的意志是分不开的。

　　1780 年，奥杜邦出生于美国。7 岁时，他随父亲来到法国，并在法国读完了中学。奥杜邦从小就喜欢观察各种展翅飞翔的鸟类，常常一个人到野外去观察。他父亲见他这么喜欢鸟类，也很高兴，给他买了一本精致的《鸟类画册》。奥杜邦从来没有看到过这么多的鸟类，也没有看到过这么漂亮的画册，看了一遍又一遍，真是爱不释手。

从此之后，奥杜邦开始学画鸟。开始画不像，他就刻苦地钻研绘画技巧，绘画水平得到了很大的提高，当他回到美国时，已经是一位技艺精湛的画家了。

当时，对美国和整个北美洲的鸟类，还很少有人进行过系统、全面的考察研究。回到祖国后的奥杜邦，决心深入进行考察，编写出一部关于美洲鸟类的著作。

为了编写好这本鸟类著作，奥杜邦开始了长途旅行。他带着纸和笔，一边详细记录沿途观察到的各种鸟类的生活习性，一边把旅途中看到的各种珍贵飞鸟一一描绘下来。经过许多年的努力，他终于写出了一部厚厚的著作，还配有 1 000 多幅精美的插图。可是，奥杜邦万万没有想到，自己花了多年心血写出的著作和精心绘制的鸟类图谱，竟在一次外出考察时，被家中的老鼠啃得稀烂。

奥杜邦没有被突如其来的打击所吓倒，下决心重新来。不久，他又打起行装，带着工具，再次向森林和原野进发了。就这样，又经过好几年时间的努力，奥杜邦终于完成了这部在美国科学史上占有独特地位的巨著——《美洲鸟类》。

《动物发展史》如何打破了胚胎发育为上帝"预成"之说

《动物发展史》是俄国胚胎学家冯·贝尔于 1828 年出版的一本名著。冯·贝尔在这部著作中提出了胚胎发育规律，创立了比较胚胎学说，并且为辩证唯物主义的自然观提供了科学根据，打击了当时流行于生物学界的"预成论"的形而上学观点,在生物学界产生了很大的影响。

在 19 世纪末 20 年代初期,冯·贝尔开始对胚胎学进行研究。他将胚胎分为两个基本的原始胚层,上层为动物层,下层为可塑性层。动物层又分为皮肤层和肌肉层;可塑性层又分为血管叶和黏液叶。皮肤层在以后发展时产生外皮、神经系统与感觉器官;肌肉层产生肌肉、骨和脉管;血管叶产生血管;黏液叶产生食道、肠及附属器官。他还认为不同动物的相同器官,是同胚胎中同一组织层产生的。

冯·贝尔把胚胎的发育分成 3 个时期:一是原始的分化导致上述四个层的形成;二是组织上的分化导致在这些层次之内不同组织的形成;三是形态上的分化导致不同器官的形成。一般说来,不同动物的相同组织和相同器官产生于相同的层。

冯·贝尔对某些器官的形成作了仔细的观察,例如,他记述了眼是由两个原始体形成的,一个是由神经管前部的突起发展成眼窝;另一个是由头部的上皮发展成晶状体。

冯·贝尔在阐明胚胎过程的经过之后,还提出了个体发育特性的一般概念。他认为发育是一个分化的过程,是由同质的一般东西走向异质的特殊东西,是由一个分化较小的东西走向分化较多的东西。高级动物胚胎的个体发育并不通过相当于位置较低动物成年类型的各个阶段,而是在发育的最初表现出某种类型的一般性状,例如是脊椎动物还是蠕虫动物或是软体动物的一般性状,至于它将是这些类型中某种什么样的动物还不能确定,在以后的发育中,才出现了纲的性状,再迟些才出现了目、科等性状。也就是说,胚胎发育中最初出现的是一般性状,其次逐渐表现出比较特殊的性状,所以冯·贝尔主张一种类型的胚胎可以和另一种类型的胚胎相比较,但绝不能和成年动物相比较。

冯·贝尔把他对胚胎学的研究写成了一本科学著作《动物发展史》,建立了近代胚胎发育理论和比较胚胎学。

在冯·贝尔建立近代胚胎发育理论和比较胚胎学以前,流行生物学界的胚胎发育理论是"预成论"。"预成论"接受了上帝创世说,假定物种的一切未来世代,在上帝第一次创造成年有机体时,就已经预成了,全部预成的种子都由最初的双亲传给后代。这种观点是一种形而上学的观点。《动物发展史》的出版,不仅在胚胎学领域内为人类做出了贡献,而且对形而上学的"预成论"进行了沉重的打击。《动物发展史》也就奠定了胚胎发育的基础理论。

为什么称法布尔为昆虫大师

《昆虫记》是法国昆虫学家法布尔在 1879—1907 年出版的一本昆虫学名著。这部 10 大卷的科学著作,详细介绍了许多昆虫的生活习性和研究昆虫的方法,是法布尔留给人类的宝贵财富。更令人称道的是,法布尔在这部著作中,把昆虫研究与文学结合了起来,用艺术手法形象地表现科学观察的结果。因此,人们称赞这部著作既有科学的准确性,又有文学的丰富色彩。他使朴素的真理,披上了绚丽的外衣,既给人科学知识,又给人美的感受。

法国作家拉·封丹写了一首寓言诗,诗是这样的:
蝉儿唱,唱一夏,寒风起,衣食急。
没苍蝇,没小虫,点心吹,辘肠饥。
向蚂蚁,求借粮,有收益,本息偿。
借粮食,蚁不干,"骄阳下,你干啥?"
"我唱歌! 哎哟哟!"

现在跳,跳舞蹈,直跳到,肚儿饱。

法布尔看见这首诗后,立即指出作家把许多事实都搞错了。他说:蝉儿从来就不吃苍蝇、虫子或粮食;蝉儿只会唱,根本就不会吃;蝉儿也活不到冬天,每年秋色艳丽、天气尚暖时就死去了。

法布尔对昆虫非常熟悉,他一生共写过200多篇有趣的昆虫故事,花了毕生精力写出了10卷的巨著《昆虫记》,因而被人们称为昆虫大师。

法布尔是怎样成为昆虫大师的呢?

1823年12月21日,法布尔出生于法国南部的圣莱昂。他在乡村长大,从小就熟悉大自然,热爱大自然。由于家境贫寒,法布尔从小就没上过正规的学校,他的学问和知识都是靠刻苦自学取得的。他当过小贩和铁路工人,做过小学教师。1854年,法布尔31岁时,自学成才的他在巴黎取得了博士学位,并被聘请当了一名教授。

1879年,法布尔在塞里南定居下来,潜心于科学研究和著述。他在那里花钱买了一片贫瘠的荒地,栽花种草,建立了一个户外生物实验室,从此,他便在这里同昆虫打起了交道。

法布尔观察昆虫的活动非常仔细,有时蹲在田头,一看就是几个小时。有一次,法布尔半夜提着一盏灯笼,蹲在田野里观看蜈蚣怎样产卵,一看就看到了天亮。他家对面有两棵梧桐树,他整天待在树下观察蝉儿,终于搞清了蝉儿的全部秘密。为了研究一种昆虫,他不惜长时间地进行观察。他曾花了25年时间研究了一种蓝黑色的甲虫——地胆;花了30年研究隧蜂,花了40年研究蜣螂。

正是由于法布尔对昆虫进行长期的观察和研究,才使法布尔对昆虫的知识了如指掌,才使他赢得了"昆虫大师"的称号。

一个未上过大学的姑娘为什么能写出
科学名著《黑猩猩在召唤》

《黑猩猩在召唤》是英国的珍妮·古多尔于 1970 年所写的一本科学著作。这部著作全面、深刻、生动地介绍了黑猩猩的生活和行为，填补了黑猩猩和人类起源研究方面的空白，受到了全世界科学界的高度重视，为灵长类动物研究提供了大量珍贵的第一手资料。

一个从未上过大学的年轻姑娘，写出了一本名叫《黑猩猩在召唤》的科学著作，填补了黑猩猩和人类起源研究方面的空白，受到了世界科学界的高度重视。美国斯坦福大学聘请她担任副教授，哥姆灵长类研究中心任命她为负责人。她就是英国的珍妮·古多尔。

这位只有中学文化水平的年轻英国姑娘为何能有如此成就呢？这是她那种不畏艰险、坚强刚毅的科学献身精神所结出的硕果。

古多尔从小就对动物有特殊的兴趣。1960 年，她中学毕业后，不愿留在伦敦这个大城市里过舒适安逸的生活，要把自己的青春和才华献给灵长类动物研究事业。她的具体研究对象，就是非洲原始森林中的黑猩猩。

黑猩猩是人类的近亲。1 000 多万年前，黑猩猩和人类的祖先，都是生活在莽莽原始密林中的古猿。后来，经过几百万年的发展，古猿中的一部分逐渐进化成为人类，走出了原始森林，而黑猩猩却依然保持祖先的模样，生活在非洲密林中。黑猩猩与我们人类有不少相似之处，它的智力相当发达，能用各种声音和手势表达感情，交流思想。从它们身上，人们可以看到人类早期祖先的许多踪迹。正因为如此，人类学家认为，要推测远古人类的行为和习性，可以从研究现在野生黑猩猩的行为中寻找线索。因此，对黑猩猩的观察研究，就成为人类学家始终感兴趣的重要课题。

古多尔告别了伦敦，只身来到非洲坦桑尼亚坦葛尼喀湖沿岸一片热带原始森林——哥姆原始丛林区。这里气候炎热，密林丛生，野兽出没，毒虫遍地。成群成群的黑猩猩就生活在这里。古多尔在海拔1500多米的高山上扎下帐篷，开始了充满艰险的科学考察和研究工作。

古多尔不管天气和四周环境多么恶劣，每天坚持外出考察，一天工作12小时以上。有时为了连续观察黑猩猩的活动规律，她干脆不回帐篷，在大树上搭个窝棚睡觉。开始，古多尔根本找不到黑猩猩，后来才恰巧碰上了，由于黑猩猩在这座原始丛林里从来没有看到过人类，它们看到这位白皮肤黄头发的不速之客时，立即拔腿逃跑了。又有一次，她又碰上了一大群黑猩猩，可黑猩猩对她不友好，向她扔泥土和树枝，但她一直对黑猩猩表示友好的态度，不予还击。

日子一久，古多尔渐渐发现只要人不去攻击和威胁黑猩猩，它们对人也表现得比较友好。渐渐地，古多尔和黑猩猩逐渐熟识了。有一次，一群黑猩猩突然闯入古多尔的帐篷"做客"，古多尔又惊又喜，连忙拿出香蕉招待它们。黑猩猩吃着又甜又香的香蕉，表现出非常高兴的样子。从此，古多尔和黑猩猩的隔阂慢慢消除了，她能在更近的距离内观察和接近黑猩猩，这为她以后的科学考察和研究工作扫除了一道重要的障碍。

经过整整10年的艰苦考察，古多尔全面而深刻地认识了黑猩猩的生活和行为，取得了大量珍贵的第一手资料，最终创作出了《黑猩猩在召唤》这部科学著作，取得了杰出的科学成就。

147

一个流传百年的错误是如何被纠正的

1868年，英国著名生物学家、进化论的创始人达尔文继名著《物种起源》之后，又出版了一本名著《动物和植物在家养下的变异》。在这部著作中,达尔文指出:"鸡是原产西方(这里西方是指印度)的动物,在公元前1400年的一个王朝时代,引到了东方中国。"由于达尔文的巨大威望,100多年以来,大家都对这个说法深信不疑,就连我国的农业教科书上也这样介绍。

然而,我国鸟类学家郑作新对这个说法产生了怀疑。他想,我们的祖先为什么不能驯化中国的原鸡,非要远由印度引进呢? 他决心把这个问题调查个水落石出。

首先,他想搞清楚达尔文是根据什么下的结论。经过反复查找,终于发现达尔文在著作中提到,他的根据是一部1596年出版、1609年发行的中国百科全书。至于这部书的名字、内容是什么,作者是谁,达尔文没有提起。

郑作新翻遍了中国的古书,发现《本草纲目》是1596年出版的,记有:"鸡在卦属巽,在星应昴。"在《易经》八卦中,巽指西南方向,昴为西方星宿。很显然,这段文字就是达尔文提出论断的根据。

郑作新通过分析后认为,这里所说的"西方",不是指的印度,而是位于中国西部的"蜀、荆等地"(即今四川、湖北一带)。于是,一个大胆的、崭新的推断在他的心中产生了:中国的家鸡不是从印度引进的,而是中华民族的祖先用生活在我国西部地区的原鸡驯化的。由于达尔文的疏忽,造成了一个人云亦云、流传百年的错误。

为了证实自己的推断是否正确,郑作新接着就准备解决原鸡是否曾产于中国? 原鸡是否现在还在国内生活这些问题。

郑作新和他的助手来到风景秀丽的云南西双版纳,在那里他发现了中国家鸡的祖先——古代原鸡的后代。从云南回来以后,郑作新还广泛地查阅了考古方面的著述,发现我国考古学家曾经从中国史前文化遗址的出土文物中,找到了鸡型的陶制器皿。这也是古代中华民族饲养家鸡的有力证明。

综合各方面的考察和研究结果,郑作新提出了"中国家鸡的祖先是中国的原鸡,是由中国人自行驯化的"的结论。这个结论纠正了达尔文中国家鸡从印度引进的错误说法。郑作新的这个结论很有影响,论据充分,很快得到了国内外学术界的公认。

列文虎克在"魔鬼的镜子"中看到了什么

细胞是英国物理学家胡克和荷兰的列文虎克发现的。它的发现,树起了人类认识生命的里程碑,揭开了人类研究生命的序幕,具有重大的历史意义。1683年,列文虎克用自制的显微镜第一个发现了微生物。微生物的发现是17世纪自然科学中一件极有意义的大事,它开辟了生物王国的新领域。

细胞是生命的最小最简单的代表,是构成生命的最基本单位。如果把生命比作一座"大厦",那么细胞就像砌成"大厦"的"砖"。

在距今32亿～37亿年前,地球上就有生命现象发生,也就是说,在那个时候,地球上就有细胞了。然而,人类认识细胞,却只有二三百年的历史。

17世纪中叶,英国物理学家、天文学家罗伯特·胡克创制了第一架有科学研究价值的复式显微镜,并且用这架显微镜做了大量的观察。有一次,他在用这架显微镜观察软木栓切片时,发现了许多排列整齐的蜂窝状的小室,他把这些小室叫做细胞。尽管后人发现胡克观察到的只是死的植物的细胞壁和空腔,但胡克不失为人类史上第一次发现细胞的人。

与胡克同时代有一个荷兰人,名叫列文虎克。他从小就失去了父亲,还不到16岁就为了担负起维持一家几口的生活重担,来到荷兰首都阿姆斯特丹一家杂货铺里当学徒。在繁忙的工作之余,他除了孜孜不倦地读一些他心爱的书籍之外,还到铺子隔壁的眼镜工匠那里,学习磨制玻璃镜片的技术。

列文虎克知道,透过磨制的玻璃镜片可以将见到的微小东西放大。他也掌握了磨制这种高度精细的镜片的复杂技巧。他想："一定要制造出一件可以把看见的东西高度放大的仪器,用它来细致地观察自然界一切微小的事物,精确地去查究它们的本来面貌。"

生活的艰辛使列文虎克的愿望一直难以实施。直到几十年后,他回到故乡担任市政府看门的清闲工作,才有大量的时间来磨制镜片。1677年,他用自制的高倍放大镜观察了池塘中的原生动物、人及哺乳动物的精子等完整细胞,还在鲑鱼的血细胞中看到了细胞核。鉴于列文虎克难能可贵的精神,后来把活细胞的发现归功于他。

1683年,列文虎克自制了能放大近200倍的世界第一台显微镜。他到处收集微小的东西放到显微镜下观察。有一次,他在显微镜下观察一块牙垢,惊讶地发现里面竟像一个小动物园,其中有数不清的小生物,有的像鱼儿般来来往往穿梭不停,有的像一根小木棍子在慢慢地游荡。列文虎克说,一滴水中可以寄生270万个小生物,一个人嘴里的小生物比一个国家的人口数还要多。

列文虎克用自己亲手制作的显微镜,以他敏锐的目光和不屈不挠的毅力,第一个向人类揭示了微生物之一——细菌的真面目。

对于这一系列的发现,一些守旧人物十分恐慌。他们认为上帝把一些东西创造得非常小,就是不让人们看清楚,显微镜是魔鬼的镜子,使用它就是亵渎神灵。

然而,科学进步的脚步是阻挡不住的,百年之后,以这些发现为基础的细胞学和微生物学奠定了基石。

列文虎克一生亲自磨制了550块透镜,装配了247架显微镜,为人类创造了一批宝贵财富。他一生没有受过正规教育,但由于他在生物学中的卓越贡献,1680年他当选为英国皇家学会会员,1699年被授予巴黎科学院通讯院士的荣誉称号。

为什么说施莱登与施旺填平了动、植物间的鸿沟

《植物发生论》是德国生物学家施莱登在 1838 年发表的一篇著名论文,在这篇论文中,施莱登提出了植物界的细胞学说。《关于动植物的结构和生长一致性的显微研究》,是德国生物学家施旺在 1839 年发表的一篇著名论文,在这篇论文中,施旺建立了统一的细胞学说。细胞学说的建立,科学地阐明了生命的物质基础,对当时生物学的发展起了巨大的促进和指导作用,是 19 世纪的三大科学成就之一。

早在 17 世纪初,人们对细胞的基本轮廓就有了粗浅的了解,但是,由于当时所用的显微镜比较简单,分辨力差,限制了人们对细胞的深入认识。因此,在胡克和列文虎克发现细胞后的 200 年中,人们对细胞的认识基本上没有新的进展。

19 世纪 30 年代,显微镜制作技术有了明显的改进,切片机也被人们发明出来,使得显微解剖学取得了新的进展,从而使人们对细胞的认识不断加深。1831 年,英国植物学家布朗用消色差显微镜在观察显花植物的细胞时,发现了每一个细胞中都有一个细胞核。这是对细胞内部结构的首次发现。

1835 年,捷克生物学家普金叶观察到母鸡卵中的胚核,即细胞核。他指出,动物的组织在胚胎中是由紧裹在一起的细胞质块组成,这些细胞质块与植物很类似。1837 年,他又发现了神经细胞的核和树突以及小脑皮层的烧瓶形大细胞,并依据观察结果,描述了有机体的构成。

1838 年,德国的施莱登在总结前人工作的基础上,对植物进行了大量显微解剖研究。根据研究成果,发表了《植物发生论》一文,建立了第一个

较为系统的细胞学说。他认为细胞是一切植物中普遍存在的最基本的活的单位,各种各样的器官组织和独立个体都是由细胞组成的。

然而,施莱登的细胞学说仅限于植物界。一年以后,施莱登的好友施旺在施莱登的细胞学说的启发和自己多年研究的基础上,发表了《关于动植物的结构和生长一致性的显微研究》这篇著名论文,把细胞学说扩大到动物界,找出了动、植物在结构上的共性,填平了动、植物间似乎不可逾越的鸿沟,建立了统一的细胞学说。

施莱登和施旺虽然提出了细胞学说,但对细胞的来源问题都存在着不正确的认识。他们认为细胞的繁殖是由新细胞在老细胞的核中产生,通过细胞崩解而完成的。直到 1839 年底,德国植物学家冯·莫尔在显微镜下对细胞的形成和发育过程进行了长期的观察,发现在新细胞的形成过程中,是伴随着老细胞的分裂来完成的。此后,瑞士的格耐里、德国的莱迪希和雷马克等人,相继发现了细胞的分裂过程,证实了莫尔的重要发现,从而纠正了施莱登和施旺对细胞来源问题的不正确认识。

19 世纪 70 年代以后,随着细胞技术、切片设备技术和细胞染色技术的发展,人们对细胞内及核内的细节有了更多的了解,从而使细胞系统更加完整。现代完整的细胞学说的内容如下:

(1)细胞是生命的基本结构单位。

(2)细胞是生命的基本功能单位。

(3)细胞来自细胞,细胞只能通过细胞一分为二的分裂方式进行增殖。

(4)每一个细胞都具有遗传全能性。即每个细胞包含全套遗传信息,能独立生存,表现出各种生命特征。

(5)一切生物体都从单个细胞而来。对于单细胞生物,一个细胞就是一个个体;多细胞生物的个体也是由一个受精卵发育而成。细胞学说的建立,科学地阐明了生命的物质基础。细胞学说、进化论、基因学说奠定了近代生物学三大理论基础。

细胞学说的建立,把生物学的注意力引向细胞,有力地推动了对细胞的研究。这一学说的创立，对当时生物学发展起了巨大的促进和指导作用。明确了整个生物界在结构上的统一性，推进了人类对整个自然界的认识，有力地促进了自然科学和哲学的进步。因此，伟大的导师恩格斯把细胞学说、进化论、能量守恒和转化定律一道誉称为19世纪的三大科学成就。

巴斯德从研究"肮脏的小东西"中得到了什么

自从列文虎克从一个不刷牙的老头的牙垢中发现各种形状的微生物后，人们逐渐认识了微生物世界，称微生物为"肮脏的小东西"。

法国科学家巴斯德先从事化学方面的研究工作，后来对微生物产生了浓厚的兴趣，便全力以赴地研究这个"肮脏的小东西"，并取得了一系列成果。

巴斯德曾做了一个著名的实验。他设计了几种精巧的玻璃瓶，瓶子由各种弯形的长管子同外界相通，肉汤在瓶子里煮沸以后，经过冷却时有一部分水就停留在弯形管内，这就阻止了空气中任何微粒进入瓶内。装在这样瓶子里的肉汤，不管经过多长时间，都没有在里面产生任何细菌或其他生命。但是一旦把瓶子上的玻璃管打断，让空气能自由进入瓶内，不久肉汤里就出现许多细菌，开始出现腐败现象。这个著名实验不仅推翻了生物自然发生说，证明了空气中存在微生物，在理论上有重大的意义，在生命的起源问题的探讨上，迈出了可喜的一步，而且实质上发明了消毒法，在实践上有重大的实用价值。从巴斯德的实验中，医生们认识到必须对医疗器械进行严格的消毒，否则手术后病人就要感染；食品工业从巴斯德的实验中懂得，如果对食品不进行消毒，食品就无法长时间的保存。罐头工业就是在这个理论指导下发展起来的。

巴斯德从牛奶的发酵液中发现了酵母。在显微镜下观察，酵母中含有

153

大量的杆状微生物,即发酵微生物。牛奶的变酸就是由于这种微生物引起的。后来,他又发明了加温灭菌的方法,并把高温灭菌方法引人酿酒工艺中,解决了当时法国长期无法解决的酒类变质问题,挽救了法国的酿酒业。

19世纪60年代,法国的蚕丝业由于发生了一种蚕病而面临崩溃,养蚕专家一个个束手无策。1865年,巴斯德发现了病蚕和蚕所吃的桑叶上有一种微生物,从而找到了病原体,并找到了防止感染的方法。他挽救了整个蚕丝业,有人说要建筑一个金像来纪念他的功劳。

19世纪80年代,法国的羊得了一种传染病,每年死亡的损失达2 000万法郎,农民纷纷求助于巴斯德。1881年5月5日,巴斯德选用了48只羊,一半的羊注射了稀薄的脾疽液,一半未注射,到6月2日,凡注射了的羊,都不受脾脱疽杆菌的传染,没有注射的羊全死了。这次试验闻名于世,巴斯德成了法国当时最有名的人物。

巴斯德在50多岁以后,对鸡霍乱进行了研究,发现病原菌在放置一定时间之后毒性将大大减小,将减毒的鸡霍乱病原注射到健康的动物体内能诱发免疫作用。他还把这种方法成功地用在人身上。

巴斯德60多岁的时候,又决定研究狂犬病。他研制出了一种狂犬病疫苗,并用这种疫苗成功地治好了一个病人,被狂犬咬伤了的人都来找巴斯德治疗。

巴斯德从研究"肮脏的小东西"中得到了许多重大的发现,赫胥黎在评价巴斯德的成就时说:"巴斯德一人的发现,就足以抵偿1870年法国付给德国的50亿法郎战争赔款。"

为什么说柯赫的发明得益于他的妻子

"固体培养基"是德国乡村医生柯赫于1881年发明的。这项发明方法可以培育和分离纯种细菌,是微生物学的革命,具有划时代的影响。从柯赫的时代起到现在,细菌学的研究一直沿用固体培养基来培养细菌。

1905 年的诺贝尔生理学或医学奖获得者——德国细菌学家柯赫曾发明了至今世界上每一个生物实验室都还在应用的固体培养基。柯赫的这一发明得益于他妻子的启示。

1872 年 2 月,普法战争结束后不久,曾在军队里当过主治医官的柯赫来到德国一处偏僻的乡村里开一个诊所行医。每天他除了给村民看病以外,还不分白天黑夜孜孜不倦地对当时很时髦的细菌进行各种各样的研究。柯赫的妻子非常支持丈夫的工作。第二年她用仅有的家庭积蓄买了一架显微镜,作为给丈夫 30 岁的生日礼物。

研究细菌首先必须经常取得大量的细菌标本,细菌虽然每 20 分钟就能通过自己分裂而繁殖,但是细菌繁殖必须要有充分的养料和适合的条件。为了供应细菌繁殖所需要的养料,柯赫的妻子在柯赫的指导下,调制了许多种美味的肉汤,让细菌在肉汤里充分吸收养料,又快又好地繁殖起来。

世界上有千万种细菌,各种细菌又常常混合在一起,只要具备了适合的环境,好几种细菌都会同时生长繁殖起来。就在培养细菌的肉汤里,每次生长起来的细菌多种多样。能有什么办法分离出单一纯种的细菌呢?如果能够随心所欲,需要什么细菌就能取到什么细菌,那对研究细菌才有用啊。柯赫日夜思索,为解决这个难题而绞尽脑汁。

1881 年的一天,柯赫在厨房中无意发现半只半生不熟的土豆,切口处有好些彩色的斑点,有红的、白的、黄的……他分别挑起各种颜色的斑点到显微镜下观察,发现每一种颜色的斑点,都由相同的细菌组成。

这一下使柯赫茅塞顿开:细菌在呈液态的肉汤里可以自由游动,所以各种细菌混杂在一起,无法供研究使用;如果细菌长在固体物质上便不能游动,只能在一个地方繁殖,并形成一个纯菌丛。于是,他一次又一次地在熟土豆的切面上接种细菌,希望能培养出纯菌种,可是由于土豆不能提供充分的养料,细菌不能大量繁殖,因而效果不太理想。

用什么东西做培养基,才能使细菌既得到充足的营养,又能固定在一点而不乱动呢? 最好是一种既有液体特性,又有固体特性的东西。一天,柯赫坐在饭桌旁准备吃饭,妻子端来洋菜胶(琼脂)。他望着洋菜胶,灵感的火花马上迸发出来了。柯赫请妻子重新调制了一盘带肉汤的洋菜胶,冷却后凝成一块胶冻状的平板,柯赫把带有细菌的接种器,轻轻地放在胶冻上划了几道痕迹。过了几天,上面果然生长出一堆堆细菌,每一堆都是一种细菌的菌落。

世界上第一个可以培育和分离纯种细菌的"固体培养基"就这样在柯赫的手中诞生了。由于柯赫的这一发明是在他妻子所做的洋菜胶的启发下得到的,所以人们说他的这一发明得益于他的妻子。

丘吉尔如何使弗莱明一举成名

《关于霉菌培养的杀菌作用》是英国医生弗莱明于 1929 年 5 月 10 日,在《实验病理季刊》上发表的一篇论文。这篇论文较详细地介绍了他发现的青霉素以及青霉素的医用价值,使抗生素在治疗各种疾病的过程中发挥了神奇功能。青霉素的发明曾轰动了整个世界,被人们称为第二次世界大战的三大发明之一。

第一次世界大战的烽火在英国燃起的时候,圣玛丽医院细菌部的年轻医生亚历山大·弗莱明放下手中的放大镜,和广大英国青年一道,拿起武器,奔向前线,抗击德国的侵略。在硝烟弥漫的战场上,一批批受伤的士兵,伤口溃烂感染,没有好的药物治疗,在极度痛苦中死去。目睹这一惨状,弗莱明这位职业医生,心里非常痛苦。

大战结束后，弗莱明又回到了圣玛丽医院细菌部。战场上的情景，时时浮现在他的眼前，战友们的呻吟，时时在他耳边响起。他发誓要找到治疗伤口感染的药物。伤口感染是由细菌引起的。1928 年，他集中精力研究葡萄球菌。这种可恶的小家伙，就是伤口溃烂、生脓长疮和血液中毒的祸根。

弗莱明知道，搞科学研究一个重要的方法就是观察。因此，他把许多装有葡萄球菌的培养皿放在实验桌上，随时随地进行观察。

一天早晨，弗莱明照例来到实验室，观察细菌的生长情况。一看使他伤心至极：辛辛苦苦地养起来的黄葡萄球菌被污染了。弗莱明拿起培养皿，仔细观察起来，发现被污染的地方长了一层绿霉，老菌的周围出现了一小块清澈的区域。这一发现，令弗莱明大为惊异，他意识到霉菌里有某种物质正在吞噬葡萄球菌。

弗莱明对此大感兴趣。他放弃了对葡萄球菌的研究，转向探究落进葡萄球菌里的霉菌的奥秘。他取来白金丝，挑了一点霉菌，放在培养皿中精心培养，霉菌生长得非常快，开始时呈一团白色的绒毛，后来变成暗绿色。

这种霉菌是不是葡萄球菌的死敌呢？弗莱明穷追不舍，将霉菌培养液仔细过滤，然后把过滤液取了一点放在长满葡萄球菌的培养皿中。几小时后，那些可恶的葡萄球菌消失得无影无踪了。

弗莱明高兴极了，又培养了更多的霉菌，并深入研究这种霉菌对其他病菌的作用以及它对动物和人体的影响。经过多次实验，他发现这种霉菌还能杀死链状球菌、肺炎球菌等多种病菌，而对动物和人体都无不良的影响。

有吃粮食的鼠，就有吃鼠的猫。自然界里的万物就是这样相生相克，构成一个奇妙的生态平衡系统。微生物世界也是一样，那些疯狂作乱的病菌，自有一种与它同样小的东西来轻而易举地战胜它。弗莱明把这个人类发现的第一个对抗细菌的小东西命名为青霉素。

1929 年 5 月 10 日，英国的《实验病理季刊》上发表了弗莱明撰写的《关于霉菌培养的杀菌作用》的学术论文，较详细地介绍了青霉素的医用价值。

157

但是,由于弗莱明并没有得到纯净的、有临床使用价值的青霉素,导致青霉素被发明后曾一度沉寂。

弗莱明发明青霉素后,不少试验显示了它的弱点,给弗莱明以沉重的打击。加之磺胺药物的出现,使人们几乎忘掉了青霉素的存在。

1942年8月,弗莱明的朋友、时任英国下议院议员的丘吉尔患了脑膜炎,虽然使用了磺胺药物加以治疗,但是一点效果也没有,面临着死亡的威胁。

弗莱明下定决心,决定采用他自己发明的青霉素给丘吉尔治疗。

用药之后不久,丘吉尔便奇迹般地恢复了生机和活力。这位在英国政坛最具影响的政治家大力宣传弗莱明大夫的医术和青霉素的神奇效果,使弗莱明大夫立刻成了众多新闻媒体的焦点人物,青霉素也因此而一举成名天下。

当第二次世界大战再次把人类推向战火和死亡境地的时候,提纯青霉素的工厂正式开业了。青霉素在战地医院里开始出现供不应求的局面。它被首先用来治疗前线伤员,随后被广泛地应用于平民阶层。它将许多病人从死亡线上挽救回来。

青霉素轰动了整个世界。人们一致把它与原子弹、雷达并列为第二次世界大战中的三大发明。在欧洲,它因治疗各种疾病的神奇功能,引起了一场"青霉素旋风"。

1944年,弗莱明被赐封为爵士,英国女王陛下给他授勋。

1945年,弗莱明与其他两人分享了本年度的诺贝尔生理学或医学奖金。

1955年3月11日,这位伟大的青霉素之父在伦敦病逝,享年74岁。

班廷是怎样发现胰岛素的

胰岛素是治疗糖尿病的一种特效药,它是加拿大医师班廷在第一次世界大战结束后不久发现的。这一发现为人类控制糖尿病找到了好方法，具有重要的医学价值。

第一次世界大战结束不久，糖尿病在当时还是不治之症，许多专家为此进行了多年的努力，都毫无结果。

加拿大青年医师费德里克·格兰特·班廷在手术中发现健康人的胰腺上，布满着小岛屿状的暗点，而死于糖尿病的患者的胰腺上，这些暗点却比正常人的小很多。这个现象引起了他的注意，他想：这些神秘的岛屿般的暗点也许就包含着医治糖尿病的答案。

为了证实这一想法，他卖掉了家具，正像他的朋友们所说的那样，他作为一名"没有头衔的、没有薪水的、自我任命的研究工作者"，开始了征服糖尿病的研究。

实验从狗身上开始，他和助手把狗的胰腺结扎起来，等胰腺分泌消化液的细胞退化后，把岛屿状暗点的剩余物提取出来分析和利用。就这样，狗一条又一条地被送进他那简陋的实验室。先后在91条狗的身上做了实验，但都毫无结果。这时，班廷的朋友和同事都劝他不要为了这个想入非非的念头断送了自己外科医师的前程，然而班廷依然固执地继续着自己的实验。

当实验到第92条狗时，奇迹出现了。这条被切除胰腺的狗，由于糖尿病而濒临死亡；但当注射了一针"岛屿状暗点的提取物"之后，它的血糖开始下降，几个小时后，这条狗居然慢慢地爬起来，甚至还摇着尾巴"汪汪"地叫了几声。然而，这奇迹是短暂的，因为搞不到足够的提取物，不到20天，狗还是由于糖尿病而死了。

他继续不断地从牛、羊的胚胎以及牛羊的胰腺中提取那种"岛屿状暗点物"，并且用此提取物一次又一次成功地控制了各种动物的糖尿病。经过反复实验，最后他给一个重度糖尿病患者注射了一针这种提取物，使患者不仅觉得呼吸轻松起来，而且头不晕，胃口也恢复了。糖尿病能被控制的消息迅速传遍了世界各地,提取物被正式命名为"胰岛素"。

一个"无名小卒"为什么推翻了一位学术权威的结论

酶是一种生物催化剂。早在公元前22世纪,人类就开始利用酶。但是,直到19世纪初,才由普兰奇发现并首次提取出粗酶制剂。"酶"这个词是德国科学家库尼于1878年首次提出来的。酶的发现是具有历史意义的大事,酶在食品加工、纺织、造纸、药品生产、木材加工等各个方面发挥着重要作用。1926年美国生物化学家萨姆纳进一步发现"酶"是一种蛋白质,为酶化学的建立和发展奠定了坚实的基础。

相传古埃及人在尼罗河河谷种植小麦。他们把小麦捣成面粉,然后跟水、盐和在一起烤饼吃,这样的饼又干又硬,而且不容易消化。有一天,一个粗心人把和好的面放在太阳底下,自己去干别的活而把这件事忘了。等他回来以后,发现面团膨了起来,他不知道是什么缘故,仍然用这块面团去烤饼。结果,这次烤出来的饼松软可口。人们以为这是太阳神的恩赐,就把和好的面放在太阳光下晒晒,等面团鼓起来再烤饼。后来,有人认为既然晒过的面团里有一股"神力",那么,每次留下一小块来,下次和面时再掺在新面里也会灵验的。果然,这样的面团不放在太阳底下晒也能鼓起来。

古埃及人所用的这一方法,实际上是利用了酶。空气中有一种叫做酵母菌的微生物进入了面团大肆繁殖,并分泌出一种叫做"酵素"的物质,酵素使面团中一小部分淀粉变成酒精,并产生二氧化碳气体,正是这种气体在面团中撑起许许多多的小泡,使面团发了起来。这个酵素就是酶。

事实上,在古代利用酶的事例很多。我国人民早在公元前22世纪就已经知道利用酵母进行发酵制酒，在我国春秋战国时期，会利用霉菌蛋白酶分解豆类蛋白质制酱；古埃及人在公元前2000年利用麦芽制造啤酒；游牧时代的人们就开始以小牛胃液作为乳的凝固剂制造干奶酪，实际上就是利用了胃液中的凝乳蛋白酶。还有利用麦芽精制作饴糖也是与酶有关的活动。

虽然人们对酶的利用历史悠久，但是人们真正认识酶的性质、功能和特性却只有百年的历史。

19世纪初，普兰奇发现从植物根部提取的一种制剂，能溶于水但不耐热，并且有使愈疮町蓝变蓝的能力。这是首次从生物体中提取的粗酶制剂。1833年，佩廷和珀索茨从麦芽中提取出淀粉酶制剂。但是，当时的生物学家认为发酵作用是活细胞产生的催化作用。直到1878年，德国科学家库尼才首次提出"酶"这个词。1897年，德国科学家布希纳兄弟成功地用无细胞汁液使糖发酵产生酒精和二氧化碳，才证明了酶的催化作用与生命力无关。以后经过许多科学家多年的研究，才对酶的结构、性质、功能以及催化特性有了比较清楚的认识。

在发现酶以后的几十年中，酶究竟是一种什么物质一直没有解决。科学家想尽一切办法想把酶单独分离出来，可是谁也没有能够办到。但是，科学家在实验中发现，只要稍稍加热，酶就"死"了，这一点和蛋白质的变性十分相似，于是，有人提出：酶可能就是蛋白质。

德国的一位化学权威、诺贝尔奖获得者威尔斯塔特也做了一个实验：在含有酶的液体中，把他自己认为是蛋白质的物质统统除掉，结果这种液体仍然表现出酶的特性，这说明剩下来的物质是酶。威尔斯塔特认为，既然液体中的蛋白质已经全部清除了，剩下来的酶就不会是蛋白质。因此，他断定：酶不是蛋白质，而是一种比较简单的化学物质。到底这种简单的化学物质是什么，他又没有进一步实验得出明确的结论。

后来人们发现，威尔斯塔特的实验是错误的，他并没有把溶液里的蛋白质全部清除掉，留下来的酶恰恰也是一种蛋白质，因而得出了错误的结论。

可是在当时,由于威尔斯塔特的权威性,很多人相信了他这一错误的结论。

1926 年,美国科学界的"无名小卒"萨姆纳,从刀豆种子里分离出一种纯的结晶体,把这种物质放进人尿中去,人尿里的尿素很快就分解成二氧化碳和氨。萨姆纳发现,它的作用和当时已经知道的脲酶一样。后来经过进一步分析,证明这种结晶体就是脲酶。最后,萨姆纳证明脲酶确实是一种蛋白质。

但是,由于在学术界占主导地位的是以威尔斯塔特为代表的流行观点,使萨姆纳的这一具有重要意义的发现和创见,始终未能得到公众一致的确认和接受,尽管从 1926—1930 的 4 年中,萨姆纳又连续发表了许多篇论文和报告,提出了大量补充数据和资料来阐明、论证自己的观点,却依然摆脱不了这种被孤立和排斥的局面。直到 1930 年,J·H·诺思罗普成功地离析出另一种具有典型意义的晶体状胃蛋白酶,才无可置疑地证实了"酶是一种蛋白质"和"酶可以结晶化"的正确论断,并开始为科学界所认识和接受。到了 20 世纪 30 年代末,世界上又有几种结晶酶先后被制备出来,这就更加令人信服地表明:萨姆纳所提出的关于"酶的催化活性是与蛋白质本性联系在一起的"结论是完全正确的。不久,W·M·斯坦利也从受到烟蒂花叶病侵袭的植物细胞中,离析出一种带传染性病毒的晶体状蛋白,后来这种晶体状蛋白被验证出是一种核蛋白。

鉴于萨姆纳教授关于"酶是一种蛋白质,并且可以使之结晶化"的重大发现,以及由此而引起的酶研究领域的一系列重要进展,诺贝尔基金会化学学科评奖委员会决定授予他 1946 年度诺贝尔化学奖金的半数,另一半则授给诺思罗普和斯坦利分享。

从萨姆纳证明脲酶就是蛋白质到现在,人们已经提取出来的酶有 1 000 多种,它们都是蛋白质,没有一个是例外的。

《植物杂交的试验》为什么被埋没了35年

　　《植物杂交的试验》是奥地利生物学家孟德尔于1865年写成的一篇著名论文。论文先在布隆自然科学家协会年会上宣读，第二年又发表在该会会刊上。在这篇论文中，孟德尔提出了著名的生物遗传分离定律和自由组合定律，奠定了生物遗传学的基础。

　　遗传是自然界中最富于魅力的生命现象，是生物将象征着自身特有性状传递给下一代的现象。"龙生龙，凤生凤，老鼠生儿会打洞"，我国民间的这句俗语，就是对生物遗传现象的生动描述。

　　世界上一切生物有机体都能遗传。但是，遗传有没有规律呢？从1856年起，孟德尔花了8年时间从事豌豆的杂交试验，凭着他的意志和毅力，经过孜孜以求的探索，终于发现了遗传规律，创立了经典遗传学。孟德尔把自己的这一发现，于1865年详细地写成论文《植物杂交的试验》，并于1866年在布隆自然科学家协会会刊上发表。于是，人们把孟德尔誉为"遗传学的奠基人"。

　　孟德尔是怎样从豌豆杂交试验中发现遗传规律的呢？孟德尔是奥地利布隆修道院的院长。他虽然从事宗教工作，但对科学研究非常有兴趣。他利用修道院里的一块园地，做着各种有趣的试验。

　　孟德尔受达尔文进化论思想的影响，从事生物遗传学的研究。他选择自花授粉，不受外界干扰的豌豆来做他的实验材料。他从种子商人那里收集了32个品系的豌豆，经仔细种植、提纯最后选出22种。种子有圆有皱；叶子有黄有绿；种皮有灰有白；豆荚有饱有瘪；荚皮有绿有黄；花位有腋生顶生；茎秆有高有低。他先按照对应品种——杂交，抛开其他特征，观察最主要的性状，看它们的杂交一代与其父母到底有什么不同。谁知这新长出来的子一代,只清一色地继承了父母之中一方的特性。比如高株和矮株杂交,所得全是高株;灰色和白色杂交,所得全是灰色。孟德尔把高、灰等这类保留下来的特征叫做"显性",矮、白等叫做"隐性"。第二年又用上年所得到的杂交子一代(F1)进行自交(F1 × F1),所得的种子再播种,产生子二代(F2)。子二代不但有显性性状,而且曾经消失了的隐性性状又出现了。孟德尔一口气又种了 278 个杂交组合,仔细做好了观察和研究的记录。

经过 8 年的杂交试验,孟德尔获得了大量的研究资料。他在分析这些资料时,总结出了生物遗传的分离定律和生物遗传的自由组合定律。生物遗传的规律就这样被他揭示出来了。

孟德尔的《植物杂交的试验》论文,1865 年 2 月 8 日在布隆自然科学家协会年会上宣读,第二年在该会会刊上发表。此后,默默无闻达 35 年之久。是什么原因使这篇奠定现代遗传学基础的论文被埋没 35 年之久呢? 分析当时的情况,主要有三个原因。

一是孟德尔的理论超越了当时学者所能接受的水平。当时是融合遗传的观点占统治地位,认为父母双亲的遗传特性在子代中融合在一起呈现中间类型,像一杯墨水和一杯清水混合一起,以后的世代中也不会有明显的分离现象。而孟德尔的理论认为遗传是由遗传因子决定的,控制各种性状的遗传因子在遗传中互不沾染,这是完全不同于融合遗传物的一种颗粒性遗传的观点。另外,当时对数学的应用,在生物学中几乎等于零,孟德尔用数学统计方法来分析实验结果,也超越了当时学者所能接受的水平。孟德尔本人当时已清楚地认识到了这一点,他在给一位朋友的信中说:"我知道我所获得的实验结果是不容易同我们当代的科学知识相容的。"据记载,在他宣读论文时,听众对其理论,既无发问者,也无讨论者,报告完了,听众散会后就漠然忘之了。

二是孟德尔当时的知名度不高,发表论文的刊物权威性不够。孟德尔在宣读和发表论文时,只是一个神父、中学代理教员,不是知名的科学家,科学家们不重视这样的"小人物",自然也不会去认真地分析和理解"小人物"提出的理论。论文宣读在布隆这个小城市的自然科学协会,论文发表是在该会会刊,发表在这样小的地方又不是重要刊物上,自然容易被学者们忽视。据报道,刊登孟德尔论文的杂志,共寄出115本,虽然有8本寄往柏林,6本寄往维也纳,4本寄往美国,2本寄往英国,但刊物名气太小,也没有引起收刊人的重视。

三是当时的科学界正热衷于达尔文的进化论。达尔文《物种起源》1859年出版后,学者们的主要注意力集中到了生物进化的问题,达尔文进化论很快传播到许多国家,引起各国学者的重视、赞赏和支持。虽然孟德尔的遗传理论与达尔文的进化论有密切关系,但当时的学者还认识不到这一点。就是在孟德尔1882年逝世时,人们也只把他当做穷人的恩人、品质高尚的人、热情的朋友、模范教师、对自然科学有促进的人,谁也没有把他看做是科学家。

为什么《植物杂交的试验》默默无闻35年后,偏偏在1900年被重新发现呢?这和1899年在英国伦敦召开的第一次遗传学国际会议(当时称为"植物杂交工作国际会议")有密切关系。这次国际会议大大地激发了学者们进行植物杂交工作,所以1900年荷兰的德弗里斯、德国的科伦斯、奥地利的丘歇马克三位植物学家各自独立地发现了孟德尔的论文,这三位学者多年的植物杂交工作,获得了与孟德尔35年前所发表的同样结果。这样,孟德尔的研究成果才被人们所承认。人们常把1900年看做是遗传学作为一个独立学科而出现的一年,也就是这个原因。

摩尔根为什么钟情果蝇

1928年,摩尔根总结自己20余年来研究果蝇的成果,写出了遗传学名著《基因论》,创立了基因学说。基因学说是作为人类成就史上的一个伟大奇迹而登上历史舞台的。它的创立标志着经典遗传学发展到了细胞遗传学阶段，并在这个基础上展现了现代生化遗传学和分子遗传学的前景，成为今天的遗传学从经典遗传学中继承下来的重要遗产。

摩尔根是怎样创立这一伟大学说的呢？

从历史发展来看，1900 年孟德尔的论文重新发现后，引起了生物学界的广泛重视。在孟德尔杂交实验的理论和分析方法的启示下，人们进行了更多的动、植物杂交实验工作，并获得了大量的遗传资料。其中属于两对相对性状遗传杂交实验的结果，有的符合自由组合规律，有的则不符合。因此，有些学者对孟德尔所揭示的遗传规律曾一度发生怀疑。就在这个时期，摩尔根利用果蝇为材料，对这方面的问题进行了深入细致的研究，解开了一些学者的疑团。1915 年，摩尔根与人合作发表了《孟德尔遗传机理》一书。在这部划时代的著作中，摩尔根和他的同事们发展了孟德尔"遗传因子"的思想，总结了对果蝇的研究结果，用大量的实验资料证明染色体是遗传因子的载体，并且借助数学方法，精确确定遗传因子在染色体上的具体排列位置，给染色体——遗传因子理论奠定了可靠的基础。

摩尔根本来是研究实验胚胎学的。20 世纪初转向开始研究遗传学，他选择果蝇做实验动物，这为他能取得出色的遗传学研究成果带来了良好的机遇。果蝇是进行生物遗传实验的理想材料，因为它繁殖速度快，一年可繁殖近 30 代，每代可产生上千个小果蝇；而且它体型很小，容易饲养；再加上它的每个细胞中只有四对染色体，便于研究者对它进行遗传性状的观察。因此，有人说，摩尔根的成功出于偶然，因为他一下子就选准了实验对象——果蝇，由于第一步走得很顺利，所以他很快就成功了。还有人开玩笑地说："上帝创造果蝇，就是专为摩尔根服务的。"

摩尔根于 1908 年开始在他的哥伦比亚的实验室内繁殖果蝇，1909 年开始用果蝇做实验，首次发现了性连锁遗传规律。他根据白眼果蝇的性连锁遗传,第一次把基因安插在一个固定的染色体上,继而又揭示了基因的连锁与互换规律,即第三大遗传规律,并确定了基因在染色体上作直线排列,在孟德尔揭发的分离规律和自由组合规律等基础上创立了基因学说。

基因学说的创立,标志着遗传学进入了一个崭新的阶段,它为人们进行生物杂交育种、预防和治疗遗传性疾病开辟了一条广阔的道路。为了表彰摩尔根建立遗传染色体理论的成就,1933 年他被授予诺贝尔生理学或医学奖。

《基因论》中的基因是什么

1828 年,摩尔根出版了名著《基因论》,创立了基因理论。那么,基因是什么呢?

父亲的一个精细胞和母亲的一个卵细胞结合在一起,一步一步就发育成了胚胎、婴孩,发育成了儿童、成人。下一代和上一代之间的物质联系仅仅是两个细胞,那么一丁点儿的物质联系就足以确定下一代是人而不是其他什么动物,足以确定下一代在外貌、体质等方面酷肖父母。决定这些神奇造化的就是生物遗传的物质基础——基因。

一切生物体都是由细胞组成的。生物细胞中含有蛋白质和核酸。一切生命活动都离不开蛋白质和核酸。蛋白质是由许多氨基酸聚合而成的一类大分子,是构成细胞和组织的基本材料之一。人体的各种脏器、肌肉、皮肤和血液等是由不同蛋白质构成的,身体运动、呼吸、营养输送、神经传导、新陈代谢以及思维记忆等也主要是通过蛋白质才得以实现。核酸是由核苷酸多聚体组成的另一类大分子,主要存在于细胞核中,它的功能是储存和转移遗传信息,通过指导和控制蛋白质的合成来控制生物的性状。核酸分为脱氧核糖核酸(DNA)和核糖核酸(RNA)两大类。DNA 分子中不同种类的核苷酸排列顺序,构成了生物奇妙的遗传信息系统。在遗传信息的

167

指令下,合成各种具有特定氨基酸种类和氨基酸排列顺序的蛋白质。决定一个蛋白质分子或蛋白质分子中某条肽链氨基酸顺序的那一小段DNA就称为基因。

通过基因可制造出各种蛋白质,通过这些蛋白质进行各种反应,就完成了生命过程。比如儿子为什么会长得像父母,这是因为儿子身上继承了父母的基因,这些基因控制的蛋白质会完成与父母相似的现象。

不同的生物体所拥有的基因数目不同。低等生物噬菌体的DNA总共才有3个基因,大肠杆菌大约有3 000个基因,而人体一个细胞的DNA中有大约10万个基因。

基因可分为结构基因和调节基因两大类。结构基因控制着生物的遗传性状,如头发是黄是黑,眼睛是大还是小,等等。甚至连人的脾气性格也由基因负责。科学家们发现了一段基因,与人类是否具有寻求新奇的性格有关。这种基因就存在于人的第一号染色体上,有着不同的结构:其中一种比较长,由7个重复的DNA结构序列组成,具有这种基因的人比较容易兴奋,冲动,性格急躁,喜欢探险;这种基因还存在另一种结构,序列比较短,仅由4个重复的DNA结构系列组成,具有这种基因结构的人,性格温和,爱好思考,忠实,个性比较拘谨。

调节基因专门负责结构基因的开和关,植物到什么时候该开花了,开花的基因便被打开了。人也是一样,到了一定岁数,负责某种激素的基因便被激活、打开,通过RNA的转录和蛋白质的表达,最后导致各种性征的出现。男孩子到了十几岁才开始长胡须,女孩子到了十几岁才开始发育乳房,就是这个原因。

细胞中的大多数基因在多数时候都是关闭着的,只有在合适的地点、合适的时间才发挥作用。比如,在一株玉米的全部细胞中都有发育成雌花丝的基因,但是雌花丝不会在根、茎、叶上长出来,只有伴随着子房的出现才会在子房的顶端"冒"出来。

基因还能被某种环境因素诱导。人们发现,在体外培养大肠杆菌时,如果供给它们葡萄糖,它们便以葡萄糖为营养,正常繁殖和生长。这时候,如果检测它们体内的酶,会发现没有半乳糖酶。没有这种酶,应该不能吸收乳糖。如果把营养中的葡萄糖换成乳糖,按理说大肠杆菌应该被"饿"死。事实上,大肠杆菌并没有被"饿"死。原来,大肠杆菌有半乳糖苷酶的基因,只是处在关闭状态。在这种情况下,大肠杆菌半乳糖苷酶的基因"感觉"到情况不妙,不能再睡大觉了,便从"休眠状态"下苏醒过来,开始转录特异的信使 RNA,继而大量表达出半乳糖苷酶。有了这种酶,大肠杆菌就能乐滋滋地吸收乳糖,进行正常的生长和繁殖了。

神秘的基因还有许多层面纱没有被揭开,目前,人们对它的认识还很肤浅。如果把它的面纱全部揭开,人类控制自然、保护自己的能力将大大增强。

艾弗里没获得诺贝尔奖为什么令后人遗憾

《关于肺炎双球菌的研究》是美国细菌学家艾弗里等人发表在 1944 年的《实验医生杂志》上的一篇著名论文。该文用实验事实第一次证明了 DNA 是遗传信息的载体。这一发现代表了遗传学领域中一个最重要的成就。

1928 年,英国医生格里菲思用肺炎双球菌做实验:他把肺炎双球菌注入小白鼠体内,小白鼠会在 24 小时内死去。肺炎双球菌有两种:一种是致病的,称为 S 型;另一种不会致病,称为 R 型。格里菲思用加热的方法,杀死 S 型肺炎双球菌,再把其球菌注入小白鼠体内,结果小白鼠没有生病。可他把杀死的 S 型肺炎双球菌和活着的 R 型肺炎双球菌混合后注入小白鼠体内后,却出现了意外:小白鼠在 24 小时内死了,在它体内还分离出了活的 S 型肺炎双球菌。

这是怎么回事？谁在"借尸还魂"？人们百思不得其解。这个难以解释的实验被称为格里菲思之谜。格里菲思认为，在加热杀死的S型肺炎双球菌中，一定有一种没有被破坏的物质可以进入活的R型球菌，使它摇身一变，成了"杀手"。

1934年，美国的细菌学家艾弗里、麦克劳德、麦卡蒂也对肺炎双球菌进行研究，希望破解格里菲思之谜。他们设法从致病的S型肺炎双球菌中分离出各种大分子物质：即DNA和蛋白质，并进行试验以查明它们的身份。

开始，他们用蛋白酶，把所有的蛋白质都破坏掉，只剩下DNA，结果R型变成了致命的S型；然后，他们又用DNA酶，把DNA全去掉，只剩下蛋白质，这时R型球菌不再变化了。由此可见在S型球菌"借尸还魂"中，真正起作用的是DNA，它把致病的S型密码传给了R型球菌，并能稳定地遗传下去，使其后代也会致病。

就这样，艾弗里等人首次用铁的实验事实证明了DNA确实是遗传信息的载体。艾弗里等的论文《关于肺炎双球菌的研究》发表在1944年《实验医生杂志》上，文中关于DNA是遗传信息载体的发现，意义极其深远，代表了遗传学领域中一个最重要的成就，所以有人提议授予艾弗里等人诺贝尔奖。但是，这个提议引起异议。怀疑者认为蛋白质起转化作用，说不定用当时的手段尚不能完全从提取液中将蛋白质清除光，还有人认为即使DNA是转化因子，它也可能只是通过对被囊的形成有直接的化学效应而起作用，而不是由于它是遗传信息的载体而起作用。因此，艾弗里等人没有得到诺贝尔奖金。

1952年，德裔美国生物学家德尔布吕克证明了噬菌体DNA能携带母体病毒到后代中去，DNA是遗传信息的载体才被普遍承认。这时，人们对艾弗里等人没有得到诺贝尔奖金而感到遗憾。因为当对他们的成就争论平息的时候，艾弗里已经去世了。随着DNA在遗传过程中的作用越来越被人们所认识，人们对艾弗里的评价也越来越高。有不少科学家指责诺贝尔奖金委员会没有授予艾弗里等人诺贝尔奖是不公平的。

女"疯子"为什么获得了诺贝尔奖

　　"活动遗传基因"学说是美国女科学家巴巴拉·麦克林托克于1951年提出的,这一学说说明了跳跃基因的存在,为解释生物新种的产生、癌细胞的疯长奠定了基础。麦克林托克因这一发现而荣获了1983年诺贝尔生理学或医学奖。

　　过去人们一直认为遗传结构在所有时间内都是稳定的,至少基因在染色体上的位置是固定的。如果在20世纪四五十年代,有人说某些基因在染色体上可以自行走动,那么一定会被认为是"天方夜谭"。

　　美国的女科学家巴巴拉·麦克林托克一生未婚,与玉米打了一辈子交道,被誉为"玉米夫人"。她在玉米杂交试验中发现,使玉米着色的基因,在玉米某一特定代上会"接上"或"拉断",又在某一代的染色体上重新出现,使玉米的颜色发生变化。就好像基因从一代跳到另一代上,故把它叫做活动遗传基因或称为跳跃基因。

　　1951年,麦克林托克提出"活动遗传基因学说",认为基因是可以移动的,不仅可以从染色体的一个位置跳到另一个染色体,甚至能从一条染色体跃迁到另一个染色体。当她发表这一论点后,立即遭到一些人的冷漠和反对,许多人称她是"疯子",在那里胡说八道。因为这个观点与当时"基因结构是稳定的"的流行观点截然不同,所以,在20世纪50年代,几乎无人重视她的发现。到了20世纪七八十年代,由于DNA操作技术的进步,人们在原核生物和真核生物中都发现了各式各样的移动基因,这样,基因可以移动的概念才被大家所公认,人们也才开始重视麦克林托克的研究。

　　跳动基因的存在和发现,为解释生物新种的产生、癌细胞的疯长奠定了基础。

171

鉴于麦克林托克对基因理论的完善和发展的卓越贡献,1983年的诺贝尔生理学或医学奖授予了年龄已达81岁的麦克林托克。她成为世界上第一个单独获得此奖的女性。

为什么沃森和克里克能在DNA结构研究上捷足先登

《核酸的分子结构》是沃森和克里克于1953年4月,发表在英国《自然》杂志上的一篇著名论文。这篇论文虽然不足1 000字,但它却确立了DNA结构模型,标志着遗传学发展中的一个新时代的开端。以此为界标,遗传学才真正从细胞学的水平进入了分子水平。此后,分子遗传学取得了巨大的发展。

1953年,年轻的美国生物学家沃森和他的英国同事克里克在前人观察实验的基础上,通过进一步试验发现了DNA的双螺旋结构,并果断地作出了遗传大分子DNA的细胞中是呈双螺旋结构存在的结论,他俩把这一研究成果写成论文《核酸的分子结构》发表,这标志着DNA结构模型的确立。

当时,世界上有3个主要的研究DNA分子结构的小组:美国加州理工大学的鲍林小组、英国伦敦皇家学院的威尔金斯和富兰克林小组,及卡文迪什实验室的沃森和克里克小组。3个小组中,沃森和克里克小组开始得最晚,然而后来却是他们捷足先登。鲍林小组走错了方向,设计出的模型是错误的。威尔金斯和富兰克林二人不和,影响了工作进度。与之相反,沃森和克里克则是团结协作,奋起直追。他们二人除了认真切磋以外,还广交科学界朋友,吸收了不少人的意见。譬如,DNA分子中的四种碱基怎样两两配对, 就是受查哥夫等人的启发后才明白的。他们的消息也很灵通,无论是远在美国的鲍林小组,还是近在咫尺的威尔金斯和富兰克林小组,研究工作的进展情况他们都了如指掌。在构想DNA分子结构模型方面,沃森和克里克小组逐渐走到了前面。可惜二人实验技术不甚高明,一直做不出清晰的DNA分子X射线衍射图片。有一些问题,如螺旋的角度,旋一周上升多大距离等等都因而定不下来。要得到清晰的DNA分子X射线衍射照片,除了要有高超的X射线结晶学技术之外,首先还必须有高超的提纯DNA、结晶DNA的技术。另外两个小组这方面的工作开展得早,技术都比沃森和克里克小组高明。1952年冬天,在沃森和克里克对DNA分子结构的研究工作进入最紧张阶段的时候,他们看到了富兰克林最新拍出的清晰照片(是在富兰克林不知道的情况下看到的),才最终把他们的DNA分子双螺旋结构模型确定下来。

1953年4月,沃森和克里克的DNA双螺旋结构模型在英国《自然》杂志上发表。同一期的《自然》杂志上,还发表了富兰克林拍出的非常清晰的DNA的X射线衍射图像,以及威尔金斯的DNA的X射线衍射数据。这两篇实验报告,等于为DNA双螺旋结构模型提供了实验证据。人们当时还不知道,沃森和克里克提出的双螺旋结构模型,实际上已参考了这些实验结果。

沃森和克里克提出的DNA双螺旋结构模型,是分子生物学正式诞生的标志。威尔金斯和富兰克林小组的工作,也得到了人们的肯定。

1962年,诺贝尔奖评选委员会让沃森、克里克和威尔金斯分享了诺贝尔医学或生理学奖,以表彰他们研究DNA分子结构的伟大成就。没有授予富兰克林,是由于她已在1958年因癌症去世,年仅38岁。

DNA双螺旋模型的提出是生物学上一件十分重大的事件,也是20世纪最伟大的发现之一。它宣告了分子生物学的诞生,标志着人类对生命的研究进入了分子水平。正是因为破译了DNA的结构,揭示了DNA的奥秘,生物学各个领域的研究都发生了巨大的变化,人类开始真正具备了驾驭生命的本领。

173

医 学 篇

《希波克拉底文集》为何是托名之作

  《希波克拉底文集》是古希腊时期一部著名的医学著作。这部著作共有70篇文章,从临床实践出发,总结出了治病规律,并创立了体液理论,成了西医学的理论基础。这部著作虽然名为《希波克拉底文集》,但并非希波克拉底一人所作,它汇集了许多人的工作,以希波克拉底的名义流传下来。

  希波克拉底大约于公元前 460 年出生在爱奥尼亚地区柯斯岛上的一个医学世家。柯斯是一个有着悠久医学传统的小岛,医生在那里受到尊重。希波克拉底从小就受到了良好的教育,据说他到处求学,是智者高尔吉亚的学生,还是原子论者德谟克利特的朋友。

  希波克拉底成年之后,来到希腊各地为人治病。他的医术非常高超,经常把病人从死亡线上挽救过来,并且他的医德也非常高尚,为人们所称道。在他周围,形成了一个医学学派和医生团体。他首创了著名的希波克拉底誓词,每一个想当医生的人都要宣誓,誓词中说医生要处处为病人着想,要保持自己行为和这一职业的神圣性。

希波克拉底将医学从原始巫术中拯救出来,以理性的态度对待生病、治病。他注意从临床实践出发,总结规律,创立了体液理论。希波克拉底的体液理论认为,人身上有4种体液,即血液、黄胆汁、黑胆汁和黏液,这4种体液的流动维系着人的生命,它们相互调和、平衡,人就健康,如果平衡破坏,人就生病。这种体液理论一直在西方医学中流传,成了西医学的理论基础。统治了西方医学1 000多年的盖仑医学理论,就是继承和发展希波克拉底的医学理论所形成的。

由于希波克拉底高尚的医德和从医方面的杰出贡献,雅典还特别授予这位外邦人以雅典荣誉公民的称号。

希波克拉底生前德高望重,名闻遐迩,备受人的尊敬。他去世后,因他而形成的医学学派和医生团体的同仁整理了他生前所写的一些医学论文,并且又陆续撰写了一些医学论文,完善他的医学体系,都托他之名编成《希波克拉底文集》出版,流传于后世。所以人们说《希波克拉底文集》是一部托名之作。

医学界为什么垂青《内经》

《内经》成书于公元前3世纪,是在长时期内由许多人参与编写而成的。它是我国现存最早、内容较完整的一部医学理论和临床实践相结合的古典医学著作。《内经》作为一部科学名著,早已引起国内外医学界和科学史家的重视,它的部分内容已相继译成日、英、德、法等国文字,被国内外医学界奉为宝典。

《内经》为何能得到国内外医学界的垂青呢?

《内经》记述了许多宝贵的解剖生理学的研究成果。它明确指出:一切血液都归于心,"心主血"、"心藏血",血管是血液所行的处所,心和脉是相结合的,心气绝了,脉就不通,脉不通,血就不流。它明确指出脉是血脉,发展于心,脉搏是心脏功能的具体表现。特别值得称道的是《内经》已经记述了血液循环的概念,如说脉管和血液不停地流行,而且循环不已,上下相贯,如环无端等等。虽然这些知识是初步的,还不很确切,但是它为古代医学打下了不可少的基础。

《内经》对解剖学也有不少记载。它还采用分段累计的方法,度量了从咽以下到直肠的整个消化道的长度,数据和近代解剖学统计的数据基本一致。

《内经》以阴阳学说贯穿于学术体系的各个方面,并指导临床诊断和治疗。这个学说认为,人体阴阳的相对平衡和协调,是维持正常生理活动的必备条件。也就是说,如果失掉人体阴阳这种相对的平衡协调,就会产生疾病。拿发烧这个症状来说,阳盛可以引起,阴虚也可以引起,病因、病理各不相同。如何区别?需结合患者发烧的特点和其他临床表现进行整体分析。这个整体观念在后世的医学里又有所丰富和发展,是中医诊疗和分析病症的重要思想方法之一。

对于临床病症,《内经》叙述了44类共310种疾病。包括各种常见和多发病。提出"不治已病治未病",强调了防病为主,精辟地分析了"治病必求于本"的道理,以及临床上如何掌握治本、治标的问题。

为什么称孙思邈为药王

《备急千金要方》和《千金翼方》这两部科学名著,是我国唐代医学家孙思邈于公元652年和682年写成的。这两部著作记载了800多种药物和5 300多个药方,内容涉及预防医学、诊断、各种治疗、针灸、营养疗法等多方面的知识,具有很高的学术价值。

孙思邈是我国唐代杰出的医学家,他一生曾游历过祖国的许多名山大川,采集了大量药材。他对这些药物进行了精心的分析和研究,非常熟悉各种药物的外貌和性能，并且善于将各种药物搭配成药方。因此，人们尊称他为"药王"。

孙思邈用药治病的经验主要体现在他写的两部医学著作里。一部是《备急千金要方》，完成于公元652年。为了编写好这本书，他花了整整12年的时间。《备急千金要方》也叫《千金要方》，"千金"就是"宝贵"的意思，它说明这部书所记载的药方都很宝贵，能值千金，是"备急"的好书。《千金要方》这部书出版时，孙思邈已经70多岁了。

另一部是《千金翼方》，于公元682年，也就是孙思邈逝世的前一年写成的，这时他已是百岁老人了。《千金翼方》是《千金要方》的姐妹篇，是对《千金要方》的全面补充，其规模与《千金要方》不相上下，共30卷。

《千金要方》和《千金翼方》这两部著作，都是孙思邈研究祖国医学的成果和他自己医疗实践的总结，共记载了800多种药物和5 300多个药方，内容涉及预防医学、诊断、各种治疗、针灸以及营养疗法等各方面的知识，具有很高的学术价值。人们公认这两部书是继张仲景的《伤寒论》之后最杰出的医学著作。这两部著作编成后，相继传入日本和朝鲜，对邻国的医学发展也产生过深远的影响。

公元683年，这位101岁高龄的药王与世长辞了。由于他生前在民间行医过程中，医术高明，医德高尚，深为人们所称颂。他的两部医学巨著一直是我国的医学宝典，为医学事业的发展作出了巨大的贡献，深为后人所怀念。所以，后人为了纪念他，就把孙思邈经常采药的五台山叫做"药王山"，还在山上建立了"药王庙"，永远崇拜他。

阿拉伯《医典》为什么曾被奉为西方的医学"圣经"

《医典》是阿拉伯医学家阿维森纳在11世纪初所写的一部科

学著作。这部著作内容丰富,既广泛论述了卫生学、生理学和药物学,又记载了大量临床实例。《医典》流传极广,对西方医学产生了极为重要的影响。

像许多古老的文明一样,阿拉伯民族很早就流传其特有的民间治病方法,如放血疗法、药物疗法。自伊斯兰教创立之后,精神疗法也引入医学之中。在大翻译运动中,希腊医学家希波克拉底和盖伦的著作被译成阿拉伯文,为阿拉伯医生所熟悉,一时广为流传。

阿拔斯王朝时,阿拉伯人民安居乐业,政府对社会的医疗事业也非常关注。拉希德统治时期,巴格达建立了第一座医院,此后,全国各地都仿而效之。医疗事业的发达,使阿拉伯当时的药房生意非常兴隆。阿拉伯人不仅整理开发了本民族传统的各种药物,还引进了不少外来的药物。并且,得益于阿拉伯发达的炼金术,阿拉伯人还制造了不少无机药物。

正是在发达的社会医疗事业的背景下,阿拉伯的医学有了很大的发展,出现了一大批才华卓越的医生和医学家,出现了《医典》这样的医学经典。

《医典》是阿维森纳把亚里士多德的一套理论全面系统地运用到医学中所写成的一部医学名著。作者阿维森纳原来的阿拉伯名字叫伊本·西那,阿维森纳是他的拉丁名字,是阿拉伯著名的医学家。他于公元980年出生在波斯的布哈拉(在今乌兹别克),父亲是一位税务官,家境不错,因而从小就受到了很好的教育。据说,阿维森纳是一位神童,很早就表现出聪明和才气,可是,他生活的年代已不是阿拉伯文化的黄金时代,帝国在政治上已有离散的趋势,地方割据日盛。阿维森纳先后在几个小国呆过,从一个宫廷到另一个宫廷,为君主们治病,过着不稳定的生活。但他从小聪明好学,广泛阅读希腊作家的著作,知识非常渊博,在周游列国的同时勤奋著书,写了100多本哲学和医学著作,《医典》是其中流传最为广泛的一本。

《医典》内容丰富,是阿拉伯医学的一部百科全书,既广泛论述了卫生学、生理学和药物学，又记载了大量临床实例。在 17 世纪以前,《医典》一直是医科大学的教科书和主要参考书，对欧洲医学产生了极为重要的影响。由于《医典》还全面系统地运用了亚里士多德的理论，所以对西方人而言，它还是系统转述亚里士多德学说的一部重要著作，曾被奉为西方医学"圣经"。

帕拉塞尔苏斯为什么被称为"怪杰"

《外科学大全》、《论精神病》、《汞剂对梅毒的用途》、《140 种实验及其疗法》等科学著作，是 16 世纪医药学化学家帕拉塞尔苏斯所撰写的。在这些著作中，有许多化学药物用于治病的方法，包含了许多对物质进一步认识的化学知识，赢得了广大读者的喜爱。人们称帕拉塞尔苏斯为医药化学的创始者。

帕拉塞尔苏斯是 16 世纪医学化学最著名的代表人物，人们称他为怪杰。他的一生为科学作出了杰出的贡献，不愧是古代的一位俊杰，但是他从出生之日起也透着许多古怪，称他为怪杰，真是恰如其分。

帕拉塞尔苏斯出生在阿尔卑斯山麓瑞士一个幽谷之中的埃因西德恩小镇的一个穷困潦倒的家庭。父亲威廉·朋巴斯特是移居瑞士的德国医生，母亲原先在修道院干过杂活。1493 年 11 月 10 日，帕拉塞尔苏斯出生时，太阳与天蝎座处于同一方位。根据古代传说，天蝎座的统治者是"高傲好斗的战神"，而且据说这个星座对职司健康和毒药的教士更是恩宠有加。所以，当帕拉塞尔苏斯一降生，就令全镇所有的人瞩目。

帕拉塞尔苏斯原名叫塞弗里拉斯·朋巴斯特·冯·荷恩海姆，在读大学时改成这个名字。帕拉塞尔苏斯这个名字有双重意思：一方面表示他要超过罗马名医塞尔苏斯；另一方面，在希腊文里，帕拉塞尔苏斯有"悖论"的意思,即表示他要"同已接受的观点相反"。这个名字使他十分得意,而他伟大和桀骜不驯的一生,也反映他非常忠实于他名字的含义。从改名的角度来看,他为人确实有点怪。

帕拉塞尔苏斯的性格也特别怪,他爱憎分明,叛逆性很强。为了实现对医学进行一番彻底改造的决心,他于1526年来到巴塞尔大学任教。通过多年来的经验,他深知要使那些保守派的人接受新的知识,放弃那些毫无用处的"经典",几乎是完全不可能的。他曾经说:"这些顽固的老古董根本不愿意学习新知识,也不愿意承认自己的愚昧无知。这将阻碍人类的进步。但是,我坚信他们将被淘汰!我希望在老一代的人都寿终正寝以后,年轻的一代应该彻底抛弃这些迷信、害人的东西!年轻的一代人应该成为另一种类型的新人。"他把希望寄托在新一代人的身上。

1527年6月24日圣约翰日这一天,帕拉塞尔苏斯请了巴塞尔市的一些药剂师和理发师兼外科医生来听他讲课,他要使从事医疗实践的人与学者共同促进医学的改革。令人震惊的不仅仅是他打破了传统习惯,不用学者们必用的拉丁语讲课,而用日耳曼方言(当时所谓"瑞士德语")讲授,而且他还当着挤满课堂的听众们,焚烧了医学权威盖仑和阿维森纳的著作。他大声宣布:"把这些劳什子玩意扔进火堆去吧!让这些浓烟带走人间所有的痛苦和不幸吧!"他宣称,他所讲授的医学课程将以治疗病人的经验为基础。

然而,他对穷人免费治病,希望把自己的财物施舍给穷人,自己却穷困潦倒,充分体现了他那一颗宽广而博爱的心。帕拉塞尔苏斯在医学和化学领域作出了杰出的贡献,却常常遭到各种最无耻的辱骂。

帕拉塞尔苏斯对人类的贡献是非常卓越的。这位被称为"化学中的马丁·路德"具有诗人般丰富的想象力,同时又具有战士般大无畏的精神。他的敌人说他是一个爱酗酒的夸大狂,这完全是别有用心的诬蔑。可以毫不夸张地说,他是人类的大恩人。他并没有作出什么划时代的伟大发现,但是在研究和利用化学知识治病,从而促进化学的巨大进展方面,他却作出了无与伦比的贡献。他一再强调,当一个医生应该同时具有丰富的化学知识。在一本书中他写道:"我应该百倍地赞美医学化学家。他们没有去追求荣华富贵,却以巨大毅力日夜工作;他们没有闲情逸致在吹捧中消耗时光,但在实验室里他们却得到了乐趣和幸福;他们的手指上没有戴着金戒指,却让它们在煤以及一些脏物中擦来擦去。他们相信实验室是出真知的地方,是找到治病良方的处所。"

为了制取化学药物,帕拉塞尔苏斯终生坚持不懈地做了许多化学实验。即使在被迫流浪各国时,他也是千方百计地继续做实验。有一次,他在法国阿尔萨斯省柯尔马找到了一个暂时的栖身之所,便立即通过一个排字工人弄到必要的仪器和资料,在地下室建立了一个实验室,继续进行化学研究。他一再告诫人们,医学不能脱离实验,他说:"千万不可拒绝实验的方法,应该毫无偏见地尽力用实验证明一切。依照不同的内容,每一个实验都是解决某些特定问题的一种特殊武器,正如矛是用来刺,棒是用来击一样。"

通过实验,他制出了许多化学药物,如治皮肤病的砷剂、止痛用的鸦片等等。在现代药典里,有许多化学药物都是他率先用于治病的。为了制药,他用金属进行了许多标准的化学反应,制得了许多金属的盐溶液,而且他还从这些反应过程中归纳出化学反应的一般特征。我们知道,化学反应的一般特征正是化学学科最重要和最基础的内容之一。

然而,他的这些科学成就在他生前不仅得不到承认,而且遭到种种非难。有人骂他是个巫师,是个跑江湖的骗子。保守势力不准他在大学讲台讲课,不准他为人治病,他被迫流亡于欧洲各国。

1541 年 9 月 24 日,帕拉塞尔苏斯极其悲惨地死在奥地利的一个乡村,终年 48 岁。

帕拉塞尔苏斯一生写出了《外科学大全》、《论金属》、《矿工职业病》、《汞剂对梅毒的用途》、《140 种实验及其疗法》等科学著作。近代史学家编纂他的各类著作已达 14 卷之巨。可是,他的著作在他生前没有出版,直到他逝世20年后才得以问世,流传到今。

尽管人们对帕拉塞尔苏斯有种种评价,但历史证明,在这个怪杰的倡导下,人们重视医疗化学,强调药物的化学性质,并将许多化学物质用于医疗实践,为医疗中的化学疗法奠定了基础,使化学面向社会,向实用化学的方面迈出重要的一步。

《人体的构造》为什么会招来杀人罪的指控

《人体的构造》是法国医生维萨里于1543年所出版的一部科学名著。这部著作有7大卷,以大量精确、生动的插图,描绘出了人体骨骼、肌肉、血管和内脏各部位的结构,指出了以往对人体结构认识中的200多处错误,在解剖学上具有极大的价值。

1533年,法国巴黎郊外,离法国总监狱不远的一片荒地,是官方处决犯人的刑场。高高的绞刑架上,悬挂着一具具犯人的尸体。在一个伸手不见五指的黑夜,巴黎医学院学生维萨里和他的同伴悄悄地赶着马车来到这里,偷了几具尸体运回城里的一间密室里。

维萨里缘何要盗尸体呢?

公元2世纪,古罗马有个名叫盖仑的著名医生,做过罗马皇帝的御医。他曾经解剖过猪、狗、猴等许多动物,仔细研究过这些动物的构造。他写下了131部医学著作,对当时的医学发展作出了贡献。但是由于受历史条件的限制,盖仑不能进行人体解剖,因此在他的著作中,有关人体的构造都是他从动物的解剖中想象推论出来的。例如,他根据四肢爬行动物腿骨弯曲的形状,推论人的腿骨也是弯曲的;人的胸骨同动物一样分成7节;人的肝脏同狗的肝脏一样分成5叶等等。有关人体的构造,盖仑留给后人的是一幅被歪曲了的人体"地图"。

然而,盖仑的理论被奉为"经典",整整统治了西方医学界1000多年。到16世纪时,巴黎医学院的课堂上仍旧是照本宣科,没有人怀疑盖仑的理论是不是正确。

　　1533年,从小就立志献身于医学的维萨里考进巴黎医学院后,他对老师讲的盖仑关于人体构造的理论产生了疑问。想亲自动手,从人的尸体解剖中去解开人体结构之谜。可是,当时的学校被教会势力严密控制。解剖人体被认为是冒犯神明,大逆不道,因而受到严格的限制。维萨里为了探求科学真理,顾不了这些,毅然冒险去盗尸体。

　　维萨里仔细地逐层解剖了人的尸体,他发现:人的胸骨是长长的一节,而不是盖仑所说的分成7节;肝脏分两叶,而不是像狗那样分成5叶;人的腿骨在直立行走中早已进化为直干,与四肢爬行的动物的弯曲腿骨根本不同……在阴暗的地下室里,维萨里陪伴着这些支离破碎的尸体度过了无数个不眠之夜。他根据解剖时的亲眼所见,绘制了一幅幅肌肉、血管和内脏的人体解剖图。

　　1543年,29岁的维萨里写出了一部科学的解剖学名著——《人体的构造》。这部书由厚厚的7大卷组成,以大量精确、生动的插图,描绘出人体骨骼、肌肉、血管和内脏各部位的结构,指出了流传1000多年的盖仑学说中的200多处的错误。

　　维萨里出版的《人体的构造》一书,科学地揭示了人体的结构,探索了这些结构的准确部位,以及这些结构在人体活动中的功能,标志着近代医学的开端,是人类近代史上第一部人体解剖学。

　　但是,维萨里《人体的构造》一书中的许多观点和内容都与教会宣扬的内容发生了冲突。维萨里通过对男女骨骼系统的比较研究后指出:男人的肋骨和女人的肋骨是一样的,不存在上帝用亚当的肋骨去造夏娃的事。他还指出:在人的骨骼系统中,没有《圣经》故事传说的"复活骨",因此,也绝不会像传说的那样,死后的耶稣基督还可以通过复活骨复活。

　　因此,维萨里的《人体的构造》遭到了教会的迫害和保守的医学界的攻击和诬陷。他们说维萨里的理论纯粹是异端，说维萨里是个疯子，使维萨里的心灵受到极大的伤害，陷入了愤怒的境地，最后，维萨里被迫辞去了帕多瓦大学的教职，结束了自己的科学生涯，当时他只有30岁。

维萨里辞去帕多瓦大学的教职后不久，就接受西班牙国王查理五世的邀请前去担任宫廷御医。在这段时间里，他没有再进行什么科学研究，只是继续修改他的《人体的构造》，并且在1555年出了第二版。以后虽然比萨大学曾聘请他去担任解剖学教授，但由于查理五世不肯让他离开，只好又留了下来。查理五世死后，维萨里又成了新国王菲利普二世的医生。

菲利普二世是一个顽固、迷信、根本不喜欢科学的人，而马德里又是一个反动教士最猖狂的地方，教会对维萨里的迫害一直没有停止，因此热爱科学的维萨里的处境自然是相当困难的。后来，维萨里逐渐感到了宗教法庭对他的威胁，因此希望离开马德里，回到他十分渴望的学术界去，回到他热爱着的科学研究和解剖学实验中去。然而，这位伟大的科学家、文艺复兴时期的巨人再也没有机会去研究他的人体解剖学了。

1563年，反动的教会设计暗算维萨里，诬告他解剖了一位还未死亡、心脏还在跳动的贵族妇女，宗教法庭判处他死刑。后来经国王菲利普二世的调解，罚他到宗教圣地耶路撒冷朝拜赎罪，作为免予杀身之祸的条件。

1564年4月的一天，维萨里离开马德里去耶路撒冷朝圣。在经过伊奥尼亚海的时候，船遇到了风暴，维萨里在海上漂流了好多天，最后流落到希腊的一个叫"塞梯"的小岛上。1564年10月15日，身患重病的维萨里凄惨地死在了异国他乡，年仅50岁。

黑暗势力吞没了维萨里短暂的科学生命，但是他在解剖学上的重大贡献以及他光辉的学术思想却一直指引着后人走向光明。

《论基督教的复活》为何陪焚

《论基督教的复活》是西班牙的生理学家塞尔维特于1553年所写的一部科学名著。在这部著作里,塞尔维特阐明了人体的结构和功能,说明了血液小循环的机制,并以科学事实对神学进行了批判。

1553年的一天,生理学家塞尔维特被牢牢地锁在火刑柱上,惨不忍睹地被烧死了,点燃的木柴竟然将他活活地烤了两个多小时。塞尔维特写的科学著作《论基督教的复活》也作为陪焚品,被大火付之一炬。为什么要烧死塞尔维特?为什么他的科学著作要用来陪焚?

塞尔维特于1511年出生于西班牙的图德拉。年轻时崇尚科学,反对神学,写过一部《论三位一体的错误》,批判神学的荒谬,为此几乎被捕。1536年,塞尔维特考入法国巴黎医学院学习,但时间不长,便因反对作为天意的"占星术"而被教会驱出巴黎。塞尔维特没有因重重打击而消沉,反而更加刻苦地研究解剖学,发现了心肺循环(小循环)。并著有《论糖浆》的药物学专著。

1553年,塞尔维特又写出了《论基督教的复活》一书。在这部书里,他阐明了人体的结构和功能,说明了血液小循环的机制:人体中有一种灵气,这种灵气本来存在于空气之中,通过呼吸进入肺脏,在那里与来自于右心室的血液相遇,然后进入左心室,这时血液就带上了活力灵气,并得以被运送至全身。

在谈到静脉血变为动脉血的这一过程时,他明确地指出:这两种血液并不像他们所认为的那样,是通过心脏的隔膜沟通的,而是借助于一种特殊的方式,经过肺中的一长段路程实现的。塞尔维特的这些叙述正确地解

185

释了血液的心肺循环,为发现全身的血液循环铺平了道路。

在这部书的后面,塞尔维特以科学事实对神学和神学家加尔文进行了批判。由于塞尔维特的著作《论基督教的复活》矛头直指势力极大的神学和神学家加尔文,因此他被宗教裁判所逮捕入狱。塞尔维特巧妙地逃出了监狱,宗教裁判所对他进行了缺席审判,判处他死刑,并决定连同他的著作一起"用文火慢慢烧成灰"。塞尔维特死里逃生后不到4个月,就在日内瓦再次被捕,再次被判处火刑。他以生命的代价举起了科学这面旗帜。

为什么说《外科学》是在战火中诞生的

《外科学》是法国军医巴雷于 1575 年所写的一部科学名著。这部著作详细总结了巴雷战地行医的实践经验,内容丰富,实用性强。著作出版后,立即成为了军医们的必读书,也成为了外科医生的工作手册。这部著作的出版,奠定了现代外科学的基础。

从 16 世纪 20 年代起,法国和邻国连续爆发战争。19 岁的理发师巴雷应召入伍,作为随军理发师。军队中的理发师除给士兵理发外,还负责伤病治疗。幸好,巴雷原来在给人理发时,还兼处理骨折、创伤、给病人做放血治疗,所以进行战伤治疗还能得心应手。

当时用来治疗枪伤的唯一办法是用烧红的烙铁或灼热的沸油直接对伤口烧灼。巴雷在用这一方法治疗伤口时,发现伤员疼痛难忍,而且还会出现全身发烧、创口疼痛、难以愈合等不良后果。巴雷对这一传统的方法产生了疑问,认为治疗伤口应该是设法用干净、柔和的东西去保护创面,使伤口逐步愈合,而不应该用烧灼的方法再进一步去损伤它。

1563 年的一天,巴雷在治疗伤员时,用来浇注伤口的沸油一时供应不上，于是他决定采用他酝酿了许久的新疗法。

巴雷把煮熟的鸡蛋黄、玫瑰油和松节油充分调和，制成一种淡黄色的油膏。他把这种清香的油膏，轻轻地抹在洗清过的枪伤创口上，然后用干净的软布包扎起来，保护受伤的创面。

几天以后，用油膏治疗的创口都逐步愈合了，恢复了健康的伤员都重返前线，而那些浇注沸油治疗的伤员，却大多数还不见好转。

惊喜的巴雷进一步扩大他的试验，最后完全肯定了这种用油膏涂抹枪伤创面方法的疗效。从此，一种崭新的、科学的枪伤疗法诞生了！

在战场上，对于需要截肢的重伤员，在切割了肢体后，还要用烙铁在截肢创面烧灼，这是为了止血而采取的必要手段。巴雷不忍心用这种残酷的方法去折磨受伤的战友，发明了结扎止血法，即用绳子把断肢的上部紧紧绑住，使血基本止住，再用线把血管结扎起来，血就完全止住了。这一革新，使截肢技术取得重大进展。

为了帮助伤残病员恢复活动能力，巴雷还设计了各种用金属、木材制成的假肢。这些假肢设计很巧妙，不但外形逼真，还装有齿轮关节，能活动自如。

1575 年，巴雷用通俗的法文写了一本内容丰富的《外科学》，详细总结了他战地行医的实践经验。这本书当时成为军医们的必读书，成为外科医生的工作手册，也奠定了现代外科学的基础。所以人们说外科学是在战火中诞生的。

李时珍缘何修"本草"

《本草纲目》是我国明代最伟大的医药学家李时珍所写的一部科学名著。这部著作共分 52 卷，记载药物 1892 种，附图 1160

幅，是几千年来我国药物学的巨大总结。这部著作于1596年在南京正式出版，不久便风靡全国，受到人们的普遍欢迎。此后又辗转翻刻了几十次。1606年，这部著作又传入日本、朝鲜，以后又被译为拉丁文、法、俄、德、英等各种文字，流传世界各地，对我国和世界的医药学和多种学科的发展，都有着深刻的影响。西方称这部著作为"东方医学巨典"。

李时珍是我国明代最伟大的医药学家。他长达190多万字的《本草纲目》是举世闻名的医药巨著，进化论的创始人达尔文曾称它为"中国古代的百科全书"。

本草是我国古代劳动人民对药物的总称。中药的内容很丰富，花草果木、鸟兽虫鱼、铅锡硫汞，均可入药。在中药里，虽然动、植、矿三类药物都有，但以植物药占绝对优势，因此人们径直把药物称为本草。

在李时珍的《本草纲目》出版以前，我国曾有许多药物学著作问世。在汉代成书的有《神农本草经》；在齐梁时代，医药家陶弘景又撰写了《本草经集注》；唐代苏敬等人奉诏集体编写了《新修本草》；北宋时有刘翰、马志等人集体编写的《开宝本草》，医官掌禹锡和林亿等人修成的《嘉祐本草》，苏颂和寇宗奭等分别撰著的《本草图经》和《本草衍义》，以及唐慎微写的《证类本草》；在明初，也有朱橚的《救荒本草》和兰茂的《滇南本草》等小型的本草著作流传。

既然有这么多本草学著作问世，李时珍又为何想到编写《本草纲目》呢？

李时珍从小体弱多病，经常吃药，在吃药治病的过程中，引起了他对医学的兴趣。特别是他20岁那年得了肺痨病，皮肤发热，吐痰不止，不能吃饭和睡觉。他自己用柴胡、麦门冬、荆沥等清热化痰的药物治疗，一个月后，病情反而恶化，以为必死无疑。后来，他父亲想起了金代医学家李东垣的一条经验，用中药黄芩治疗。由于黄芩是一味清肺热的良药，他很快痊愈。李时珍深有感慨地说，用药对症，就像棒敲鼓一样，马上发出响声。这件事给李时珍留下毕生难忘的印象,更加激起了他对医学的热爱,坚定了学医和研究药学的志向。

李时珍十分重视药物学的研究,他对每种药物的产地、形态、性能、功效等,总爱寻根问底,弄个水落石出。他经常上山采药,湖北地区几乎跑遍,江西、湖南、江苏、安徽、河南、河北一带,也都留下了他的足迹。在采药过程中,他总是详细进行观察比较,直到弄清各自的微细差别为止。遇到不懂之处,就虚心向劳动人民和内行人请教。他还在家开辟了一个小药圃,试种多种药物。实践出真知,正是由于长期的实践,积累了大量生动丰富的第一手资料,李时珍为编写《本草纲目》做好了充分的准备。

李时珍勤于钻研,善于钻研,他查阅过历代各种本草学著作,发现许多新的药物没有记载,有的解释太陈旧,有些药物的描述与实际情况不符,甚至有明显的错误。例如,"玉竹"和"文萎"是两种功效完全不同的药,而唐慎微的《证类本草》却把两者看成是一种药物,这显然是错误的;"南星"与"虎掌"本是同一植物的两个名称,而《开宝本草》却把它误分为两种植物;还有《本草衍义》把兰花误为兰草,将卷丹看成百合等等。这些更加坚定了李时珍创作《本草纲目》的决心。

李时珍正是由于对医学有浓厚的兴趣,在长期的实践中又积累了丰富的经验,掌握了大量的科学资料,并且感到旧本草书中缺漏和瑕疵太多,根本不能满足人民群众的需要,才下决心编写《本草纲目》这本医药学巨著的。

李时珍的《本草纲目》全书共分52卷,共计收动、植、矿各类药物1 892种,其中植物药1 094种、动物药444种、矿物药275种、其他药79种。从历代本草中选录的药物1 518种,新增加的药物374种。书中列附方10 096则,插图为1 160幅,做到了医药并举,图文并茂,不愧是我国古代科技著作中的一颗明珠。

达尔文所说的"中国古代的百科全书"指的是哪部书

伟大的生物学家达尔文在《物种起源》、《动物和植物在家养下的变异》和《人类的由来及性选择》三部著作中引用中国的文献资料达 106 条之多,作为生物进化和变异的立论根据,一再肯定古代中国对人工选择的积极贡献,多次提到他从"中国古代的百科全书"中找到不少选择学说的重要论据。那么,达尔文所说的这部"中国古代的百科全书"指的是哪部著作呢?经专家多方查证,这就是明代李时珍撰著的《本草纲目》。

早在春秋战国时期成书的《考工记》是我国最早的一部手工艺专著,其中记录了 3 条古代谚语:"橘逾淮而北为枳,鸲鹆不逾济,貉逾汶则死,此地气然也。"其中"橘逾淮而北为枳"又见于《晏子春秋》,是脍炙人口的故事。"鸲鹆不逾济"是说八哥这种鸟类一般不飞越济水以北地区。"貉逾汶则死"是说生活在北方的皮毛兽貉南渡汶水以后,会因为难以适应南方温暖气候而很快死去。这 3 条谚语反映了古代先人对生物分布规律和物种可变性的客观认识,后世被多方转引。李时珍在撰著《本草纲目》时也对此予以采录。达尔文在写作《物种起源》时提到:"我很相信习性有若干影响,我们既可以从类例推,而许多农学书籍,甚至中国古代的百科全书,亦常有注意习性的不断忠告,说把一个动物从一地区向其他地区迁移,必须谨慎。"在《动物和植物在家养下的变异》一书中,他提到的"在 1596 年出版的中国古代百科全书中曾提到过七个品种",恰好与李时珍《本草纲目》中记录的七个品种的鸡相符。而达尔文认为的"鸡是西方的动物",其根据是《本草纲目》:"鸡在卦属巽,在星应昴。"这是因为,根据中国古老的《易经》、八卦学说,巽指西南方向;昴,是"西方之宿"。此外,达尔文在《人类的由来及性选择》中还引用了《本草纲目》中记载中国在北宋时已培养出金鱼,用来证明金鱼在家养中发生变异的事实。在出版时间上,也证明达尔文所说的"中国古代的百科全书"指的是《本草纲目》。李时珍从1552年开始写作《本草纲目》,历时27年,三易其稿,至1578年最后定稿。由于在封建社会里,科学技术得不到重视,无人愿意出资承印此书。直到李时珍逝世前3年(1590),南京一位书商才开始刻印《本草纲目》,李时珍逝世后3年(1596)此书才刻成问世。不久传到日本、朝鲜,传到欧洲,受到中外学者的高度评价。

达尔文的生物进化论和细胞的发现、能量守恒与转化定律被誉为"19世纪自然科学三大发现",他以20年精力写出的《物种起源》,石破天惊地撼动了《圣经》的基础,擎起真理之剑,揭穿了上帝创造世界的神话,吹响了科学的号角。如果说牛顿从物理世界驱逐了神迹,达尔文则是从生物世界中证明真理不在上帝一边。殊不知,这其中也凝聚着中国人民的一份功劳。这也说明,人类文明史上的伟大发现并非偶然,它集中了前人的智慧而有所发展,这才能使它既受惠于全人类又施惠于全人类。

哈维为什么声称他的论著没有一个 40 岁以上的人能理解

《心血运动论》是英国名医哈维于1628年出版的一部科学名著。在这部著作里,哈维用大量实验材料论证了他于1616年发现的血液循环运动规律,使生理学发展成为一门科学。

血液是怎样运动的?公元2世纪的古罗马名医盖仑提出了一种学说,他认为:肝脏产生"自然之气",肺产生"生命之气",脑产生"智慧之气"。这三种灵气混入血液,在血管里像潮汐涨落那样来回做直线运动,供养各个器官,造成奇妙的生命现象。盖仑的这一学说后来被基督教会神圣化,成为不能批评的绝对权威,1 000多年来牢固地统治着当时的医学界。

1616年,英国名医哈维通过研究,发现盖仑的这一学说是错误的,他公布了他发现的血液运动规律。1628年,哈维出版了《心血运动论》一书,书中用大量实验材料论证了血液循环运动。正是这本具有重大研究价值和历史意义的科学著作问世,才彻底推翻了统治医学达1 400多年之久的盖仑理论,使生理学发展为科学。哈维也因这一成就被誉为近代生理学之父。

哈维是怎样发现血液循环运动规律的呢? 哈维于1578年4月1日出生在英国的一个农民家中。16岁时以优异的成绩考入英国剑桥大学的冈维尔—凯厄斯学院,20岁时离开英国,来到了以解剖学闻名的意大利帕多瓦大学医学院。在这里他接受了先进的思想,并培养了实验科学的兴趣。1602年,24岁的哈维获得了意大利的医学博士学位,并得到了很高的评价。回到英国后,很快名声大振,成了有名望的医生。

哈维并没有沉浸在这些赞歌声中,他继续朝着科学的高峰攀登。他经过多次细心实验发现,动脉和静脉中血液流动的方向相反:一个从心脏流向肢端,一个从肢端流回心脏。

他通过观察动物的心脏得知,心脏收缩一次,便有若干血液从中流出。人的心脏约含有2英两(约合57克)血液,每搏动一次输出0.5~1英两血,按每分钟心脏搏动72次计算,那么每小时的血量将超过2 160~4 320英两血。这么多的血是不可能在一小时之内由心脏制造出来的,也不可能在肢体的末端这么快地被吸收掉。

怎么解释这一事实呢? 哈维经过认真地思索,认为唯一的可能是血液在全身沿着一条闭合的线路作循环运动。这条循环的路线是从右心室输出的静脉血经过肺部变成动脉血,然后通过左心室进入右心室。从左心室搏出的动脉血沿动脉到达全身,然后再沿静脉回到心脏。

哈维的血液循环理论对传统的盖仑学说造成了极大的冲击,因而受到保守人士的猛烈攻击。对此，哈维早有预见，在《心血运动论》出版之时，他就曾断言：没有一个 40 岁以上的人能理解他的著作。幸运的是，哈维的理论影响在他生前就显现出来，特别是对年轻一代的科学家。

在说明血液循环运动时，哈维还预言动脉和静脉的末端必定有一种微小的通道把两者联结起来。这种微小的通道就是毛细血管。1660 年，意大利解剖学家马尔比基发现了毛细血管，证实了哈维的预言，从而也进一步说明了血液循环运动学说的正确性。

琴纳为什么被誉为生命的拯救者

《牛痘的起因与结果》是英国医生琴纳经过多年的研究，于 1798 年发表的一篇著名论文。这篇论文图文并茂，内容丰富，系统介绍了"牛痘接种法"，使一种严重威胁人类的疾病得以消灭，并在免疫学领域的科学研究中闯出了一条新路。

天花曾经是死神忠实的奴仆，威胁人类生命的恶魔。它的黑影在哪里出现，哪里就会十室九空，哀声不绝，人们对它毫无办法，只能束手待毙。17 世纪，欧洲有 4 000 万人死于天花，许多人烟稠密的城镇变成了废墟。18 世纪，有一年天花蔓延，仅俄国就死掉了 200 万人。这是比战争、地震、洪水更为可怕的浩劫。

20 世纪 70 年代的一天，许多国家的报纸在显要位置刊登了一条令人高兴的消息，天花已经在全世界绝迹了！创造出这一奇迹的就是 200 多年前的英国医生爱德华·琴纳。

琴纳于 1749 年出生在一个英国牧师的家庭。小的时候，曾被接种过人痘。接种前他被送到"接种棚"与家人完全隔离，定期放血，还不准吃饭。这种可怕的方法给他幼小的心灵留下了深刻的印象。琴纳长大以后立志学医，做一个出色的医生。

琴纳 13 岁那年，被送到卢德洛医师那里当学徒。他在诊所里看到天花病人一个个死去，心中万分焦急，渴望找到一种方法，拯救天花病人。有一天，一位挤奶女工来看病，她说她得过牛痘，所以不会再感染上天花了。女工的话引起了琴纳的重视，他开始思索牛痘与天花之间到底有什么关系。

琴纳在自己学业结束以后，回到故乡单独开业行医。为了治愈天花病人，他到群众中去进行调查，发现得过牛痘的人确实不会再传染天花。是否可以给人们进行牛痘的人工接种来预防人类的天花灾难呢？琴纳考虑了很久，终于在 1796 年 5 月 14 日用人体来做试验，获得了成功。牛痘疫苗预防天花试验的成功，表明天花猖獗横行的年代结束了，千万人的生命可以得救了。为了及时把自己的研究成果推广，大面积地实行牛痘接种方法，拯救成千上万的天花病人，1798 年，琴纳发表了《牛痘的起因与结果》这一著名论文，系统地介绍了"牛痘接种法"。伦敦的许多医生开始试用牛痘接种，琴纳的发明被人们承认并应用。意大利、法国、俄国、丹麦、普鲁士、土耳其、印度、大洋彼岸……牛痘接种法传遍了世界各地，拯救了千千万万人的性命，使人类不再受天花威胁。琴纳的名字走进了千家万户，声震世界，人们称他为生命的拯救者。牛痘接种的意义不仅仅在于它消灭了一种严重威胁人类的疾病，还在于它在免疫学领域的科学研究中闯出了一条新路。

1823 年 1 月 26 日，琴纳在柏克利与世长辞。

居维叶为什么不害怕

《比较解剖学》是法国著名生物学家居维叶于 1800—1805 年期间所出版的一部科学著作。在这部著作里，居维叶提出了著名的"器官相关律",这一规律至今仍是生物学家在古生物学研究中所运用的基本规律。《比较解剖学》的出版,使这门学科成为了一门独立学科。

居维叶是18世纪末至19世纪初法国的著名生物学家。在1800—1805年期间,他就完成并出版了他的第一部著作《比较解剖学》,从而把比较解剖学确立为一门独立学科。在《比较解剖学》这本著作里,居维叶发现了著名的"器官相关律"。这个规律表明:任何一种动物身上的所有器官都是一个完整的系统,都是相互一致,相互联系的。比如,一个动物的内脏组织如果非常适合于消化新鲜肉,那么它的嘴就适合捕获猎物;它的牙齿就适合于咬下猎物的肉;它的爪子就适合把捕获的猎物撕碎;它的前后肢就善于奔跑以便于追击猎物;它的大脑就比较狡猾,天生具有隐藏自己和制定捕猎计划的能力。

居维叶由"器官相关律"推断:只要认真观察动物的任何一块骨头,一个爪子,甚至一颗牙齿,我们就可以复原这个动物的整体形象来。居维叶的这个推断,直至今天仍是生物科学家们在古生物学研究中所使用的方法。

居维叶有一个学生,他对老师的这一套理论有点怀疑,于是,他想出了一个方法,想考一考老师。

一天晚上,居维叶正在房间里睡觉,这位学生在标本室里面找了许多吓人的标本,然后把自己装扮起来。他在头上顶上了一双巨大的野牛角,脸上放上了更加可怕的食肉动物的头,脚上套上了两只毛茸茸的兽腿,然后就走进了居维叶的房间。他想考一考居维叶能不能认出这只"怪兽"是什么,他会不会被这只"怪兽"吓倒。

这位装成"怪兽"的学生走到居维叶的床前,把居维叶弄醒。居维叶睁开眼睛朝"怪兽"望了望,就翻了个身睡觉了。

事情过后,这个学生问居维叶:"老师,您为什么一点儿也不害怕'怪兽'呢?"居维叶笑着回答说:"我一看见这家伙长着一对长长的角,就知道它只不过是一只食草动物,一个食草的家伙有什么可怕的呢?"

从此,这个学生对居维叶的这个理论心悦诚服,深信不疑。

《医林改错》为什么推迟出版42年

《医林改错》是我国清朝著名的解剖学家王清任于1831年所出版的一部医学名著。在这部书里,有25幅人体内部构造图。王清任在书里大胆突破了传统的说法,提出了一种在当时是新颖的见解:人的思想和记忆能力,是由脑子掌管的,而不是由心脏管理的。这部著作改正了古人在解剖生理学方面的许多错误。

王清任是我国清朝时的一位著名的解剖学家。他写过一本很有名的医书叫《医林改错》。这是一本专门研究和改正古人在医学上,特别是在解剖学上错误的书。当他把书写好后,却迟迟不拿出来出版。许多人想读他的这本书,都要求他早日把书出版,可他就是不同意,把书稿长期搁着。许多年后,他才把书稿拿出来出版。原来是他对书中的一幅人体解剖图没有把握,为了画一幅准确的人体解剖图,他整整耗费了42年时间,直到把图画准确才同意出版。

王清任是一位具有革新精神且行事严谨的医学家。他在学习古人行医治病的经验时,发现我国古代一些医学著作中对人体内脏的描述存在许多不正确的说法。他认为,医生为人治病,必须了解人的内脏,不了解人的内脏,就会像瞎子走路一样。他对那些医学著作不说明内脏,或将内脏结构说错很反感,说他们是痴人说梦。

要正确了解内脏结构,搞清医理难明的地方,最好的办法就是进行人体解剖。但在当时封建礼教的社会里,要进行人体解剖,简直是一件"大逆不道"的事。

为此，王清任不得不非常小心和秘密地寻找机会，以了解人体解剖知识。

1797年，河北滦县发生小儿瘟疹痢疾，死了很多人，抛弃在荒山野地。王清任决心抓住这次机会，仔细观察一下人体的内脏，纠正古人医学书中的错误，提高医学本领。他一连十多天，每天赶到坟场，前后共翻看了100多具尸体。他把观察结果做了详细的笔记，重要的地方还画了图。

1797年，王清任到奉天府(今沈阳)行医，听说有一个妇人被判为剐刑。这是一种开膛破肚的残酷刑罚，王清任立即赶到刑场，去观看人体内脏。1820年，王清任迁居北京，开业行医。每当听说刑场有判剐刑的，他都要赶去看人体的内脏结构。但是，由于受当时观察条件的限制，他对人体胸中的一片隔膜位置一直没有搞清楚。

那时《医林改错》已经写好了，就因横膈膜位置未能搞清，所以他将书稿长期搁着。后来，一个偶然的机会，王清任从一位曾在边疆征战多年的武官那里，终于详细了解到横膈膜的确切位置，把它工工整整地写进书稿，才将书稿出版。

为什么说《细胞病理学》奠定了现代医学的科学基础

《细胞病理学》是德国柏林大学教授微耳和在1858年出版的一本科学著作。这本著作深入揭示了疾病与细胞有关的许多事实，创立了细胞病理学，使人类对疾病的认识深入到了细胞这一层次，从而奠定了现代医学的科学基础。

在《细胞病理学》问世以前，人类对疾病的认识流行的是古代流传下来的体液病理学和神经病理学。这些学说虽然有一定的合理成分，比较注意人体和疾病的相互联系，在医学史上曾起过一定的作用，但它们是用幻想的联系来代替未知现象的真实联系，用虚构来代替所欠缺的事实，所以对疾病的解释缺少科学性和准确性。

德国生物学家施莱登和施旺创立了细胞学说以后，柏林大学教授微耳和便于1858年将细胞理论应用于病理组织的研究。微耳和把人体当做是"一个国家"，其中每一个细胞是一个"公民"，而疾病则是一种叛乱或内战。微耳和借助显微镜，进行了大量的切片检查，观察到了许多新现象，记述了一系列有价值的实验材料，揭示了疾病确实与细胞有关的许多事实。

1858年，微耳和根据他研究得到的事实创作了《细胞病理学》这本科学著作，创立了细胞病理学。细胞病理学的创立，是人类对疾病认识的一次突破，也是医学史上一个重大进展。它标志着人类对疾病的认识已经深入到细胞这一层次，从而为现代医学奠定了客观的、科学的基础。今天医学正向着亚细胞、分子的水平深入，也正是建立在细胞病理学的基础上的。

《大脑反射》为什么遭公诉

《大脑反射》是俄国生理学家谢切诺夫于1863年在《医学通报》上发表的一篇著名论文，后来又印了单行本。在这一科学名著中，谢切诺夫深刻阐述了人脑的精神活动是怎样进行的，对反动统治者历来加以维护的唯心主义谬论提出了勇敢挑战，对全世界的脑生理学和心理学的发展有很大的促进作用。巴甫洛夫提出的以条件反射为中心的高级神经活动学说，就是以《大脑反射》为起点开始研究的。

人脑的精神活动是怎样进行的？这是几百年以来困惑着人类的最大难题之一，宗教与科学、唯心主义与唯物主义在这个问题上进行了长期的尖锐斗争。

1863年,俄国生理学家谢切诺夫在《医学通报》上发表《大脑反射》一文,后来又印了单行本。在这一不朽的名著中,谢切诺夫站在唯物主义立场上,率先对人脑的精神活动进行了科学探究。他指出:"一切意识的和非意识的生命活动,包括人脑的精神活动,乃是神经的反射活动,所有复杂的心理现象的基础,就是神经活动的生理过程,没有外界对感官的刺激,即使是一瞬间的心理活动也是不可能发生的。"

谢切诺夫出生于1829年。1848年在米海依洛夫工程学校毕业后,又进入莫斯科大学医学系,1856年毕业。在此期间,他和伟大的唯物主义哲学家、文学批评家、作家、革命民主主义者车尔尼雪夫斯基交往颇深,受到了唯物主义哲学的深刻影响。

1856年,车尔尼雪夫斯基任革命民主主义者的刊物《现代人》的主编,他约谢切诺夫撰写关于日常的自然科学问题的论文。谢切诺夫经过多年研究,探索人脑的精神活动,撰写了《将心理现象发生的方法导向生理学基础之尝试》的论文,交《现代人》杂志发表。可是,沙皇书报检查机关——出版事业管理委员会,下令禁止这篇论文发表在《现代人》杂志上,并说即使要发表,也要改换题目,还要删去最后11行,再经重新检查,才可以在医学杂志或其他杂志上刊出。谢切诺夫只好将此论文改题为《大脑反射》,发表在《医学通报》上。

谢切诺夫的论文虽然经过了审查,但是,由于他对人脑的精神活动的认识创见,是对旧观念、对反动统治者历来加以维护的唯心主义谬论的勇敢挑战,所以《大脑反射》这一科学著作一问世,立即引起了反动统治者们的强烈敌视,下令没收、查禁,并经沙皇政府内务大臣华鲁也夫批准,向法院起诉控告作者。起诉书中说:"谢切诺夫的著作解释了大脑的精神活动,他把这种活动都归于一种肌肉运动,而这种运动是常常由于外界物质的作用为其起因。……这种唯物主义理论……破坏了现实生活的社会道德基础……意在败坏风俗(刑法第1001条),特提起公诉并请加以禁止……实在是一种莫大的危险。"对一本科学著作,如此露骨地提出公诉,理由也申述得那么直截了当,真是对科学研究的莫大诋毁与打击。

然而,科学真理是扼杀不了的。《大脑反射》这部名著仍广为传播,产生了巨大影响,对全世界的脑生理学和心理学的发展起到了很大的促进作用。

李斯特怎样发明的外科手术消毒

"外科手术消毒法"是英国医生李斯特于1865年发明的。这一发明使当时的外科手术病人的死亡率大大降低,并由此创立了消毒外科学。

19世纪的欧洲,医院里已经有了外科医生。然而,人们一提到开刀动手术,即害怕得发抖,因为手术后的病人死亡率高达80%。发明了氯仿麻醉的苏格兰外科医生辛普森说:"躺在我们手术台上的病人,死亡的可能性大于滑铁卢战场上的法国士兵。"

死亡的原因人们都清楚:伤口发炎化脓,无法控制。伤口为什么会化脓,谁也说不明白。

1865年的一天,英国医生李斯特下班后回到家里,拿起一本医学杂志看起来。忽然,他看到巴斯德一篇分析肉汤腐烂原因的文章。巴斯德在文中说,空气中到处都有微生物,它起着发酵变腐的作用,肉汤腐烂就是由于微生物繁殖而引起的。巴斯德将曲颈瓶中的肉汤煮沸并与空气隔绝,将原有的微生物杀死并防止新微生物进入,有效地保持了瓶内肉汤长久不腐烂变质。

这篇文章使李斯特如同在黑暗中看到了明灯。他想道:外科手术后伤口化脓腐烂的现象,与肉汤腐烂的现象可能是由同一原因引起的,既然煮沸可能杀死肉汤中的微生物，我们将手术器械煮沸，不就可以杀死器械上的微生物，防止伤口化脓腐烂了吗？

李斯特想到做到，在做外科手术时，将手术器械煮沸，果然手术后伤口化脓的现象减少了，但效果仍不十分明显。

"为什么效果不十分好呢？"李斯特想到了，"对，开刀的部位、医生的手、包扎伤口的绷带也带进了微生物，必须要找出一种杀灭微生物的药物来处理这些事情。"

有一次，李期特在马路上散步，走到阴沟口，一股浓烈的腐臭味扑鼻而来。这时，来了几个清洁工人，他们往阴沟里洒了一些药水，腐臭味就被压了下去。他一打听，这种药水就是石炭酸。

"石炭酸能不能杀死微生物呢？"有一次，李斯特为一个严重骨折的男孩做手术前，用石炭酸对器材、手、开刀的部位以及包扎伤口的绷带进行处理，果然，男孩的伤口没有化脓，而且顺利地恢复了健康。

后来，李斯特在做外科手术时，对手术刀进行了高温消毒，对手进行杀菌处理，伤口上用消毒纱布覆盖，防止细菌感染，还用石炭酸浸湿绷带包扎伤口，使外科手术病人的死亡率由80%降到15%。李斯特从此发明了外科手术消毒法，创立了消毒外科学。

人的血型是怎样被发现的

"人的血型"是美国科学家卡尔·兰德思坦纳在1900年发现的。这一发现，为医生给危急病人输血提供了科学依据，在医学上具有重大贡献。为此，兰德思坦纳获得了1930年度诺贝尔生理学或医学奖。

医生在为危急病人输血之前，都要做交叉配血试验，即取受血者及供血者的血液,对其进行凝集反应观察,如果是阳性结果,则输血不能进行,否则将危及受血者生命。1628 年,哈维发现了血液循环,输血试验得以推动。但给人进行输血时,往往造成严重后果甚至导致死亡。1670 年 1 月 10 日,法兰西议会曾下令禁止给人输血。

19 世纪,输血试验又渐渐恢复,但结果仍令人失望。人与人属同种,为什么人与人之间的输血会存在那么大的危险呢?这是长期困扰在人们心中的一个谜。

1875 年,兰德思坦纳发现,异种的血液和血清接触会发生凝集和溶血现象,但人们对于同种的人之间输血为什么有危险还是不理解。

1900 年,兰德思坦纳设计了一个简单的实验:将同一个人的红细胞和血清放在一起,红细胞不会凝集;将两个人的红细胞和血清混合,就有两种结果,红细胞或凝集,或不凝集。为了解释这个现象,他将所有个体的血液分成三型:A 型、B 型和 C 型。并推断:红细胞上有血型抗原,血清中则存在着抗体,或分别称为凝集原和凝集素。1907 年,杨斯基等宣称发现了第四个血型,因为在他们的实验中,发现了一种兰德思坦纳的三型包括不了的情况。后来,这四种情况分别被定为 O 型、A 型、B 型和 AB 型。血型因此得以发现,输血也就成为了现实。同血型之间可以输血,不同血型间则要慎重,AB 型血的人可以接受 A 型、B 型、O 型血,O 型血的人可以输给 O 型、A 型、B 型、AB 型人,被人们称为"万能血"。自此,人们心中的那个谜团终于解开了。

由于兰德思坦纳在发现血型方面的贡献,1930 年授予他诺贝尔生理学或医学奖。ABO 血型系统是血型中最早被发现的,但 ABO 血型不只有 ABO 系统,还有 RH 血型、W 血型、P 血型等在遗传各自独立的 15 个系统。另外,白细胞与血小板也有血型。因此,输血时对个别受血者还要考虑其他血型的影响。

《先天性的代谢差错》为什么遭冷落

　　《先天性的代谢差错》是英国医生加罗德于1908年在伦敦皇家学会上发表的一篇演讲论文,同年,该文发表在《柳叶刀》杂志第一卷上。1909年,牛津大学出版社又出版了这篇论文的单行本。在这篇著名论文中,加罗德向科学界报告了他的有关遗传性疾病的奠基性研究成果,在科学史上第一次明确地揭示了某些疾病和基因之间的关系,开辟了一个新的认识领域,提供了把正常人和遗传性异常病人的生物化学加以比较的研究方法。

　　在当代,有关遗传病的研究已经形成了生化遗传等重要分支学科。在日常生活中,有关遗传性疾病的预防和治疗,也逐渐成了人们谈论的话题。可是,在20世纪初,当加罗德向科学界报告他的有关遗传性疾病的研究成果后,并没有引起什么反响。

　　加罗德是位英国医生。在临床工作中,他先后遇到了与代谢有关的四种疾病:黑尿症、白化病、胱氨酸尿症和糖尿症。为了解释这类疾病的原因,1902年他提出了"先天性代谢紊乱"这一概念。他十分敏锐地认为,这类疾病都是由某种酶的缺乏所引起的代谢障碍,因此可统称之为"代谢病"。

　　加罗德着重研究了罕见的黑尿症。1908年,在伦敦皇家学会的主持下,他发表了题为《先天性的代谢差错》的演讲,向科学界报告了他的研究成果。他提出,黑尿症患者是一种隐性基因的纯合体,这个基因的携带者不能进行由某种酶催化的代谢反应,该障碍进而引起在正常情况下理应被这一代谢反应所破坏的物质的累积和排泄。他使用"先天性的代谢缺陷"、"先天性的代谢障碍"、"先天性的代谢差错"等概念,阐明了由基因控制的酶反应的遗传性失效。

同年,加罗德的演讲在《柳叶刀》杂志第一卷发表。次年又由牛津大学出版社出版了单行本。

之后,加罗德仍在继续从事上述研究。到 1914 年,加罗德宣布,他已经从一位同事的试验结果中找到了代谢紊乱和基因关系的证据。他这位同事做的测量表明,在正常的血液中能够分离出一种具有氧化尿黑酸能力的酶,而在病人的血液中没有发现这种酶。

加罗德所做的这些研究,尽管在科学史上第一次明确地揭示了某些疾病和基因之间的关系,开辟了一个新的认识领域,提供了把正常人和遗传性异常病人的生物化学加以比较的研究方法,加罗德也及时地报告了他的研究成果,发表了研究论文并出版了著作,但并没有引起科学界的重视,同孟德尔发现遗传规律一样,遭到了科学界的冷落。

人类医学史上的这一伟大篇章,为什么在科学界遭到冷落,无人问津达 30 年之久呢?

首先是因为人们对治疗和预防遗传性疾病还认识不足,还不需要这方面的知识。就人类医疗保健事业的实践来看,直到 20 世纪 30 年代,甚至 40 年代,对人类健康威胁最大的仍然是天花、霍乱、肺炎、肺结核、流感等传染病,以及营养不良、寄生虫等疾病。医学研究的重点是如何预防和有效地治疗这些疾病。科学界的注意力也是集中在这些方面。而加罗德当时所研究的遗传性疾病,给人类造成的威胁相对来说还不突出。特别是他临床上发现的四种疾病,有的一般并不影响人体健康,有的则较少影响人体健康。这样,从临床角度看,当然不会引起更多的医生去研究这类疾病。

其次,从人类认识发展的逻辑过程来看,是因为加罗德的研究超越了时代,是一种超时代的发现。加罗德对遗传性疾病的研究,是一项把医学研究和人类遗传学的研究结合起来的工作,而当时的遗传学,作为一门学科,尚处在形成之中。1900 年,孟德尔的经典论文才被重新发现。1902 年,贝特森才把孟德尔开辟的新领域称为遗传学。1904 年,萨顿才发现孟德尔因子和染色体之间的联系。1909年，约翰逊才将孟德尔因子称为基因。在这种情况下，加罗德就实际上是在把孟德尔定律应用于人类遗传学和医学，显然走在了时代的前面。

第三，加罗德是以人作为研究材料的。当时没有别的合适的有机体能够有效地用于对代谢的基因障碍进行更广泛、更严格的研究，从而造成了实验证据难以得到，降低了加罗德的影响。

第四，由于当时的实验水平较低，加罗德认为已有实验证据的结论，别人无法重复，难以让人们确信。正是由于这些社会的、认识论的和科学本身的等诸方面的综合作用，致使加罗德的研究成果遭到了30年的冷遇。

但只要是真理，迟早总要为大多数人所认识和接受。在20世纪30年代中期，加罗德的这一著名论文被重新发现，吸引了许多科学家进入这一领域里去探索。从此，新发现的遗传疾病的种类与日俱增，估计在3 000种以上。与此同时，由于传染疾病已经基本消灭或受到控制，营养不良或其他环境条件引起的疾病相对或绝对减少，遗传性疾病的发病率和死亡率显得突出起来。在这种情况下，医务工作者和生物工作者对遗传疾病问题变得十分关心和重视。研究成果如雨后春笋。加罗德当年开创的研究方法，已成为后来者的精神武器。加罗德当年开辟的道路，在后来者的努力下，正在被加宽、被延伸。

诺贝尔奖获得者巴雷尼到哪里去了

"巴雷尼检验"是一种简便易行的测试前庭装置机能的"热检验"方法，它是奥地利耳科医生巴雷尼于1914年所发明的。这一方法的发明，大大促进了前庭疾病的早期诊断。巴雷尼由于这一突出贡献而荣获1914年度诺贝尔生理学或医学奖。

　　1914年,诺贝尔基金会和斯德哥尔摩卡罗琳医学院颁发本年度的诺贝尔生理学或医学奖,获奖者是奥地利的耳科医生罗伯特·巴雷尼。他发明了一种简便易行的测试前庭装置机能的"热检验"方法。由于热检验的推广,大大促进了前庭疾病的早期诊断,人们把这个热检验称为"巴雷尼检验"。正是由于巴雷尼在前庭装置生理学与病理学方面的丰功伟绩,所以他获得了1914年的诺贝尔生理学或医学奖。可是,在要给他颁奖的时候,人们怎么也找不到巴雷尼的下落,这是自1901年颁发诺贝尔奖以来第一次发生的怪事。

　　巴雷尼到哪里去了?

　　1914年正是第一次世界大战战火燃遍欧洲大陆的时候,英、法、俄、德、奥等国都深深地卷入了战争。可是,地处北欧的瑞典,却悠然地中立于战争之外,诺贝尔基金会照例发布新闻公报,把这一年的诺贝尔生理学或医学奖授予奥地利耳科医生罗伯特·巴雷尼。当诺贝尔基金会把获奖通知书寄到巴雷尼所在的维也纳耳科研究所时,巴雷尼却已经抱病志愿加入奥国军队,在前线当战地外科医生去了。他所在的部队在一次战斗中被击溃,从此,他便下落不明。

　　诺贝尔基金会派出专人四处打听巴雷尼的下落,几经周折,他们终于在西伯利亚的一个俄国战俘营里找到了他。当时,这位走路一拐一拐,脑袋秃顶的中年人,凭着他坚定的信念和顽强的意志,在失去自由的战俘营里,还孜孜不倦地研究着他所关心的医学问题。

　　1916年,经瑞典红十字会代表卡尔亲王亲自调解,巴雷尼终于从战俘营里获释回到奥地利。同年9月11日,诺贝尔基金会破例地为巴雷尼补办授奖庆典,瑞典国王亲自给巴雷尼颁发诺贝尔奖章和荣誉状。

为什么称单克隆抗体为生物导弹

　　"单克隆抗体"的生产原理是英国分子生物学家米尔斯坦和科勒于1975年研究出来的。这一研究成果的出现，极大地震动了生物界，打开了理论和应用研究的崭新领域，为人类征服癌症等绝症打下了良好的基础。

　　1984年10月15日，瑞典斯德哥尔摩卡罗琳医学院宣布，米尔斯坦和科勒因从事免疫系统的研究和"发现生产单克隆抗体的原理"而获得诺贝尔生理学或医学奖。该医院说："单克隆抗体打开了理论和应用研究的崭新领域。"

　　什么是单克隆抗体呢？

　　在生物工程中，有一类似导弹的东西也具有精确的导航系统，具有高度的专一性、准确性。它只与人体中某些特殊物质结合，以改变其特性，使它们失去活性。它这独特的性格，引起世界生物学者的高度重视。它就是生物导弹——单克隆抗体。抗体是在抵抗外来者侵入生物体时，生物体自身的 B 淋巴细胞产生的能与入侵者结合的自卫系统。生物体中有100万种 B 淋巴细胞，而每种 B 淋巴细胞可产生一种抗体时，它们恰似100万枚导弹，保护着生物体。当某种细菌侵入人体时，人体就能产生相对应的抗体与细菌的特定物质结合，这个物质被称为抗原。一旦抗原与抗体结合，人体便会产生一连串消灭入侵者的反应。在消灭入侵者之后，人体内仍保留了这种抗体，使得人体不再得这种病，如麻疹、猩红热、乙肝等等，都是如此。但人体中并非生来就具有100万枚导弹，而是在抗原入侵人体时才产生。我们平时爱打很多预防针，目的就是使人体中产生抗体。当体内产生的抗体不足以消灭入侵者时，或者人体根本不能产生这种抗体时，人就生病了。

　　人们了解了抗体的特征,希望能针对某种疾病制造一种纯净的、特定的抗体,弥补人体中抗体的缺乏或不足,这种特定的抗体就是单克隆抗体。单克隆是指一个细胞通过无性繁殖产生的细胞群,从这细胞中提取的抗体为单克隆抗体。人们最先试图从血液中提取它,但结果是含量少、价格高、纯度低。最后,又有人试用人工培养淋巴细胞的方法,但 B 淋巴细胞的活性差,不能在体外生存,希望又落空了。1975 年是值得庆贺的一年,英国 MRC 分子生物研究所 G·科勒和 C·米尔斯坦用生化的方法将 B 淋巴细胞与骨髓瘤细胞融合形成杂交瘤细胞。这是一种既有旺盛的体外繁殖能力,又能产生抗体的细胞,经过人工培养,从中可源源不断地提取单一纯净的抗体。这个实验首先在小鼠身上获得成功。先向小鼠身上注入作为抗原的羊红细胞,确认小鼠体内产生了抗体;然后将小鼠最大的淋巴器官——脾切除,从中提取 B 淋巴细胞,再与骨髓瘤细胞相融合,形成杂交瘤细胞。经过体外培养,再从大量的杂交瘤细胞中提取特定的单克隆抗体。还可将单克隆抗体再注入小鼠体内进行繁殖,再从鼠腹水中提取高浓度的单克隆抗体。还可以将单克隆抗体冷冻保存。杂交瘤细胞的成功,极大地震动了生物界,1981 年米尔斯坦和科勒共同获得加尔登基金奖。

　　单克隆抗体已成为现代医学武器库中的新式导弹,因为它蕴藏着巨大的潜力是来自它那高度的特异性和精确性,因此成为生物技术中发展最迅速的分支。它的最大优势是有希望成为癌症的征服者。由于它的精度高,因此副作用小,不会像其他药物那样将健康细胞与癌细胞同时杀死。现在科学家还将抗癌的单克隆抗体再与其他药物连接,将药物准确地带到癌变部位,这样更增强了"导弹"的杀伤力,好似增加了许多新的弹头。我国对人体单克隆抗体的研究于 80 年代才起步,但已有不小进展,主攻方向是恶性肿瘤、白血病、严重感染疾病及各种自身免疫疾病。

　　单克隆抗体还可以用于疾病诊断,美国已有了单克隆诊断盒,可以诊断艾滋病、肿瘤、性病、乙型肝炎及细菌性感染等疾病。它将会代替传统的抗血清诊断，因为它纯度高，灵敏度、特异性强，因而快速、准确。单克隆抗体与相应抗体结合的高度专一性，被人们用于近代纯化分离难度极高的药物的载体。将单克隆抗体制成5升的吸附柱，当含有尿激酶的混合液流过吸附柱时，单克隆抗体就像一块吸铁石，可将尿激酶全部吸附，这样可以提取纯尿激酶200克，足以治疗600人次脑水肿病人。这吸附柱可以重复使用100次，回收率可达60%～100%。单克隆抗体制作的亲和层析柱提纯α—干扰素，其纯度可达75%，而传统方法提纯只能达到10%，产量也较常规方法提高5 000倍。根据《高技术杂志》的报道，1982年世界范围的单克隆抗体销售额仅为1 500万美元，而1992年却超过50亿美元。

通过小鼠而获得单克隆抗体，用于人体后，容易使人产生过敏，因而人们渴望培养人体白细胞，以提取人单克隆抗体。据《科学》报道，法国一公司免疫学研究所的研究人员，已在试管内成功地培育了产生抗体的人类白细胞，特别是β—淋巴细胞，这将成为开发单克隆抗体的里程碑。对于"生物导弹"——单克隆抗体作为免疫诊断的有力工具正向小型化和家庭化发展，人类掌握这枚"生物导弹"，征服癌症等绝症的日子已为期不远了！

一项简单而又意义非凡的技术是怎样产生的

"PCR技术"是美国核苷酸化学家Kary于1983年发明的。这项技术是一种DNA扩增技术，应用这一技术，一个DNA分子一下午就能生产出一亿个同样的分子。目前，这一技术已经成为各分子生物实验室、医院临床诊断遗传性疾病及法医鉴定的常规技术。

PCR技术叫聚合酶链式反应，是一种DNA扩增技术。借助PCR技术，一个DNA分子一下午就能生产出一亿个同样的分子。这种反应方法很简单：只需要一个试管，几种简单的试剂和一个热源。需要扩增的DNA可以是绝净的,也可以是多种生物物质的异常复杂的混合物的一小部分。我们常常听说某某犯罪现场只留下一滴干血,依然靠这滴干血最终找到了真正的凶手,其实依据的就是这种方法。一根头发、干尸脑部的组织等均能借助 PCR 技术而找到真正的凶手。这种方法还有一个专门的名称叫 DNA 指纹图谱,我国国家安全局就有很多人从事这方面的工作。

这种神奇的技术是怎样产生的呢? 说来也有趣,PCR 技术是种种偶然的因素以及 Kary 天真和幸运的失误十分凑巧的结合。Kary 想出这种方法的时候正驾车行驶在月色下的加利福尼亚的山间公路上。

Kary 是美国核苷酸化学家。1983 年,他受雇于加利福尼亚的 Cetus 公司,从事"寡核苷酸探针"的人工合成工作。这种工作单调、枯燥而又繁杂。更不幸的是,当时已出现了寡核苷酸自动合成仪,这种仪器既快又十分可靠,因此 Kary 实际上已处于失业状态。

于是,Kary 就转移了兴趣,他发现很需要一种能够很方便地测出 DNA 分子特定位置上核苷酸同一性的技术。

当时英国科学家、诺贝尔奖金两次获得者桑格尔发明了一种称为桑格氏的方法,该方法能在体外测定 DNA 片段中核苷酸的排列顺序,于是 Kary 就设想一种改进型的桑格型的桑格氏法,希望能测定 DNA 分子上特定位置上的核苷酸,但他遇到了很多困难。

Kary 喜欢夜间驾车,在高速公路上自由驰骋。1983 年 4 月的一个星期五晚上,Kary 和一位研究化学的朋友前往门多西诺,汽车行驶在蜿蜒曲折的通往北加利福尼亚红杉林县的山间公路上。他的朋友在车内酣睡,而他此刻正在构思他的改进型的桑格氏法。一个个想法出来,又一个个被否定了。由于他不懂碱性磷酸酶的性质,使他慢慢地走入了歧道。然而,正是在这条歧道上,使他忽然想到了利用 DNA 聚合酶能不能使 DNA 发生迭代循环(即 2 的 n 次方增长)而以几何级数方式扩增这个方法。他止不住停下了车,算出 2 的 10 次方是 10 000,2 的 20 次方是 100 万。这是一个多么诱人的数字,要是这种方法可行,那可不得了。接着,他又设想了一个实验细则,觉得完全简单易行。

　　Kary 不敢相信,这样简单而又意义非凡的方法竟然没有人想到,于是他查阅了有关的文献,确实没有人发表过类似的文章;他又去询问公司里别的科学家,大家也说这方法可行,并且没听过有人试验过这种方法。

　　Kary 心里有底了,开始实验这种方法,第一晚就得到了理想的结果。现在虽然 PCR 术比当时 Kary 的设想要更加完善和方便,但思路跟 Kary 当初的设想却是完全一致的。迄今为止,世界上最好的 PCR 扩增仪仍然是美国的 Cetus 公司的。

　　PCR 技术虽然还只出现短短十几年,但它已成为各分子生物学实验室和医院临床诊断遗传性疾病及法医的常规技术了。

天 文 篇

"日心说"是谁最先提出来的

《论日月的大小和距离》是希腊天文学家阿利斯塔克（约前310—前230）流传下来的唯一一部天文学著作。书中推算出太阳、地球、月亮距离之比和地球与月亮的大小。今天看来，虽不甚精确，但作为科学上的第一次，这已是了不起的成就。

几乎所有中学文化程度以上的人都知道，是哥白尼发现了地球绕太阳转动而提出了"日心说"。其实，早在古希腊时代就有天文学家提出过日心地动学说，他就是亚历山大里亚的著名天文学家阿利斯塔克，无产阶级革命导师恩格斯称他为"古代的哥白尼"。

阿利斯塔克约公元前 310 年生于毕达哥拉斯的故乡——爱奥尼亚地区的萨莫斯，青年时代到过雅典，在吕克昂学园中学习过，受过学园第三代学长斯特拉托的指导。后来到了亚历山大里亚，在那里搞天文观测，并发表他的宇宙理论。

阿利斯塔克提出的宇宙理论，是亚历山大时期最有独创性的科学假说。他认为，太阳在宇宙的中心，与恒星一样静止不动，地球则绕太阳运动，同时绕轴自转。阿利斯塔克的有关日心说的著作已经失传，他的这一理论是阿基米德记载下来的。

阿利斯塔克流传下来的天文学著作有《论日月的大小和距离》。在这一著作中，阿利斯塔克推算出了月地距离和日地距离之比为 $1 : 18 \sim 1 : 20$，太阳直径与地球直径之比约为 $7 : 1$。这些结果今天来看很不精确，但他能认识到太阳比地球大，这本身就是一个惊人的成就。同时，从他的这一成就中，我们也有理由相信阿利斯塔克为什么提出不是太阳绕地球转，而是地球绕太阳转的"日心说"，因为让大的物体绕小的物体转动总不是很自然。

阿利斯塔克提出的"日心说"，在当时并没有得到人们的认同，反而遭到了宗教势力的反对，因此，没有得到继承和发展。特别是后来托勒密的地心说独霸天文学 1 000 多年，他的学说就遭到了压制和埋没。直到近 2 000 年后，哥白尼才又继承了阿利斯塔克的事业，主张日心地动说，这一正确的理论才得以重见天日。

张衡是怎样成为天文学家的

《灵宪》、《灵宪图》、《浑天仪图注》是我国东汉时期的天文学家张衡于公元 111—117 年所写成的天文学著作。在这些著作里，张衡阐述了天地日月星辰生成和它们的运动；清楚地说明了月亮本身并不发光，月亮是反射的太阳光；精辟地论述了月食的原理；算出了日、月的角直径；测定出了地球绕太阳一年所需要的时间。这几部著作说明张衡对天文学的研究已经达到了比较高的水平，也奠定了张衡成为我国天文学家的基础。

公元 117 年，一台利用水力推动自动运转的大型天文仪器——"水运

213

浑象"在东汉的京都洛阳制造成功了。这台仪器的主体是一个大空心钢球,上面布满了星辰,球的一半隐没在地平圈下面,另一半显露在地平圈上面,就像人们看到的天穹一样。仪器靠漏壶流水的力量推动齿轮系,带动铜球缓慢地运转着,一天旋转一周。到了晚上,人们从仪器上可以看到星辰的起落,和实际天象完全相合。

时隔20年,有一天,放置在京都洛阳的又一台仪器——"候风地动仪"准确地报告了西方千里之外发生的地震,从此,人类开始了用仪器记录研究地震的新纪元。

发明这两台著名仪器的就是我国东汉时期的大科学家张衡。

张衡,字平子,公元78年诞生于南阳郡西鄂县石桥镇(今河南省南阳县城北50里)一个没落的官僚家庭。祖父张堪是地方官吏,曾任蜀郡太守。张衡幼年时候,家境已经衰落,有时还要靠亲友的接济。辉煌的先世,贫寒的家境,使张衡以祖父为表率,自幼有建功立业的志向。他在艰难中刻苦自励,奋发学习。

公元93年,张衡告别家人,外出游学。他曾在汉朝故都长安一带,游览了当地的名胜古迹,考察了周围的山川形势、物产风俗、世态人情。后来,他又到了当时首都洛阳,就读于最高学府——太学。他虚心好学,勤奋努力,进步很快,终于成为学识比较渊博的学者。这时候,地方上曾经推举他做"孝廉",公府也多次招聘他去做官,他都拒绝了。然而,长期游学使他的家境更为贫苦,恰在这时黄门侍郎鲍德调任南阳郡守,邀他担任主簿,协助郡政。鲍德为官正直,深得张衡敬重。主簿职在起草文书,张衡游刃有余,仍可继续学习;俸禄收入,可使衣食无忧。张衡于是欣然同意。因自幼就对文学有特殊的爱好和研究,所以他帮鲍德办理政务之余,潜心于文学创作,写成了著名的文学著作《东京赋》和《西京赋》,总称为《二京赋》。

后来,鲍德调任,张衡辞职回家治学。在他34岁的时候,兴趣逐渐转到哲学和自然科学方面。公元111年,张衡应征进京,任太史令等职。太史令是主持观测天象、编订历法、候望气象、调理钟律等事务的官员。我国是世界上天文学发达最早的国家之一，当时已经先后出现了三种关于天体运动和宇宙结构的学说，即盖天说、浑天说和宣夜说。张衡根据自己对天体运行规律的认识和实际观察，认真研究了这三种学说，继承和发展了前人的理论，创制了一个能够准确地表演浑天思想的"浑天仪"，并且写出了《灵宪》《灵宪图》《浑天仪图注》等天文学著作。张衡还创制了一种机械日历，叫做"瑞轮蓂荚"，可以表示出日期，又能告诉人们月亮的圆缺变化。

张衡是个博学多能、全面发展的科学家。除上述成就外，还算出日、月的角直径；记录了中原洛阳观察到的恒星2 500颗；测定出地球绕太阳一圈所需的时间是"周天三百六十五度又四分度之一"；发明了地动仪；制造过指南车和记里鼓车等机械，为我国科学文化做出了卓越贡献。

张衡一生，由于不巴结权贵，又曾经同谶纬迷信作过斗争，常常受到排斥，官职升迁很慢。直到公元139年才被调到朝中做尚书，但任职只一年就与世长辞了。

张衡为人类文明做出的多方面贡献，令人民千百年来对他敬仰和怀念。解放后，我国重修了张衡墓和平子读书台，发行纪念邮票，举行学术会。郭沫若在河南南阳县重修的张衡墓碑上题词赞颂道："如此全面发展之人物，在世界上亦所罕见。"国际上用他的姓名命名环形山和小行星。他越出地球，进入宇宙。

《天文学大全》为什么被中世纪罗马教会奉为圣典

《天文学大全》是托勒密在亚历山大城完成的天文学名著。托勒密从公元127年到151年，历时24年进行天文观察才写出这一著作。这部著作是古希腊天文学家的总结，在中世纪是欧洲和阿拉伯天文学的经典著作，直到17世纪初才失去它的作用。后来，虽然科学的发展证明托勒密的理论错了，但他的著作中许多天文观察的事实和地球是一个球形的结论在科学上具有重要的地位。

托勒密是古希腊后期的科学家，他的一生有许多重要的科学成就。

托勒密在继承亚里士多德等人学说的基础上，通过大量的天文观测和大地测量，写成了13卷本的巨著《天文学大全》，创立了宇宙结构学说。书中，他把前人提出的地球是宇宙中心的观点，进一步进行了发挥和系统总结。

托勒密的行星体系学说，肯定了大地是一个悬着的没有支柱的球体，并且从恒星天体中区分出行星和日、月是离我们较近的一群天体，迈出了把太阳系从众星中识别出来的关键一步。

托勒密经过系统的天文观测和计算，编制成包括1 028颗恒星的位置表，测算出月球到地球的平均距离为29.5倍地球直径。在古代能够得到这个数值，是相当不错的。这样有规律的行星体系是托勒密学说的核心和精华，对推动人类文明进步起到了巨大的作用。

托勒密学说中的糟粕——地心说，当时符合人们经验感觉，所以长期被人们所推崇。特别是在他死后，地心说和《圣经》所说的地球静止不动，上帝把人类安置在宇宙中心的说法相合，因此后来被教会利用，成了一个不允许怀疑的教条，统治欧洲思想界达1 400年之久。后来哥白尼在托勒密学说的球形大地、有规律运动行星体系等精华的基础上，抛弃了地心说的糟粕，把中心挪到太阳上，创立了"日心说"，导致了哥白尼的天文学革命。

托勒密除了在天文学方面卓有成就外，在数学、光学、地理学、地图学等科学领域也有一定成就。在他之前的地图，东面只画至印度的恒河为止，他绘制出一幅从中国到西欧、从俄国到埃及的世界地图。他对光的折射进行了卓有成效的研究，总结出入射角和折射角成正比。他还利用数学方法继续进行研究，已经走到折射定律的跟前，可惜未发现它。

《开元占经》如何证实最早发现木卫三的是甘德而非伽利略

　　《开元占经》又称《大唐开元占经》，由唐代瞿昙悉达撰，成书于唐玄宗开元六年到十四年（公元718—726年）。全书120卷，是一部唐代天文星占著作大全。该书把当时能见到的古代70多种天文星占书按内容分别摘录编撰，内容涉及天文星象、气候、奇异现象等各方面。天文方面有名词解释、宇宙理论、日月行星运动、二十八宿距度，以及甘德、石申、巫咸三位古天文学家对全天恒星名称、星数、位置的描述，还包括有石氏的恒星星表。此外，还有当时使用的《麟德历》、翻译的印度《九执历》和其他16种古代著名历法的基本数据。这一著作为我们提供了唐代我国天文学史的重要资料，不愧是我国古代天文学方面的一本名著。

　　《开元占经》这一本名著，在唐代以后就失传了，人们一直找不到这本著作。一直到明朝神宗万历四十四年（1616年），安徽歙县人程明善，一次在一座古佛像腹中发现了《开元占经》这本著作，才使得这本名著再次流传至今，才使得许多古代失传的天文星占著作的内容得以保存下来。因为，在古人的其他著作中，没有辑录这些内容，只有《开元占经》将这些内容辑录了。正是《开元占经》证实，最早发现木卫三的是甘德而非伽利略。

　　木星是太阳系内最大的行星，它以奇特的横条花纹、特厚的大气、神秘的大红斑一直吸引着我们。还有十六颗卫星守卫着它，由最里向外的顺序，分别叫做"木卫一"、"木卫二"……"木卫十六"。

　　根据通常的天文学史记载，木星的头四颗最大的卫星，是著名的物理学家和天文学家伽利略早在300多年前发现的。但是也有人经过详细的考证，得出另一位天文学家麦依耳比伽利略还早 10 天。现在木卫所用的次序和名字木卫一（伊奥）、木卫二（欧罗巴）、木卫三（加尼美德）和木卫四（卡里斯托）仍然是麦依耳命名和安排的。但是 1980 年 10 月，研究中国古天文学的席泽宗则考证出，我国战国时代（前 476—前 221）的天文学家甘德，可能早在伽利略前约 2 000 年就已发现木星的第三颗卫星了。

甘德是我国战国时期著名的天文学家，他的生平不详。在秦朝之前的古书中，木星是记载得最多的一颗行星，当时称为"岁星"。战国时期的名著《左传》和《国语》，常常拿岁星的位置来记载某一事件发生的日期。甘德当时著有《岁月经》和《天文星占》两部著名的古代天文著作，可惜早已失传。唐代瞿昙悉达编了一本《开元占经》，保存了甘德的两部著作中的一部分内容。席泽宗在这本书卷 23《岁星占》中，发现引用的甘德的一段话："甘氏曰：单阏之岁，摄提格在卯，岁星在子，与婺女、虚、危晨出夕入，其状甚大有光，若有小赤星附于其侧，是谓同盟。"这里的岁星是指木星，"同盟"是指木星同附属于它的小星组成一个系统。而根据现在的观测资料，木卫一和木卫三呈橙红色，木卫二和木卫四呈现深黄，所以甘德的这段话表明，他已发现木星浅红色的卫星。

甘德发现木卫三的确切年代也可以推测出来。中国古代天文学家同近代天文学家一样，也把天空中星星分成许多区，每个区也取一个名字。把地球环绕太阳公转运行的轨道（称为黄道）分成二十八个区域，常称为二十八宿。每个宿中选定一颗星作为测量天体位置的标准星，叫该宿的距星。其中北方七星中的距星为斗、牛、女、虚、危、室、壁，分别相当于现在天文学上的人马座Φ、摩羯座β、宝瓶座ε、宝瓶座β、宝瓶座a、飞马座a，及飞马座r 等七颗星。由于量度这些距星的参考点（通常用春分点），每年都要向西退一点，约 71 年向西退 1 度，在天文学上叫岁差。这些距星与春分点的距离在不同年代是不同的。但可以从现在的位置反推出春秋战国时的位置。另外，二十八宿中，相邻两宿距星之间的位置，也可定出来。早在春秋之前，人们已认识到木星约 12 年运行一周，人们把木星每年所在的位置作为纪年,于是又把木星运行的轨道分为12份(子、丑、寅……十二地支来命名),称为十二次。《开元占经》中引甘氏的话"岁星在子"即为木星当时的位置。婺女即女宿,虚为虚宿。"单阏之岁"据推算是364年。经过一些计算,就得出甘德发现木卫最可能的时间是在公元前364年8月7日。这时又知木星离地球最近,最容易观测,并且木星距星女、虚。危、宿同时晨出夕入,与甘德所讲的完全一致。因此可以认为,甘德发现木卫最可能的时期就在公元前364年的盛夏,比伽利略和麦依耳早了近2 000年。甘德虽然没有留下系统的记录,在当时的历史条件下,他也不可能意识到了已发现木卫,但是在近2 000年前能有这一发现,不能不说这是我国天文学史的一次成就。

北京天文馆用天象仪的导光玻璃作模拟实验,分别取木星和卫星的同样亮度,发现当卫星离开木星5角分时,目力好的人就可看见。从这一实验初步断定,甘德所看到的是木卫三或木卫四,以木卫三的可能性最大,因为它最亮也最大。为了进一步证实用肉眼看到木星的卫星,1981年3月上旬,北京天文馆组织人员到河北省兴隆县的北京天文台观测站,作肉眼观测。兴隆观测站远离城市,不受灯光影响,海拔970米,空气清洁,大气宁静,具有很好的观测条件。那时木星同地球相距仅6亿千米,这是观测的大好时机。3月9日夜12点,天气异常晴朗,几乎无风,一弯新月早已落入地平,万籁俱寂,正南天空,木星和土星相距1度多。

这时木星光芒四射,可并不闪烁。人们在木星上方的光芒中看到射出一股红光,同木星白色的光芒截然不同。再仔细观看,这股红光来自一个小星点,很稳定,离木星约3角分很近的间距,这就是木星的卫星;参加观测的四名人员先后都报告看到木卫呈红色,并将看到的情况在天空的方位按比例地画下来,再同另外几个用小型望远镜观测者看到的图景作比较,结果完全一致。第二天继续观测,发现木卫的位置有了较明显的移动,更加有利于观测,看到红色木卫更清楚。有3位观测人员甚至看到3个木卫,分布在木星的两侧,几乎呈一直线。这些事实都说明甘德当时是可以观测到木卫的。

哥白尼的《天体运行论》为什么敢写却不敢出版

《天体运行论》是哥白尼在 1507 年写成的, 1543 年 7 月 24 日正式出版。这部划时代的科学名著修正了几个世纪以来一直为人们所接受的一些谬误, 从科学上推翻了地球中心说而建立了日心说, 给神权以沉重打击, 从神学的束缚下解放了自然科学, 揭开了整个科学革命的序幕。同时, 这部著作为现代天文学奠定了基础。

在哥白尼以前, 长期统治天文学界的一直是托勒密的地心说。托勒密认为: 地球是宇宙的中心, 太阳和诸星是环绕地球运行的卫星。从这个学说出发, 天文学家们认为, 地球是固定在它自己的位置上的, 太阳白天在地球上面运行, 夜间在地球下面运行。同样, 群星运行的情况也是如此。就是说, 宇宙是一个每 24 小时绕地球旋转一周的完美的球体。

由于地心说不仅同人们的生活常识相一致, 而且也同古希腊的理性主义观念一致, 更重要的是它特别符合基督教的"地球是宇宙的中心"的教义, 因此就被托马斯·阿奎那引入了基督教的神学体系。尽管托勒密本人生前就声明过, 他的地心说只是一个便于计算的数学方案, 但是基督教的神学家和哲学家们却把它当成了一个真实的宇宙模型, 并且把这个地心学说同亚里士多德的学说一起变成了宗教教义的科学支柱, 阻挡在人们通往真理的道路上。

随着自然科学的不断进步, 天文学家们观测到的事实却不是地心说所说的那样。比如, 金星有时在日落后出现, 有时又在日落前出现。而木星, 则以 12 年的时间环天一周。土星则用 30 年环天一周。随着时间的推移,到了哥白尼时代，太空中的球体轨道的数目越来越多，已经增加到79个，许多新观测到的天文现象再用地心说已经解释不清了。

哥白尼在博览群书的过程中，已经涉猎到了与一种新天文学有关的暗示，古希腊哲学家就曾经说过："宇宙的中心，不是地球，而是一团火球，而地球只是绕着这个火球旋转而已。"古希腊还有一位著名人物阿利斯塔克，他在那时就提出："地球以绕太阳为中心的圆形轨道运动，恒星所在的天球中心与太阳的中心相符合。"

两位先人的说法使哥白尼茅塞顿开，为他创立日心说奠定了思想基础。

1506年，哥白尼放弃了罗马大学的教授席位，回到波兰当了弗洛恩堡村的牧师。他在他所供职的教堂城垣角上，找到一间小楼，建立起一个小小的观测台，亲自制作了四分仪、三角仪等观测仪器，进行天文观测，长年累月的积累天文资料。终于，在长期的观测后，他坚信太阳是宇宙的中心，地球是围绕太阳旋转的一颗行星。其他的行星也围绕着太阳旋转。于是，他写下了不朽的名著《天体运行论》，提出了著名的日心说。

哥白尼的《天体运行论》是在1507年写成的。他写成这本书后，并没有马上把它发表出来，而是踌躇了很长时间，把这部著作放在贮藏室整整36个年头，直到1543年7月24日才拿出来正式出版。

哥白尼为什么迟迟不愿意将《天体运行论》正式出版呢？据考证，有两个方面的原因。

第一个方面的原因来自哥白尼对科学的慎重。因为他知道，在没有足够的旁证来对他的学说加以证实之前，贸然出版，只会造成一种不成熟的思想。

首先，哥白尼一直希望能观测到证明地球确实是绕太阳运转的恒星视差（恒星视差是由于地球绕太阳运行而引起的恒星之间相对位置的改变）。但是，由于当时观测仪器十分落后，直到哥白尼去世前也没有观测到恒星的视差。

其次，哥白尼可能自己也发现了他的日心说体系不够精确。今天我们

221

仍然可以看到,由于在哥白尼的日心说体系中,行星的运行轨道都是正圆,而实际上是椭圆,因此,使哥白尼的体系计算出来的行星轨道的半径不精确。哥白尼还想进一步完善一下,因此迟迟不愿发表他的成果。

第二个方面的原因来自教会和传统势力的压力。哥白尼深知,他的这个理论一出版,必然会遭到教会和传统势力的反对。

正是基于这两个方面的原因,这本著作的出版才被推迟了36年。

1543年,哥白尼已70岁了,他感到自己在世的时间不多了,便不再顾忌,决心向教会的权威挑战,把知道的真理告诉人民,把不完善的地方留给后人去完善,终于将《天体运行论》交付出版了。当他捧着刚出版的《天体运行论》,才永远地闭上了眼睛。

《天体运行论》为什么有一篇假序言

哥白尼写完《天体运行论》一书后,一直不敢公开出版,直到他已70岁了,感到自己在世时日不多,应当把真理告诉人们,才将书稿拿出来公开出版。

当时负责出版《天体运行论》的是一个名叫奥西安德尔的天文学家,他既赞成哥白尼在书中所提出的观点,但又对哥白尼敢于推翻独霸天文学领域达千年之久的托勒密体系和动摇中世纪神权统治的基础感到害怕,便劝说哥白尼应把日心地动说放在纯粹的假设性上,仅仅是为了计算上的方便。然而,已下定决心向教会的权威挑战的哥白尼拒绝了他的劝说。

奥西安德尔劝说哥白尼不成,又想这本书不受到教会的激烈反对,于是,他背着哥白尼,擅自加了一篇题为《关于著作的假说告读者》的未署名的序言,附在《天体运行论》的前页。

奥西安德尔在这篇序言中说:"这本书不能代表一种科学的事实,只是一种游戏性的幻想。"他想通过这样的方式,缓解哥白尼学说和宗教势力的矛盾。

由于这篇序言没有署名,在相当长的时间,人们一直误认为这是出自哥白尼的手笔。以后,瑞士、荷兰、波兰分别于 1566 年、1677 年、1854 年重印的《天体运行论》版本中,都带有奥西安德尔这篇伪造的序言。

直到 19 世纪中叶,有人在捷克布拉格一家图书馆里发现了《天体运行论》的原稿,原稿中并没有这篇序言,人们这才弄清了事实的真相。

第谷的《论新星》论述的是一颗什么样的星

1573 年,丹麦天文学家第谷出版了一本科学著作《论新星》。这本科学著作是他根据自己的观测材料写成的,是世界上第一部详细论述超新星爆发的著作。

第谷于 1546 年出生于克努兹斯图普(今属瑞典)的一个贵族家庭。他的父亲是一位著名的律师。第谷共有 10 个兄弟姐妹,他排行第二。他的伯父是一个很富有的贵族,但年老无子,于是,第谷从小就过继给其伯父。养父希望他长大后成为一名有名望的律师。

可是,第谷从小就热爱满天的星斗,经常登上屋顶的平台观察星星,对律师不感兴趣。

1559 年,13 岁的第谷被送入丹麦哥本哈根大学学习,名义上是学哲学和修辞学,实际上学的是官场上的为人处世,第谷对此很反感。他的心底里还是迷恋于遥远的天空。

1560 年 8 月,哥本哈根的天文观象台预报:本月 21 日将发生日食,在哥本哈根就可以观察到。对天空充满浓厚兴趣的第谷在这一天观看了日食。这件事引起了第谷的深思。他想:既然能预先测出日食发生的时间,那么天体的运行一定是有规律的,如果我能够探索出这神秘的规律该多好啊! 从那以后,他更迷上了天文学。

从此,第谷瞒着伯父和老师,不仅经常观测天象,而且还阅读了《天文学大全》等天文学著作。

第谷的行为被他的伯父发觉了,伯父对此十分不满。于是,在1562年,伯父又把他送到德国莱比锡大学去学习法律,并请了一位家庭教师监视他的行动,借此割断第谷对天文学的感情。然而,第谷对天文学的感情有增无减,还是坚持天象观测,监视他的老师对他也毫无办法。

1566年,第谷的伯父去世了,他一下子自由了,就拿出更多的时间来研究天文学。他先是周游欧洲各国,然后到德国罗斯托克大学攻读天文学。毕业后转到奥格斯堡研究天文学。在这里,他造过一架直径1米的象限仪,其精度精确到1分,人称第谷象限仪,是一项了不起的成就。

1572年11月11日,太阳落山后,第谷同往常一样开始观察天象。天越来越暗时,他忽然发现在仙后星座旁边出现了一颗新的明亮的星星。这时的第谷对星空已经是了如指掌了。他深知仙后星座旁边以前是没有这么一颗星的,并且那时认为星星世界是永远不变的,现在居然有了新星的出现,这一定是一个新的发现。于是,从这一天开始,第谷每晚持续不断地对这颗新星进行观察,他发现这颗星一夜比一夜更亮,最后超过了金星的亮度,后来甚至在白天也可以毫不费力地就看见它了。过了一年,这颗新星渐渐地暗了下去,又过了4个月,这颗新星终于在天幕上消失了。这颗新星在天空中存在的16个月当中,第谷以惊人的毅力,不分寒暑,凭一双肉眼一直坚持观测,并且作出了详细的记录,积累了非常宝贵的天文资料,完成了他的科学著作《论新星》。后来,人们为了纪念第谷的这一功绩,就把这颗新星称为"第谷新星"。

第谷观测的是一颗超新星,就是我国古代天文记录中讲到的客星。现代天文观测已经证明,它并不是一颗新产生的星,而是银河系中的一颗恒星。在正常的情况下,恒星的亮度是稳定的,是人们用肉眼看不见的。而在它发生爆发时，会释放出大量的能量，因而亮度激增，突然在天空显现出来，当爆发结束后，它的亮度减退，就在天幕上消失了。

由于第谷取得了卓越的成就，1576年丹麦国王腓特立二世专门拨出10万元巨款资助第谷，并把首都哥本哈根附近的汶岛划给第谷，让第谷在那里建起了"天塔观测台"。这座天文台成为近代天文台的前身。

为什么说"星学之王"第谷又是一个平庸的理论家

天文学家第谷终生一直坚持天文观测，并且研究他的宇宙体系。他的运气也非常好，他多次观测到了日食。1563年他观测到了罕见的土木星交汇，1572年他又观测到了仙后星座的超新星爆发。后人为纪念他，将这颗新星命名为"第谷新星"。1577年，第谷观测到了彗星，证实了那些"来无影，去无踪"、拖着长尾巴的彗星不是什么大气中的某种爆发现象，而是一种天体。他还证实，彗星的轨道远在月球轨道之外，并且可以穿越行星天层而不碰上任何阻碍。

第谷一生观测了777颗恒星的位置，把从前数千年来错误的星表一一纠正过来。他编制的误差极小的恒星表，至今仍有使用价值。他对各个行星位置的测定，误差不大于0.067度，这几乎已达到肉眼所能达到的极限。

第谷一生在天文学观测、记录和研究方面取得了突出的成就，有许多的天文发现，其中许多成果在世界上都是一流的。他成了那个时代罕见的天文观测家，被人们誉称为"星学之王"。

然而，第谷这个有"星学之王"之称的精明的天文观测者，却是一个平庸的理论家。

第谷在13岁的时候，找到了一本托勒密的《天文学大全》，他欣喜若狂,刻苦攻读,在书上不知加了多少注释,画了多少圈点,所以成为了托勒密的信徒,以后哥白尼的理论他就不愿意去看了。

正是由于第谷过于迷信托勒密学说,使得他看了天上那么多星,掌握了丰富、准确、完整的天文观测数据,却不能看出哥白尼日心学说的真实性。尽管他承认,如果假设地球运动,5颗行星的运行很容易加以解释,但地动是与圣经相违背的,这万万使不得。为此,第谷采用了一个折中的宇宙体系,他将托勒密地心说作了一个修正,说月亮、太阳和全部恒星都是以地球为中心运动,而五大行星则绕太阳运行,太阳处在五大行星轨道中心,它们像陪伴君王那样绕太阳作周年运动。

受地心学说的影响,第谷的观测数据没有发挥应有的作用。他的助手开普勒在评价第谷时说:第谷是一个最大的富翁,然而却不知道如何应用自己的财富。值得庆幸的是,在世界天文学史上,在第谷所有的发现之中,天文学家们一致认为他一生最重要的发现是发现了名传后世的最伟大的天文学家开普勒。第谷在临终前把他的所有观察记录和数据交给了开普勒,而且表示开普勒只能在地心说体系下使用这些数据。然而,"一日无常万事休",第谷撒手西去,信奉哥白尼日心学说的开普勒立即就把第谷精密的观测数据同哥白尼日心说体系结合到了一起。第谷对行星运动观测的数据,成为开普勒推求行星运动定律的依据,使开普勒揭开了整个太阳系的秘密。

红衣主教为什么烧死布鲁诺

《论无限性、宇宙和世界》是布鲁诺于1584年在英国伦敦出版的著名哲学著作。在这部著作中,布鲁诺集中宣传了哥白尼学说,宣传进步的宇宙观,反对唯心主义的宗教哲学。并且,这部著作突破了哥白尼《天体运行论》的观点,大胆指出:"宇宙是无限大的,其中的各个世界是无数的。"把宇宙理论又向前推进了一大步。

1600年2月17日,意大利大文学家、哲学家乔尔丹诺·布鲁诺被红衣主教活活烧死在罗马的百花广场。

红衣主教为何要将他活活烧死呢?

布鲁诺出生在意大利那不勒斯附近的诺那小镇上,由于家境贫寒,他10岁时就进了修道院。身在修道院的布鲁诺没有被宗教的枷锁锁住,他常常不顾教会的清规戒律,千方百计地找到一些进步的书籍,偷偷地阅读。

有一次,布鲁诺借到一本哥白尼的《天体运行论》,一下子被哥白尼的天体研究吸引住。这部书论证精辟,立场严正,使他为之倾倒,吸引他继续探讨。

1574年,26岁的布鲁诺根据《圣经》上的诺亚方舟的故事,编写了一则寓言故事。在故事中,他把愚蠢的驴子说得比上帝、圣母玛利亚还要圣洁,激怒了教会,马上被修道院监禁了起来。后来他趁人不备,逃出了修道院,开始了流浪的生涯。

布鲁诺开始在意大利的各个城镇流亡,后来离开意大利逃亡到国外,足迹几乎踏遍了整个欧洲。

由于布鲁诺学识渊博,辩才出众,他在逃亡过程中相继被当时学术气氛活跃、思想比较自由的土鲁斯大学、牛津大学等学府聘为哲学教授。因此,他得以一面宣传哥白尼的日心说,一面著书立说作进一步的深入研究,逐渐形成了自己关于宇宙的理论。

在法国,他出版了一本《论原因、本源和统一》的小册子,对于那些一味俯首听命于教会的大学教授所发表的种种谬论,进行了针锋相对的批判。在英国,他出版了《论无限性、宇宙和世界》一书。在书中,他突破了哥白尼《天体运行论》的观点,认为不仅地球是一颗普通的行星,而且太阳也是一颗普通的恒星。他认为宇宙是无限的,有无数个恒星,每一颗恒星是像太阳一样灼热而巨大的天体，只是离我们太远了，所以看上去不像太阳那么大、那么亮。他还预言说，在太阳周围还有其他的行星在环绕着它运动，只是目前还没有发现而已。他也像哥白尼一样，认为世界是和谐的，认为宇宙有一个统一的法则，但是没有中心，因为宇宙是无限大的。这样一来，布鲁诺不仅否认了地心说，而且也否定了日心说，把宇宙理论又向前推进了一大步。

布鲁诺的理论对教会的威胁太大，所以，教会和听命于教会的大学教授们一直攻击、迫害他，使他无立足之地，只能不断流亡。

同时，罗马的宗教裁判所一直在寻找布鲁诺这个对教会威胁最大的敌人。1592 年 5 月，一直怀念着祖国、怀念可爱的家乡的布鲁诺，被教会雇佣的侦探骗回了意大利，不幸落入了宗教裁判所的魔掌。

布鲁诺在黑暗的监牢里度过了 8 年的非人生活，最后被红衣主教判了火刑。这个为捍卫科学真理而奋斗了一生的勇敢斗士，被活活烧死于罗马的百花广场。

开普勒为什么被称为"空中立法者"

《新天文学》是开普勒于 1609 年出版的一部名著。在这部著作里，开普勒提出了著名的行星运动第一、第二定律，即椭圆轨道定律和面积定律。1619 年，开普勒又出版了名著《宇宙和谐论》，提出了著名的行星运动第三定律，即和谐定律或周期定律。开普勒的这两本名著是现代天文学的奠基石，使天文学研究有章可循、有法可依，使哥白尼的日心学说得到了完善。同时，行星运动三定律还为牛顿发现万有引力定律打下了基础。

开普勒于 1571 年 12 月 27 日出生于德国符腾堡的小镇魏尔。幼年时，由于家境贫寒，他一直靠奖学金上学。16岁时，他进入图宾根大学学习，在老师迈克尔的指导下，开始研究哥白尼的天文学。1594年大学毕业后，应聘担任了奥地利格拉茨新教神学院的数学教授。在那里，他在教学之余，孜孜不倦地研究天文学。

1596年，开普勒出版了他的第一本天文学著作《宇宙的奥秘》。1599年，第谷应奥地利国王鲁道夫的邀请，主持布拉格天文台的工作，开普勒立即给他写了一封信，并附上了自己的一本书。第谷慧眼识才，一下子就看中了这个前途远大的年轻人，马上写了回信，邀请开普勒到布拉格天文台来共同工作。

1600年，开普勒来到布拉格天文台，同第谷一起从事天文学研究。

1601年，第谷因病去世，临终前他对开普勒说："我一生都在观察星星，我要得到一种准确的星表，我的目标是1 000颗星，我希望你能把我的工作继续下去。我把我的一切资料全部交给你，愿你把我观察的结果发表出来。"

开普勒没有使第谷失望，1627年，他完成了《鲁道夫天文表》的编制出版工作，使第谷的名字永远载入了科学史册。

第谷死后，开普勒运用他大量的观测资料进行细心的研究。他发现火星的轨道是椭圆形的，于是得出开普勒第一定律，即椭圆轨道定律："火星沿椭圆轨道绕太阳运行，而太阳则处于两焦点之一的位置。"

随着火星椭圆形轨道的发现，火星运动的计算也全面展开。开普勒经过计算，又得出了开普勒第二定律，即相等面积定律："火星运动的速度是不均匀的，当它离太阳较近时，运动得较快；反之，则较慢。但从任何一点开始，向经（太阳中心到行星中心的连线）在相等时间内，所扫过的面积是全部相等的。"

1609年，开普勒关于火星运动的著作《新天文学》出版。该书还指出了两定律同样适用于其他行星和月球的运动。这本著作是现代天文学的奠基石。

229

1619 年，开普勒著成了《宇宙和谐论》。在这本著作里，开普勒提出了他的第三定律，即和谐定律："行星绕太阳公转运动的周期的平方与它们椭圆轨道的半长轴的立方成正比。"这部著作凝聚着开普勒 10 多年的心血，以及长期繁杂的计算和无数次失败。它不仅是第一次系统地论述了近代科学的法则，而且也完成了古典科学的复兴。

开普勒创立的行星运动三大定律，使天文学进入了一个新的阶段。从此天文学研究有章可循，有法可依。开普勒也以"空中立法者"的美名而名垂青史。同时，开普勒三定律还为牛顿发现万有引力定律打下了基础。

1630 年 11 月 15 日，这位伟大的科学家在贫病交加中死去。

伽利略为什么被称为"天空中的哥伦布"

《星际信使》又名《星球的使者》，是伽利略于 1610 年 3 月在威尼斯出版的一本科学名著。在这本著作里，伽利略公布了他对各种天文现象的观测结果，轰动了整个欧洲。

在 17 世纪以前，天文学家都是单靠肉眼观测日月星辰的。1609 年 5 月，伽利略不断地完善和改进了李普希发明的望远镜，用来进行天体观测。这是天文学研究中具有划时代意义的一次革命。有了光学望远镜这种有力的武器，近代天文学的大门被打开了。

伽利略使用他自己制造的光学望远镜，获得了好几项世界第一流的重大发现。

伽利略首先把他的望远镜对准了月亮，美丽的月亮神顿时变成了"麻姑"，他发现月亮的表面既不光滑，也不平整。既有苍茫斑斓的大山，还有无数个像火山口那样的环形山。他根据山脉投下的阴影，创造性地测量出了月球山脉的高度，还给两条最显眼的山脉取了名字——"阿尔卑斯山脉"

和"亚平宁山脉"。并且绘制了第一幅月面图。经过连续几夜的观察,伽利略还发现月亮在不断环绕地球运转,而且和地球一样本身不会发光。

接着,伽利略又把望远镜对准了太阳。他发现太阳也不是光洁无瑕的,表面上有许多黑斑,并且发现这些黑斑是移动的,这就是中国古代天文学著作中记载的太阳黑子。他根据黑子在太阳表面的有规律的运动,认定太阳本身是运动的。并计算出太阳 27 天自转一周。通过对月亮和太阳的观察,伽利略完全否定了亚里士多德关于"天体完美"的观念。

观察了月亮、太阳,伽利略又把望远镜对准了其他天体。他观察了土星,发现了土星的光环;观察了金星也像月亮一样有周期性变化,有时像圆月,有时像月牙儿。

伽利略最重要的发现是观察到了木星的卫星。1610 年 1 月 7 日,他在望远镜里看到在木星附近有 3 颗明亮的小星星。由于这 3 颗小星星恰好排在一条直线上,因此,引起了他的好奇心。第一天晚上,他看到这 3 颗小星星有两颗在木星的东面,有一颗在木星的西面。但到了第二天晚上,却看到 3 颗小星星都转到木星的西面去了,过了几天,木星附近又出现了第四颗小星星。经过几周的观察,他发现,这 4 颗小星星每天都在改变自己的位置,它们陪伴着木星在慢慢地转动。

伽利略敏锐地断定:这 4 颗小星星是木星的卫星。它们像月球绕地球旋转一样,绕木星运行,并且估算出了它们围绕木星转动的周期。这个发现既否定了亚里士多德关于运动的天体只有 7 个的谬论,又表明了地球并不是所有天体环绕的中心。伽利略得出结论:地球和木星一样带着自己的卫星——月亮,绕太阳运行。

在这里,他为哥白尼的日心说和地动说找到了有力的证据,也为后人提供了一个小小的太阳系和活生生的模型。

1610 年 1 月 10 日,伽利略在望远镜里看到了一颗彗星。按照亚里士多德的观念,彗星是在恒星天球球层以上的,平时是看不见的,由于伽利略看到了彗星,表明了所谓"恒星天球球层"根本不存在。所以当时人们传

231

说,伽利略发现了原来根本就没有"天"。

伽利略还用望远镜观测了横贯天穹的银河。以前人们一直认为银河是地球上的水蒸气凝成的白雾,伽利略通过观测发现,原来那根本不是云雾,而是千千万万颗星星聚集在一起。伽利略还观测了天空中的斑云彩——即通常所说的星团,发现星团也是很多星体聚集在一起,像猎户星座团、金牛座的昴星团、蜂巢星团都是如此。

一个又一个振奋人心的发现,促使伽利略动笔写一本最新的天文学发现的书,向全世界公布他的观测结果。1610 年 3 月,他的著作《星际信使》在威尼斯出版,立即在欧洲引起轰动。

由于伽利略用望远镜发现了一个又一个天空中的秘密,就好像哥伦布发现了新大陆一样,所以人们称伽利略是"天空中的哥伦布"。

伽利略的《对话》为什么要披上假设的外衣

《关于两种世界体系的对话》(简称《对话》),是伽利略从 1624 年起开始写作,1632 年正式出版的。这部著作以极其鲜明生动的语言,宣传哥白尼学说。它为哥白尼学说提供的一系列新的论据,是人人都可以借助于望远镜观测到的事实,能为一般的公众所接受,影响大,宣传的效果也大。因此,这部著作在传播哥白尼学说方面,取得了巨大的成绩。

伽利略是意大利的物理学家、天文学家。他反对传统的亚里士多德的天体不变的观念,信奉哥白尼的日心学说。

1609 年 5 月,伽利略在威尼斯听说有个荷兰人把两块透镜放入一根管子里,发明了一种能把远处的东西看得清楚的"窥镜"。于是,他就拿一块凸透镜和一块凹透镜做成了一个望远镜。后来经过不断完善和改进,他制造的望远镜,能使物像放大1 000倍,距离缩短33倍。

伽利略用他的望远镜观察月球,发现了月球的环形山;观察木星,发现了木星的四颗卫星;观察金星,发现金星也像月亮一样有周期性变化,有时像圆月,有时像月牙儿;观察土星,发现了土星的光环;观察太阳,发现了太阳表面有许多黑斑。

伽利略把他所看到的有关事实,写成了一本书,名叫《星球的使者》,书中清楚地阐明:哥白尼的学说是正确的。这本书一出版,轰动了整个欧洲,也引起了罗马教廷的恐慌。罗马教廷宣布:日心说是违背圣经和天主教教义的,是错误的,是伪科学。并且警告伽利略不许以任何形式宣传哥白尼的日心说体系。

1623年,伽利略听说他的好朋友巴伯里尼被选为教皇了。他觉得日心说"平反"的机会来到了,于是他再次动身去罗马面见教皇,希望取消宣传哥白尼日心说的禁令。虽然教皇接见了他6次,但始终没有答应解除"禁令",只允许他写一本介绍日心说和地心说两种观点的书,要不偏不倚,并且要写成假设性的。

伽利略巧妙地利用教皇的允诺,花了好几年时间,采用3个人对话的形式,终于写成了《关于两种世界体系的对话》,宣传了哥白尼的日心说。

这部著作出版后,人们又议论起哥白尼的日心说,人们被书中那几个人物的对话的精辟哲理吸引住了,被教会势力惩死的日心说又复活了。

伽利略的《关于两种世界体系的对话》再一次激怒了罗马教廷,一些教士纷纷指责伽利略有违禁令。还有一些主教到教皇那里,说伽利略在书中影射教皇是傻瓜。于是,罗马天主教会下令停止发行伽利略的书,并命令他到罗马受审。

虽然伽利略利用和教皇的关系,施巧计再次宣传日心说,但还是未能逃避教会对他的惩罚。

一颗"妖星"为什么被命名为"哈雷彗星"

"哈雷彗星"是英国天文学家哈雷在 1682 年发现并研究出它的运行规律的。哈雷的这一重大发现,不仅使人们掌握了彗星的运行轨道,同时还证明了牛顿万有引力定律的正确性。

1682 年的一个夜晚,天空中出现了一颗奇怪的星星,它像一把扫帚拖着一条长长的尾巴,在群星灿烂的夜空中,格外耀眼,令人惊奇。那颗奇怪的星星就是彗星。

可是,在那个时代人们还不了解彗星。16 世纪时,丹麦天文学家布拉给彗星涂上了一层神秘的色彩。说彗星是由于人类的罪恶造成的,罪恶上升,形成气体,上帝把它燃烧起来,形成丑陋的星体,它放出毒气,散布在人间,形成瘟疫等灾害,来惩处人类的罪恶行为。天主教对此大肆渲染,要人们向上帝忏悔,求上帝宽恕,否则世界的末日就要到了。不明真相的群众都把彗星当做灾祸的"妖星"。

英国天文学家、数学家哈雷决心揭开这个幽灵般的星体之谜。

哈雷于 1656 年出生于英国伦敦。1673 年考入牛津大学,在这所世界著名的高等学府里,他学到了数学和天文学的许多知识。1676 年秋,他雇佣了两个青年作伴,来到了南半球的圣赫勒拿岛,在这里创立了一个小小的天文台,从此开始了他的天文研究生涯。

哈雷在这个很小的孤岛,探索行星的运行规律。1678 年,他编制了第一个《南天星表》,该星表在伦敦发表后,令他名声大振,由此而被选为英国皇家学会会员。

哈雷和牛顿是一对好朋友,他们俩曾经商议,双方共同以万有引力定律研究彗星。由于牛顿的工作繁忙,哈雷就独自承担了这项工作。

哈雷开始搜集世界各地关于彗星的资料，并对 1337—1698 年期间观测到的 24 颗彗星的运行轨道进行计算。通过计算发现，1531 年、1607 年和 1682 年出现的 3 颗彗星，轨道非常接近。于是，哈雷怀疑这 3 颗彗星也许并不是大家以为的 3 颗不同的彗星，而是同一颗彗星 3 次经过那里。

哈雷清楚地认识到，设想不能代替科学，要使设想成为科学，必须有大量的事实来证明。

他马不停蹄地找资料，果真发现 1531 年以前也是每隔 75～76 年就有一颗彗星出现。紧接着，他又进一步地计算这颗彗星的运行轨道，结果是：这颗彗星在运行轨道上环绕太阳运行的周期与历史上的记载完全相符。

这样，哈雷不仅发现了彗星的运行轨道，同时证明了牛顿万有引力定律的正确性。

1720 年，哈雷就任格林尼治天文台台长，成为皇家天文学家。这时，他正式将自己的发现公开宣布："人们于 1682 年观测到的那颗大彗星，实际上就是 1607 年出现的彗星又一次回归。"最后，他还预言："这颗彗星将于 1758 年底或 1759 年初重新出现在人们眼前。"

1742 年，哈雷去世了，他没有看到他预言的结果。1758 年圣诞之夜，人们翘首以待的彗星终于来临了，哈雷的预言得到了证实。为了纪念这位伟大的科学家，人们将这颗彗星定名为"哈雷彗星"。

康德提出的星云假说为什么半个世纪后才得到承认

《宇宙发展史概论》是康德于 1755 年 3 月出版的。在这部著作中，康德提出了著名的星云假说，第一次使宇宙生成问题从神学的禁锢中解放了出来。在 18 世纪僵化的自然观上打开了第一个缺口，是一次真正的革命。《宇宙体系论》是拉普拉斯于 1776

年出版的,书中得出了与康德类似的星云假说,复兴和完善了康德的思想。康德和拉普拉斯的星云假说,猛烈地抨击了神学自然观,确立了科学的天体演化理论,成为19世纪科学发展的先导。

天地是怎样起源的?在古老的中国,有"盘古开天地"之说。在古代西方,《圣经》里说天地万物是由万能的上帝在一星期内创造出来的。对这两种说法,很多仁人志士表示怀疑,提出自己的见解。德国天文学家康德就是其中的一个。

1755年3月,康德在柯尼斯堡出版了一本著作,名叫《宇宙发展史概论》。在这部著作里,康德提出了著名的天体形成的星云假说:宇宙的初始状态是一种由各种物质微粒组成的原始星云,它们像灰尘一样弥漫在整个空间,星云处于不断的运动中。物质微粒之间存在着两种作用力:引力和斥力。引力使一些物质微粒之间相互吸引,密度大的质点会把密度小的质点吸引过去,形成引力中心。这个中心质量越来越大,最后形成太阳。斥力使一些物质微粒发生旋转运动,并使其他星云物质产生另外的引力中心,便依次形成行星、卫星和其他天体。

康德的星云假说有三个特征:一是肯定宇宙的本原是一种原始的星云物质;二是引力和斥力是天体起源和演化的相互联系的基本作用力;三是天体起源与演化是一个逐渐发展的过程。它第一次使宇宙生成问题从神学的禁锢中解放出来,在18世纪的僵化自然观上打开了第一个缺口,是第一次真正的革命。

遗憾的是,在当时康德的学说不被理解,他的《宇宙发展史概论》出版后没有得到应有的重视,致使他的卓越思想被埋没了半个世纪。1796年,法国天文学家拉普拉斯又出版了《宇宙体系论》一书。在这本书里,拉普拉斯假设形成太阳系的原始星云,是一团温度很高并缓慢旋转的稀薄物质,占据比现在太阳系范围还大的空间,星云内各质点由于相互吸引的作用,使它成为球形并向中心高度密集。这个星云逐渐冷却和收缩,随着半径的减小,转动必然越来越快,离心力也不断加大,使星云逐渐变成扁平的圆盘状,其中心形成更加密集的凝聚体,即原始的太阳。由于星云继续收缩,旋转不断加快,就使一定距离上的离心力等于向心力,此地的物质便离开星云而独立,形成第一道圆环。星云不断收缩,又分离出第二道、第三道圆环,直到最靠近中心体的一环。围绕中心体旋转的每一环内的物质,由于相互吸引而聚集,后来环断裂了,就成为原始的行星。在行星周围的物质以同样的过程形成卫星。

拉普拉斯的星云假说从内容上看与康德的星云假说很相似。但是,康德主要是从哲学的角度入手的,而拉普拉斯则有更多的力学基础和物理学依据,并进行了数学论证。所以,拉普拉斯的星云学说产生了更深远的影响。

正是由于拉普拉斯的"星云学说",才使人们想起了康德的"星云学说"。拉普拉斯严格地计算和准确地说明,才使天体起源于星云的看法得到了很多人的认可。所以,人们通常把这两个假说合称为"康德—拉普拉斯星云假说"。

星云假说是那个时代的产物,随着时间的推移,科学上新发现的许多事实,使星云假说无法解释。天体是怎样起源的,至今仍是一个谜。

《一颗彗星的报告》为何报告的不是彗星

《一颗彗星的报告》是德国的天文爱好者赫歇耳于 1781 年 4 月 26 日所写的一篇著名论文,报告他所发现的一颗"彗星",引起了天文学界的极大震动。后来证实,赫歇耳发现的并不是彗星,而是一颗新的行星。新行星的发现突破了千百年来的传统观念,对人类进一步认识太阳系起了重大的解放思想的作用,使人类在探索宇宙的道路上又迈出了新的一步。

　　1781 年 4 月 26 日，德国的天文爱好者赫歇耳向英国皇家学会提交了一篇名叫《一颗彗星的报告》的论文，阐明了他发现的这颗"彗星"的位置和特点，并希望各国天文学家对它进行观测。事实上，赫歇耳所报告的"彗星"其实不是彗星，而是一颗新的行星。这是什么原因呢？

　　1781 年 3 月 13 日夜晚，繁星如旧，皓月当空，赫歇耳和他的妹妹卡罗琳正在用他们自己制造的一架直径为 6.2 英寸的反射型天文望远镜进行天文观测。10 时许，当赫歇耳把望远镜对准双子星座时，一颗从来没有看见过的新星在望远镜里出现了。"难道是一颗新星？"赫歇耳激动异常，连忙重新调节了一下焦距，经过仔细的观察，发现那确实是一颗新星。

　　这颗新星是恒星还是行星或彗星？开始，赫歇耳使用的是能够放大 270 倍的目镜镜面，接着更换成能够放大 460 倍的，最后又使用了能够放大 930 倍的目镜镜面。

　　更换目镜镜面是判断恒星还是行星或彗星的一种观测方法。在更换目镜镜面后，星体如果不变，则该星体是属于恒星。

　　赫歇耳更换目镜镜面后，发现星体增大，这说明他所观测到的那颗新星是属于行星或彗星。但是，自从天文望远镜发明以来，虽然发现了许多新星，而行星却从未增加过一颗，所以当时不论是哪位天文学家，都认为在太阳系围绕太阳转动的只有水星、金星、火星、木星、土星和地球等六大行星而已，传统的偏见、低微的身份，使赫歇耳不敢相信这是太空里行星的又一个新成员，于是，赫歇耳便似是而非地把它当成是一颗遥远的彗星，从而写出了《一颗彗星的报告》的论文。

　　赫歇耳的论文，引起了天文学界的极大震动，许多天文学家将天文望远镜对准这颗"不平凡"的"彗星"，进行跟踪观测。可是，一般彗星都有彗尾的，即使没有彗尾的，周围也要有雾状云，而这颗新星既不见彗尾，又没有雾状云。而且，根据"彗星"运行轨道的计算结果表明，它不像其他彗星那样走着一条拉长了的道路，而是十分近似其他行星所走的圆形轨道。"这难道不是一颗彗星而是一颗行星？"天文学家经过很长一段时间的怀疑，最终才不得不承认它的确是太阳系里的第七颗行星。

新行星的发现立即震撼了欧洲。当年 5 月英国皇家学会就授予赫歇耳科普莱奖章，6 月，这位天文爱好者又被选为英国皇家学会会员。天文学家还建议把这颗新行星命名为"赫歇耳星"，而赫歇耳为了报答乔治三世的支持和帮助，想把它命名为"乔治星"。但是，忠于神话传统的英国人最后还是用希腊神话中的天神"伏拉纳斯"的名字来命名它，翻译成中文就叫"天王星"。

天王星的发现，突破了千百年来的传统观念，第一次扩大了太阳系的疆界范围，标志着人类在探索宇宙的道路上迈出了十分了不起的一步，它对于进一步认识太阳系起着重大的解放思想的作用。

为什么说《论双星之颜色》为人们认识天体运动提供了重要的科学方法

《论双星之颜色》是多普勒在 1842 年出版的一本极有价值的科学著作。在这本著作中，多普勒对发音体的运动和声波的频率之间的关系问题从理论上作了概括，解决了天体物理学中许多重大课题，在科学史上占有十分重要的地位。

1842 年，奥地利物理学家多普勒发现了一个声学现象：当声音源朝离开听者的方向运动时，其声调听起来要比静止时低一些。相反，若声源朝听者的方向接近时，其声调要高一些。而且，声源的运动速度越大，其声调偏离的程度越大。一个常见的例子是，当火车高速驶来时，我们会听到汽笛声越来越高，等火车驶过后，汽笛声则越来越低。多普勒认为，光作为一种波动也应有类似的现象：如果观察者与光源之间在相对运动，那么光的频率会发生变化，如果是相互接近，则频率升高，相互远离则频率降低。

就在这一年,多普勒写出了科学著作《论双星之颜色》,从理论上作了一个概括:当波源与观测者做相对运动时,所观测的波的频率就会改变,如果波源向观测者方向运动,每秒钟达到观测者的波数必定增多,结果是观测者所接受波的频率变高;反之,波源离观测者而去,观测者接受到波的频率将降低。多普勒从这个原理出发,来解释某些星球在颜色上的差别。

1848 年,法国物理学家费佐指出,由于光速十分巨大,光源运动速度与它相比十分微小,因此光源总的颜色的变化是难于觉察的,他建议改用观测光源发出的谱线与位移。如果某一颗星球朝地球方向而来,我们看到星球的光谱频率必定增高,谱线必向紫色一端移动;相反的,如果星球离地球而去,它所发射的光谱将向红色一端移动。为了纪念多普勒,科学上把这种效应称为多普勒效应。

多普勒的发现,为人们认识天体的运动提供了重要的科学方法。比如,某一星球含有锂元素,锂放出的光的波长为 6 708 埃和 6 108 埃,假如这颗星背离地球而去.它的速度是光速的万分之一,即每移 30 千米,那么它所发射的全部光波一定会比原来的长度增长万分之一,即原来的波长是 6 708 埃变成 6 708.67 埃,原来波长是 6 108 埃变成 6 108.61 埃。根据这个原理,英国科学家哈根斯、美国科学家斯里弗尔等发现天狼星、仙女座星云,都以一定速度远离太阳系。

多普勒效应的发现,解决了天体物理学中许多重大课题,因此它在科学史上占有十分重要的地位。

为什么说海王星是算出来的行星

《论使天王星运动失常的行星,它的质量、轨道和现在位置的确定》是法国的勒威耶于 1846 年 8 月 31 日所写的一篇著名论文,论文报告他通过计算算出了一颗新的行星。9 月 23 日晚卡勒根据勒威耶在论文中的预告找到了那颗新行星,这就是海王里。海王星的发现除了在天文学上具有重要意义外,还显示了天体力学理论的重要价值和数学的伟大力量。

1846 年 8 月 31 日,法国的勒威耶完成了一篇论文,题目是《论使天王星运动失常的行星,它的质量、轨道和现在位置的确定》,报告他算出了一颗新的行星。

勒威耶是怎样算出这颗新行星的呢?

在天王星发现后,有人利用建立在牛顿力学基础上的摄动理论来计算天王星的位置,并给它编出了一个运行表。可是,从 1821 年起,天王星的实际运动与运动表逐渐不符,后来差距更大。

天王星为什么会出轨呢?德国数学家和天文学家贝塞耳向天文学界大胆地提出了天王星外还有一颗未知行星的预言。

贝塞耳的预言引起了法国青年天文学家勒威耶的极大兴趣,他在巴黎天文台台长、著名天文学家阿拉戈的支持和鼓励下,决定研究和计算这颗未知行星的轨道。

勒威耶不断地到巴黎天文台查阅有关天王星的资料,通过反复研究和计算后,终于得出了结论,写出了这篇论文。

在这篇论文中,勒威耶明确指出,天王星的失常是由一颗新行星的摄动引起的。又进一步运用万有引力定律和行星摄动理论,精确地计算出这颗新行星的运行轨道在宝瓶星座的黄道的黄经 326° 处,这颗行星的每天运行速度是每秒 69 度,据此可以确定在一定的时间内它可能达到的方位。

说来事巧,就在这同时,还有另一位英国青年大学生亚当斯,也在进行天王星轨道的计算研究工作。亚当斯于 1843 年 10 月 21 日完成了计算,并把计算结果送给了格林尼治天文台台长艾利。可是,艾利并不把亚当斯的研究成果放在眼中,竟把它塞进了办公桌的抽屉里。

241

而勒威耶把他的论文立即送交法国科学院,同时给德国柏林天文台寄去一封信,报告了新行星的具体方位。

1846年9月18日,德国柏林天文台台长伽勒收到了勒威耶的来信,他如获至宝,立即找来了那一天区的详细星图,并调试了一台最好的望远镜,准备搜索新行星的一切工作。

9月23日晚,伽勒果然在勒威耶所预告的位置附近找到了那颗新行星,巴黎天文台把这颗新行星命名为海王星。

当这一重大消息传到艾利那儿时,他想起了亚当斯给他的报告,追悔莫及。为了英国的荣誉,艾利发表了亚当斯在一年前给他的论文摘要,人们才想起亚当斯的工作。由于勒威耶和亚当斯都是在各自独立的条件下发现了海王星,因此,人们称他们两位都是海王星的发现者。

海王星的发现是勒威耶和亚当斯在天体力学的理论指导下算出来的,进一步显示了天体力学理论的重要价值和数学的伟大力量。

二十四节气是什么时候确定的

"二十四节气"是我国古代劳动人民在日常生活中创造并用来指导生活实践的。它高度反映了我国古代劳动人民运用知识来指导生产和生活的文明智慧,是中华民族在历法方面的一项领先世界的伟大成就。

世界各国皆有历法。世界上一般的历法主要包括岁首的确定、日月数分配和闰月设置的办法。中国的历法自古就比世界上其他国家所订的历法在内容上更为丰富,除了上述内容外,还包括天文年历的基础知识,如预告日、月食的发生和金、木、水、火、土五星的运行规律等。其中最具特色的就是二十四节气,它至今仍在我国农业生产中发挥着重要作用。然而,它究竟是什么时候成熟并确定下来的呢？

在商周以前，人们把一年分为春秋二季，所以后来常以"春秋"二字代称一年。其后人们又分出冬、夏，因而有了春、秋、冬、夏四时之说。约在西周时，人们定出四时的顺序为春夏秋冬。那时人们还知道冷的变化和太阳的位置相关，于是就用"土圭"测影的办法定出了春分、夏至、秋分、冬至四个节气。在《尚书·尧典》这部典籍中可以看到，到春秋时代，人们进一步测定出了立春、立夏、立秋、立冬四个时刻，并把它们与以前说到的"二分"、"二至"合称为"八节"。著名的《左传》中就有这八节以及与这八节相应的物候的记录。

在战国时期，人们已比较充分认识到太阳的位置和物候之间的关系，以及由此影响到农事安排的规律，并总结出了较丰富的经验，终于确定全部二十四个节气：立春、雨水、惊蛰、春分、清明、谷雨、立夏、小满、芒种、夏至、小暑、大暑、立秋、处暑、白露、秋分、寒露、霜降、立冬、小雪、大雪、冬至、小寒、大寒。古籍《逸周书·时训解第五十二》中有完整的文字记载。西汉初年成书的《淮南子》也有记述。

因为二十四节气是依据太阳对地球的相对位置确定的（科学地讲，应是地球运动到太阳的某一位置），它是地球寒暑变化，即地面温度高低的科学反映；又因为作物的发芽、生长、开花、结果，动物的南来北往、发情繁殖与此密切相关，所以它属于太阳历的体系。而月亮的盈亏圆缺则与上述农事、物候无关，它只影响潮汐。由此可见，二十四节气的确定不但表现了我国古代人们认识到的合乎科学的天文知识，而且反映了先民们运用知识来指导生产和生活的高度文明和智慧。不仅如此，确定二十四节气还是我国所特有的一项古代科技成果。

所以，二十四节气的确定，不能不说是战国时期历法的最大成就，也是中华民族在历法方面的一项领先世界的伟大成就。

243

《大明历》颁行缘何推迟了 48 年

《大明历》是我国南北朝时期著名的天文学家、数学家祖冲之在公元 462 年编成的。该书最早把岁差引进历法，对闰法进行了重大改革，在历法计算中第一次引入了交点月。《大明历》在历法研究上有许多创造，是当时较先进的历法。

我国南北朝时期著名的天文学家、数学家祖冲之，在深入研究天文历法的过程中，发现古代的黄帝历、颛顼历、夏历、殷历、周历、鲁历都是后人伪托的，而不是那个时代的真正历法，并且前代历法已经误差很大。历法推算与实际天象之间，出现了越来越大的差距。如当时使用的《元嘉历》日月所在的位置差了 3°；冬至和夏至那天的日影都提前了一天；金、木、水、火、土五大行星的出现和隐没，有的竟和实际差了 40 天。于是，他在总结劳动人民丰富经验的基础上通过自己的亲身实践，批判地继承和发展了前代天文学家的研究成果，终于在公元 462 年编成了《大明历》。

《大明历》和《元嘉历》相比，有两项重大改革，一是最早把岁差引进历法。由于历法中考虑了岁差，回归年和恒星年才有了区分；二是修改闰法。东汉以前的历法，为了调节阴历和阳历每年日数的不同，全都要用 19 年加 7 个闰月的办法。按这种方法，每 200 年就要相差 1 天。祖冲之采用了 391 年加 144 个闰月的新闰法，这就要精确得多。

公元 462 年，祖冲之上书给宋孝武帝刘骏，请求将《大明历》准予颁布实行。然而，祖冲之的这一提议，遭到了以戴法兴为首的顽固守旧保守势力的强烈反对和谩骂。

戴法兴是宋孝武帝刘骏的得力干将、宠臣，是个车马盈门、权大势重、显赫一时的人物。他认为祖冲之编成的大明历使他丢了面子，于是站在保守、唯心的立场上，提出种种谬论，对《大明历》横加指责，肆意攻击。他抬出了神化的"天"和僵死的"经"，妄图一举扼杀祖冲之的革新精神和《大明历》的科学成就。

具有追求真理、献身科学的大无畏的战斗精神的祖冲之，不畏权势，对戴法兴的挑战进行了针锋相对的斗争。他用大量的科学事实，历数了《大明历》的优点，并对戴法兴的谬论一一进行了有力地驳斥。但是，由于戴法兴在朝中地位显赫，位高权重，朝中百官不敢得罪他，多数附和他，纷纷指责祖冲之，导致《大明历》这一科学成就一直到梁武帝天监九年（公元510年）才被正式颁布采用。这时祖冲之已经去世10年了，而《大明历》已经编成48年了。

《皇极历》为什么没有颁行

《皇极历》是刘焯在隋文帝仁寿四年写出的一部历书。这部著作提出了著名的等间距二次内插公式，能比较准确地计算太阳、月亮等天体全年在天空中的位置。这部历书虽然没有颁行，但对后来我国的天文学家和数学家关于内插法的研究起到了积极的作用，具有深远的影响。

隋文帝仁寿四年，刘焯根据自己一生的研究成果，写出了《皇极历》这部历书。这部历书最伟大的成就是提出了等间距二次内插公式，这在世界上是第一次。利用这个公式，就可以依靠少数几个观测数据，比较准确地计算出太阳、月亮等天体全年在天空的位置。后来我国天文学家和数学家关于内插法的研究，几乎都是因刘焯的工作发展而来的。可是，《皇极历》这部历书，却一直没有颁行，这是何故呢？

隋朝初立的时候，有个叫张宾的道士曾用相面术制造舆论，帮助夺取政权，因此深得皇帝的信任，被委任主持编写新的历法。但是张宾对天文

245

历法实在是个外行，只好把一个旧历法搬出来修修补补。这件事被一个叫刘孝孙的学者看穿了，他站出来公开批评张宾的历法，刘焯坚决站在刘孝孙一边。但是张宾凭借自己的势力，诬告他们惑乱人心，并将他们赶出京城。

张宾死后，刘孝孙再次来到长安要求修改历法，但张宾的同党屡次扣压他的报告，同时采用欺骗的手段把他调到太史局，既不使用又不放他出去工作。刘孝孙悲愤之余，命令弟子们抬着一口棺材，捧着写给皇帝的奏章到皇宫前哭诉。这一下才引起隋文帝的注意，命令评定是非，结果发现张宾的历法果然错误很多，刘焯和刘孝孙的批评意见大多数是合理的，于是下令撤了张宾同党的职。

正当隋文帝准备重用刘焯和刘孝孙，颁行《皇极历》的时候，刘孝孙去世了。这时，一个叫张胄玄的人编成一部历法，同时串通皇帝身边的传令官写了一个奏章，说："汉代大天文学家落下闳曾经说过，八百年后将有圣人出来改历，看来圣人就是当今的皇上。"隋文帝大喜，于是宣布颁用张胄玄的历法，并让他主管太史局，但是不久就发现这个历法与实际观测到的数据有误差，隋文帝让皇太子杨广处理这件事。

刘焯屡次上书，批评张胄玄历法的错误，杨广也有好几次犹豫着要起用刘焯改历，都因张胄玄安插在他身边的心腹的破坏未能实行。

刘焯的《皇极历》虽然未能颁行，但他的历法思想已逐渐为人所理解，民间懂历法的人都很钦佩他。到了唐代，李淳风根据刘焯的基本思想编制了《麟德历》，后来一行又把刘焯的等间距二次内插公式发展成不等间距，刘焯的功绩终于被载入青史。

张遂为什么当和尚

《大衍历》是我国天文学家一行编制的。他于唐代开元十三年（公元725年）开始制订，到开元十五年完成初稿。可惜就在这一年，一行与世长辞了。他的遗著经张说、陈玄景等人整理编次，共52卷。《大衍历》把过去没有统一格式的我国历法归纳成七部分，内容系统，结构合理，逻辑严密，因此在明朝末年以前一直沿用，可见它在我国历法上的重要地位。《大衍历》比较正确地掌握了太阳在黄道上视运行速度变化的规律，这是它在天文学上最突出的贡献。

我国唐朝高僧、天文学家一行，是世界上第一个实测子午线长度的人，也是著名的《大衍历》的编制者。一行原名张遂，生于公元683年，河南省昌乐县人。张遂从未想过出家，可是后来却做了和尚，这是什么原因呢？

张遂从小就非常喜欢读书，尤其喜爱钻研天文学和数学。当时，国都长安（现在的陕西省西安市）城南有个玄都观，观里有个很有学问的道士叫尹崇，收藏着许多书，张遂经常向他借看。有一次，张遂借了一本西汉扬雄写的《太玄经》，这是一部古代的哲学著作，全书共10卷，书中讲了许多自然科学知识，内容相当深奥，想要读懂它是非常困难的事。然而，张遂很有毅力地在几天内读完了它，还写了一篇心得性文章《义决》和绘制了一幅图《大衍玄图》。

当张遂去还书时，尹崇对他说："这本书中的道理比较深奥，我研究了好些年，还没有弄明白，你留着再研究研究吧，为什么这么快就送回来呢？"张遂说："我已经弄清楚书中所讲的道理了。"说着，就把书和自己写的《义决》及绘制的《大衍玄图》交给了尹崇。

尹崇接过文章和图幅一看，连声赞好，称赞他是"后生颜子"，即才华出众的青年。后来，尹崇逢人便夸张遂，渐渐地张遂成了长安有名的年轻学者。

那时，正是我国唐朝女皇帝武则天执政年代。武则天的侄子武三思凭着皇亲国戚当了大官。武三思有权有势，可是没有才学，于是想拉拢一班有名的学者来提高自己的身价。张遂"后生颜子"的事传开后，自然成了武

247

三思拉拢的对象。于是,武三思便派人去请张遂到官府,表示要同他结交朋友。张遂心想,武三思官高爵显,飞扬跋扈,平时无恶不作,不肯与武三思来往,把美好的青春年华轻抛在官场厮混之中,但是他又怕遭到迫害。为了躲避这些权贵的纠缠,张遂先是跑到叔父家躲藏起来,后来觉得这也不是长久之计,就跑到河南嵩山出家当了和尚,取法名"一行"。

沈括为什么推荐一个盲人修《奉元历》

《奉元历》是我国北宋时期天文学家和数学家卫朴在熙宁八年(1075年)主持修订并颁行的。这部历法从观测天象入手,以实测结果作为修订历法的根据,在当时是一部较为先进的历法。

历法,是将年、月、日等计时单位,根据一定的法则组合起来,提供记录和计算较长时间用的。参加修订历法的人要有高深学问,必须具备有天文、历法和数学等方面的专门知识。古往今来,主持修历的人屈指可数。然而历史上北宋的《奉元历》,却是一位盲人学者主持修成的。这位盲人就是北宋天文学家和数学家卫朴,推荐他主持修订《奉元历》的人就是著名科学家沈括。

沈括为何要推荐一位盲人主持修历呢?

卫朴从小就刻苦学习天文学和数学。因常在昏暗的灯光下读书,严重损伤了视力,30多岁时便双目失明。然而,他身残志不残,以坚强的毅力磨炼自己的记忆力,日子久了,竟能做到过耳不忘。同时,他还练就了一手筹算的硬功夫。

当时,北宋朝廷要修订历法,主持人是一个很关键的人物。新上任的司天监主管沈括知道卫朴的才干,觉得他是一位修订历法的合适人选,准备推荐他到司天监工作。但是,他想到历法是国家一项重要而严肃的工作,对于一个盲人来说,能不能胜任这一艰巨工作,他心里没有底。考虑再三,决定先对卫朴进行面试。

沈括先请卫朴谈对历法的看法,卫朴旁征博引,分析透彻,评价确当,对现行历法的纰漏说得清楚明了,对如何修订历法更是有一番创新的见解。

接着,沈括又以《春秋》一书中记载有多少次日食为题考查卫朴在历法上的造诣。卫朴未加思索就说出了在《春秋》中共记载有多少次,其中用各种历法验算证实的有多少次,经唐朝天文学家一行验算证实的有多少次,他自己验算证实的有多少次,充分表现了他在历法上的造诣。

最后,沈括又命人取来算筹,想让卫朴当场进行实际验算,以了解卫朴的实际计算能力。结果,卫朴的计算本领使沈括叹服。

经过这场面试,证实了沈括原来的想法,卫朴确实是一个有真才实学的学者,于是正式推荐他到司天监任职。不久,朝廷破格让卫朴主持修订《奉元历》,颁行全国。

地 理 篇

地球的大小是怎样测量出来的

《天论》是古希腊最伟大的科学家、哲学家亚里士多德于公元前343—前323年所写的著作之一。在这部著作里，亚里士多德指出大地是一个球体，引起了埃拉托色尼的兴趣，从而导致了埃拉托色尼进行了著名的测量地球大小的实验。

我们知道，地球是一个扁球体，它的赤道周长有40 076千米，表面积约有5.1亿平方千米。这是怎么测出来的呢？最早测量地球大小的人又是谁呢？

早在公元前3世纪，埃及亚历山大里亚城里有个名叫埃拉托色尼的希腊科学家，他十分崇拜希腊著名科学家亚里士多德。亚里士多德写了一部名叫《天论》的书，说大地是一个球体，一部分是陆地，一部分是海洋，外面包围着一层空气。埃拉托色尼不仅完全赞同亚里士多德的这种说法，而且还想量一量地球究竟有多大。

埃拉托色尼住的亚历山大里亚城，每年从春天到冬天太阳从来没有在天顶停留过，即使在夏至这一天，太阳光与直立地面的长杆也有7.2°的夹角。可是，他听别人说，在亚历山大里亚城以南约 500 英里的塞恩城，在夏至这天的正午，太阳正好挂在天顶，阳光可以笔直地照射到井底。如果在地面直立一根长杆，这时也不会有影子。

这个现象引起了埃拉托色尼的兴趣。他想，这不正好证明地球是一个球体吗？为了证实这一想法，他在 6 月 22 日夏至这一天正午，在亚历山大里亚和塞恩两地，对太阳光投射地面的情况进行一次对比观测，结果证实人们说的是正确的。后来，埃拉托色尼又根据商队在通过两城路程所用的时间和行走速度，算出了两地的距离为 500 斯台地亚（斯台地亚是古代埃及的一种长度单位，1 斯台地亚约为 1/10 英里）。

亚历山大里亚城和塞恩城基本上位于同一条经线上，它们之间又存在着 7.2° 的角度差。根据几何学中的同一个圆里，多大的圆心角，就对应多大的圆弧的道理，埃拉托色尼求出了地球的圆周长为 250 000 斯台地亚，相当于 39 816 千米。这个数字和现在测得的经线周长 40 009 千米已经相当接近了。

后来，埃拉托色尼又根据地球的周长，求出了地球的表面积大约是 5 亿平方千米。埃拉托色尼成为世界上第一个测得地球大小的人。

哥伦布为什么要航海

1492 年 10 月 12 日，著名的航海家哥伦布率领的远航探险船队，历经两个多月的海上航行，发现了美洲新大陆。哥伦布成了一个新大陆的发现者。

哥伦布的航海探险是怎样成行的呢？

航海探险的起因缘于一本书。有一天，哥伦布读了一本著名学者托勒密在公元 3 世纪前后写成的《地理学》，书中托勒密"大地是球形"的观点，深深地吸引了哥伦布。

当时，东方的中国非常发达，被欧洲国家认为是黄金之国。哥伦布从《马可·波罗游记》中知道这一情况后，非常想到东方的中国去。可是，那时由于信仰伊斯兰教的奥斯曼土耳其帝国十分强大，横挡在从欧洲到达东方的道路上，因此交通并不十分方便。所以哥伦布想到：既然大地是球形的，那么只要从欧洲大西洋的西海岸出发，一直向西航行，不是照样可以到达东方的中国吗？

于是，哥伦布就把自己的想法写信告诉了当时意大利著名的数学家、地理学家托斯卡纳里。托斯卡纳里很快给哥伦布回了信，肯定了他的想法正确，并且还给他绘了一张航海图，有了这位大学者的支持，哥伦布的信心就更足了。遗憾的是，无论是哥伦布还是托斯卡纳里，他们都没有把地球的尺寸搞对，导致哥伦布没有到达亚洲的中国，却无意中促使他"发现新大陆"。

为了证明地球是圆形的这个理论，哥伦布来到了一个远房叔父的船上，熟悉大海，熟悉海船，熟悉航海生涯，为准备出征创造条件。同时，他制订了一个宏伟的计划，献给了意大利的热那亚，希望得到官方的资助。但是，当时的热那亚在地中海的商业贸易中失利，财政十分困难，无法支持哥伦布的这一航海计划。

1484年，哥伦布来到葡萄牙，向国王约翰二世提出开辟西航线的建议，但却遭到国王顾问团的否决。1486年，哥伦布又来到西班牙，在有声望的修道院院长胡安·佩雷斯的帮助下，他受到了西班牙伊丽莎白女王的召见。哥伦布向女王陈述了自己的航海计划，女王为了西班牙的利益，为了不让英、法或其他国家先打通东方的航道，就接受了哥伦布的计划。1492年4月17日，女王终于签署了同意哥伦布探险的正式文书。就这样，哥伦布的航海探险得以成行。

《山海经》如何证明中国人最早发现了"新大陆"

　　《山海经》是我国古代名著,作者不详。《山海经》中的《五藏山经》作于东周,《海内外经》成书于春秋战国,《荒经》、《海内经》为汉初人写。《山海经》中记录了远古时代人类社会生活与生产的一些情况,是中华民族文化历史的光辉遗产。

　　原先人们都认为哥伦布最早发现新大陆——美洲,后来根据中外考古学者获得的大量资料说明,最早发现新大陆的是我国的佛教徒。

　　20世纪70年代后期,一些美国科学家重新研究了我国的《山海经》,得出令人吃惊的结论:中国人早在3 000多年前就到了美洲,书中所描述的:"东海以外"的山川形势,与北美中部和西部地形很契合。书中还对北美风物作了不少生动有趣的描述。

　　从20世纪初以来,许多学者纷纷论证最早到达美洲的是中国人。

　　首先,美洲早就有人居住。考古学家多方调查证实,美洲古文化是从西海岸先发展起来的,而不是哥伦布登陆的东海岸。美国匹兹堡大学的专家们在宾夕法尼亚州的西南部麦都克洛克村通过五年发掘,竟在一处古代人类穴居见到上千件的石制工具、骨骼、灰烬等人类遗物和遗迹,其年代至少距今1 600年以前。

　　这些人是"土著"还是"移民"? 如果是后者,他们又从哪里来?

　　大家知道,地质时期的新生代第四纪才出现人类。与人类生活密切相关的最近一次冰期,正是自5万年前开始到1万年前才结束。当地球上的气候变冷,水冻结在陆地上,海面大大降低。经K.O.艾默里等人研究得出,15 000年前黄海海面比现在要低130米的结论。我国学者如裴文中、杨怀仁等人也得出同样的结论,他们的论文分别在1978、1981年发表于《科学

253

通报》与《海洋科学》上。

按照上述结论，冰期时的海面既然低于现今海面130米（或150米），那么亚洲、美洲之间的白令海峡是连接亚、美两大陆间的陆桥，追赶猎兽的猎人可以不受任何阻拦从这陆桥上通过。当时人们使用一种船底形的扁体石核，这种石核除分布在我国华北地区外，还见于蒙古、苏联西伯利亚和白令海峡的两岸（堪察加半岛到北美阿拉斯加、加拿大西北地区）。在此值得一提的是，1979年江苏连云港市海州发现形体略扁的两极石核，石核见于海州锦屏山麓黄土台地上。这种两极石核为中国猿人所特有，但在我国东部沿海却是首次发现的，这种扁体石核为代表的细石器遗存年代，从黄河长江流域到亚洲东北部再至美洲西北部有逐渐推后的趋势，说明这种细石器工艺，最初流行于我国黄河长江流域，而后影响到亚洲东北部并传向北美。

再说欧洲航海者16世纪进入美洲之前，中南美洲西海岸至少在公元前2 000年就有原始的农业和手工业，并建立了墨西哥、玛雅、印卡3个文化地区。至今在墨西哥密林深处还可见到玛雅人遗弃了的城市遗物。玛雅人从哪里来？中外许多学者通过考证认为，在3 000年前即我国殷商时期，一批中国人就已扬帆美洲。例如美洲出土的大量文物，其中石碑上有"武当山"、"大齐田人之墓"等140多个汉字。在墨西哥出土的许多碑刻中，有些石像与我国南京明陵的大石像相似，还有的石碑有一个大龟，雕着许多象形文字。据考古学家判断，这些显然是受了中国古代文化的影响。在秘鲁、墨西哥的一些古国遗址的发掘中，还发现了与中国一样的佛像和古代中国风格的建筑、雕刻等。

我国古代名著《山海经》中的《五藏山经》作于东周，《海内外经》成书于春秋战国，《荒经》、《海内经》为汉初人写。第四经《东山经》里写的动植物就有些像美洲的情形。那种"其状如豚而有牙"的兽，颇似海豹。过去人们把《山海经》视为神怪、荒诞之作，而一面则被看作是我国民族文化历史的光辉遗产，书中记录了远古时代人类社会生活与生产的一些情况，很明显，除非耳闻目睹（包括利用前人资料），这些作者们不可能凭空杜撰这些形象。"公元前 4 世纪，中国已经在所有邻海上航行，并且航进了太平洋"。公元前 2 世纪，中国船队远航到印度洋，因此，当 1976 年在美国加利福尼亚浅海里打捞出中间有孔、大而圆的石头时，1979 年圣地亚哥大学考古学家詹姆斯·莫里亚蒂博士兴致勃勃地给我国著名古人类学家贾兰坡发来信件，认为这就是中国船只横渡太平洋时用的石锚。那就不知要比哥伦布早多少年了！

可是不久，美国一些地质学家就此提出异议。他们通过科学手段对标本进行岩性鉴定，认为这些圆石是原地产品，并非来自亚洲。至于文化上的近似，也持半信半疑态度。迄今为止，还没有一部中、外建筑史确切肯定他们之间的共性。即使古代有人到达美洲，是从白令海峡长途跋涉，还是由南路漂洋过海，也还不清楚。

但我国《旧五代史》里的《梁书》记载美洲风土人情却是千真万确，不容置疑的。

《梁书》是公元 6 世纪 50 年代到 7 世纪 30 年代期间姚察、姚思廉父子相继编撰的，最后成书于公元 636 年。在该书卷五十四、列传第四十八"东夷列传"中明确记载"倭"国和"扶桑"国的自然面貌和社会景象。"倭者，自云太伯之后，俗皆文身。去带方万二千余里，大抵在会稽（今浙江绍兴）之东，相去绝远。从带方至倭，循海水行，历韩国，乍东乍南，七千余里始渡一海。"而"扶桑国在大汉国东二万余里，地在中国之东，其土多扶桑木，故以为名"。又说"（扶桑）国土行有鼓角导从"。车有马车、牛车、鹿车，"其地无铁有铜，不贵金银"。"婚礼大抵与中国同"。稍具地理常识的人皆可以判定"倭国"即是日本。而扶桑国在大汉国东二万余里。"扶桑"实为龙舌兰，是墨西哥人民的衣、食主要来源，用它作为国名合情合理。所以近代不少人认为扶桑就是墨西哥。清朝末年，戊戌政变失败之后，梁启超游历美国。1903 年，他横贯北美大陆，认定扶桑是指墨西哥，在那里出土的沙镜是中国古镜，归国后于 1904 年发表《新大陆游记》。梁启超对我国古代文化素有研究,他的看法是有所依据的。我国著名史学家邓拓在《燕山夜话》中也表示"扶桑绝不是日本"。至于在文学作品中特别是诗歌里用扶桑指喻为日本国,那是另外一回事,并不影响从历史上、地理上对"扶桑"作科学的考据。美国芝加哥的莫茨在1972年写了一本名叫《淡墨,中国人在美洲探险的两份古代记录》的书。书中列举不少有趣的对比材料,如中国人用十二生肖,墨西哥的玛雅人也用蛇、鹿、兔、狗、猴、虎等动物名称来表示年龄概念;中国在春节前有"接灶"和"送灶"的风习,玛雅人在年终最后五天毁掉一切家神,五天后再重立等等,这些足以证明古代墨西哥的玛雅人与中国人有相似习俗。这些中国人究竟是什么时候到过美洲的? 如果按《梁书》记载,来自荆州(今湖北省)的和尚慧深到达扶桑国是在南朝刘宋大明二年,即公元458年,那么,他要比哥伦布早到美洲1034年。

麦哲伦航海为何缺少一天

"麦哲伦航海"是人类历史上第一次著名的环球航行。这次航行麦哲伦组织了由5艘航船,265人组成的远征队,于1519年9月20日从西班牙出发,1522年9月6日回到了西班牙。可惜的是1522年4月27日,麦哲伦在战斗中被土著人杀死,没有亲自完成这次环球航行。但是,是他第一个提出了环球航行的伟大想法,他的航队也实现了他的这一理想。他用航行证实了大地是圆球形的,证实了海洋占地球大部分面积,在科学史上具有伟大的功绩。

1519年9月20日,西班牙航海探险家麦哲伦率领五艘大船,从西班牙的圣罗卡尔港出发向西航行,开始了人类历史上第一次环球航行。3年后,船队又回到了西班牙。

根据航海日记的记载,船队回到西班牙的这一天是9月5日,可是,岸上欢迎船队归来的人都说这一天是 9 月 6 日。这件事被当地的神父知道了,为此大发雷霆,责备水手们犯了一个不可饶恕的罪过,因为水手们记错了日期,他们在海上就把一切宗教的节日都过错了,在应该吃斋的日子里吃了肉。可是,水手们发誓说没有记错日子。为此,他们又把航海日记摊开反复核对,的确每天都记了日记,没有错过一天。那么,这一天到哪里去了呢? 这个谜曾有几百年之久没有解开。

这一天的时间到底哪里去了呢? 我们知道,地球不断地自西向东转动,造成了地球上任何一个定点每日 24 小时或只做小范围运动的对象来说,是不变的,每天都是 24 小时。但对于在地球东西方向做长距离运动的人来说,每天时间循环就有长短之分,有的一天多于 24 小时,有的一天少于 24 小时。麦哲伦船队自东向西航行,而地球不停地由西向东旋转,这样,他们每天都好像在不停地追逐着西沉的太阳。因此,对他们来说,每天的"夜晚"总是比头一天迟一点来临,这就等于延长了船上白昼的时间,3 年加起来,就少了整整一天。

为了避免类似的现象发生,1884 年,国际上共同确定了一条国际日期变更线。这条变更线位于太平洋中的 180° 经线的地方,大部分与这条经线相一致。它北起北极,通过白令海峡、太平洋,直到南极。这条线上的子夜,即地方时间零点,为日期的分界时间。全世界都以这个时间为分界线。按照规定,凡越过这条变更线时,日期都要发生变化:从东向西越过这条界线时,日期要加一天;从西向东越过这条界线时,日期就要减去一天。

卡文迪什是怎样测算地球质量的

"测算地球的质量"的实验,是卡文迪什于 1750 年 6 月进行的一个著名实验。卡文迪什用了近 50 年时间来进行这个实验,终于在 1793 年测得了两球间的引力,求出了"万有引力常数"的数值,从而算出了地球的质量。

自从埃拉托色尼测出地球的大小后,不少科学家就想测算地球的质量。他们想,既然已经知道地球的体积是 1.08×10^{21} 立方米,那么,只要再求出地球的密度,然后利用公式:质量=密度×体积,就可算出地球的质量来了。

然而,地球各个地方的物质结构千差万别,各地的物质密度也大不相同,要求得一个地球的平均密度值,简直是不可能的。

到了 17 世纪末,英国科学家牛顿发现了万有引力定律,他就专门设计了好几个实验,想先测出两个物体之间的引力,然后来计算地球的质量。可是,因为一般物体之间的引力非常弱小,牛顿的实验都失败了。

牛顿去世后,还有一些科学家继续研究这个问题,卡文迪什就是其中一个。

1750 年 6 月的一天,正在着手进行引力测量的卡文迪什得到一个好消息:剑桥大学一位名叫约翰·米歇尔的科学家,在研究磁力的时候,用一根很细的石英丝把一块条形磁铁横吊起来,然后用另一块磁铁慢慢去吸引它。当磁力开始产生作用的时候,石英丝便会发生偏转,这样,磁引力的大小就可以清楚地显示出来了。

卡文迪什立即赶去向米歇尔请教,并仿照他的方法做了一个新的实验:用一根石英丝横吊着一根细杆,细杆的两端各安一个小铅球,另外再用两只大球,分别移近两只小球。卡文迪什想,当大球与小球逐渐接近时,由于引力的作用,那两只吊着的小铅球必定会发生摆动,这样就可以测出引力的大小了。

可是,这个实验失败了。卡文迪什分析实验失败的原因,可能是因为两球之间的引力太小,肉眼观测不出来。于是,他在石英丝上装上一面小镜子,把一束光线照射在镜面上,镜面又把光线反射到一根刻度尺上。这样，只要石英丝一旦有一点点极细微的扭动，镜面上的反射光就会在刻度尺上明显地表示出来，扭动被放大了。1793年，他终于测得两球间的引力，求出了"万有引力常数"的数值，从而算出了地球的质量为 5.976×1024 千克，相当于60万亿吨。卡文迪什成了最早测算出地球质量的人。当他求得这个数值的时候，已经是一个67岁的老人了。他为了推算地球的质量，前后花了近50年时间。

傅科是怎样证实地球自转的

"傅科摆"实验是傅科在1851年进行的一个著名的实验。这个实验证实了地球的自转，轰动了整个法国，震惊了世界。在世界各地的天文馆、博物馆里，经常安排这个出色的实验。

今天，我们都知道地球一面围绕着太阳公转，同时又绕着一个相当稳定的假想轴在不停地自转。地球的自转是谁最早用实验来证实的呢？

1851年的一天，32岁的法国物理学家傅科在法国巴黎一座高大的建筑物——巴黎先贤祠里，进行了一次震惊世界的实验。他在先贤祠高高的圆层顶上悬挂着一个巨大的单摆，摆长67米，相当于一座20层楼房的高度，下面是一个沉重的铅球，在铅球的下方安装了一根金属针，伸向放在下面的沙盘里。当单摆缓慢地摆动时，能在沙盘上留下摆动的痕迹。

实验表演开始了，只见长长的单摆在缓慢地单调地摆动，每分钟还不到四个来回。几分钟后，人们清楚地看到：单摆的每一次摆动，方向都有一点微小的变化。一小时后，竟变化了十几度。

是什么力量促使长摆在摆动过程中不断改变方向呢？傅科向前来参观的人们解释说：并没有什么外力使长摆的摆动方向发生改变，长摆仍以原来的垂直方向在运动着。只是由于我们脚下的地球在时刻不停地转动

259

着，所以才出现单摆运动轨迹的变化。傅科的这个生动有趣的实验，使人们无需飞出地球，就能亲眼看到地球的自转。

傅科这个公开实验的成功，立即轰动了整个法国。不久，世界各国科学家一致决定，把长摆命名为"傅科摆"。在世界各地的天文馆、博物馆里，也开始经常安排这个出色的实验。

傅科摆的变动效应，随着地理纬度的变化而不同。纬度愈高，傅科摆的效应愈明显；纬度愈低，效应愈不明显。在地球极点，摆动面改变的速度最快，为每小时转 15°；而在赤道线上，傅科摆则不会改变方向。

傅科就是这样以精确的科学实验，对地球自转作了科学的测定。

普林尼为什么与庞贝城一同毁灭

《博物学》又名《自然史》，是罗马帝国时代的大博物学家普林尼所写的一部科学著作。这部著作长达 37 卷，内容涉及天文、地理、动植物、医学、艺术和各种实用工艺。它不仅是世界上最早的科学史著作，是一部百科全书式的科学知识的集成，同时还是对古希腊自然科学成果的一个完整的记录。

庞贝城建于公元前 6 世纪，是一座在当时有近 700 年建城历史、拥有 3 万人口的繁华小城。它位于今天意大利西海岸风景如画的那不勒斯湾海滨，维苏威火山的南麓。公元 79 年 8 月 24 日下午 1 时左右，维苏威火山突然爆发，从火山口喷发出来的浓烟遮天蔽日，火山灰弥漫整个天空，大大小小的石块从空中倾泻而下，接着下起倾盆大雨，山洪挟带着大量的火山灰及砂石、泥土滚滚奔流。短短时间内，便把火山脚下的庞贝城埋没了。前去考察这次火山爆发的科学家普林尼，因吸入火山爆发时喷出的毒气而牺牲，与庞贝城一同毁灭了。

盖乌斯·普林尼公元23年生于意大利的科摩城，年轻时在罗马学习法律，以后担任过罗马占领区的行政长官和军事长官。他学识渊博，思想敏锐，并以顽强的意志和毅力、勤奋的精神和品质，给我们留下了一部长达37卷的《博物学》。在这部巨著中，普林尼涉及的知识范围相当广泛，他从辽阔的宇宙讲到动物、植物的生长和繁殖，除此以外，还包括园艺、酿酒、美术、图书、钻石、矿产、森林、冶金、气象、耕作、湖泊、河流以及地理条件、宇宙航行等，是一部真正的百科全书，是世界上最早的科学史著作，是对古希腊自然科学成果的一个完整的记录。普林尼是这个时期在科学上作出重大贡献的唯一的一位罗马人。

维苏威火山的爆发，毁灭了古城庞贝，也毁灭了普林尼这位为科学事业勇于献身的科学家。普林尼虽然为考察火山而献出了宝贵的生命，但是人们一直怀念他。人们为纪念他而建造的塑像，直到今天仍然巍然屹立在他的家乡——意大利科摩城大教堂的广场上。

真有"唐僧取经"这回事吗

《大唐西域记》是我国佛学家玄奘于公元643年所写的一本地理名著。这部著作内容十分丰富，对地理现象描写十分深刻，至今仍是我们研究中亚、印度和巴基斯坦的历史地理的重要文献，在世界地理学史上占有重要地位。

凡看过吴承恩的神话小说《西游记》的人，都知道"唐僧取经"的故事。吴承恩用了玄奘这个人物，写他到印度取经的过程。历史上真的有这么回事吗？历史上确有玄奘这个人物，也有他到印度取经这件事，不过取经的经过，孙悟空、妖魔鬼怪等人物都是虚构的，是神话。

玄奘，原姓陈，名炜，是唐代著名的佛教学者和旅行家。为了研究佛学,他遍访四川、湖北、河南、河北、陕西等地的名师益友,成为国内很有名声的佛学家。公元627年,他踏上了西行的征途。他以"宁死在半路,也决不东退一步"的坚忍顽强的毅力,长途跋涉17年,历经无数艰难险阻,行程5万余里,游历了110个国家和地区,足迹遍布西域和印度全境,成为世界历史上杰出的旅行家。

玄奘在取经的过程中,也完成了一次长期大范围的地理考察。他把取经途中所经过的国家和地区的历史沿革、风土人情、宗教礼仪、地理位置、山川河流、物产气候等,都详细地记录下来了。

公元643年,玄奘回到祖国。他在翻译佛教经典73部,计1 335卷的同时,受唐太宗李世民的命令,把他在途中进行的地理考察记录加以整理,写成了《大唐西域记》这部杰作。

《大唐西域记》是一部内容十分丰富的地理名著。它对自然景物等地理现象描写十分深刻,十分细致。如该书中一段关于自然景物的描写:"……至凌山(今天山山脉的穆素尔岭),北则葱岭北原,水多东流矣。山谷秋雪,春夏含冻,虽时消泮,寻复结冰。经途险阻,寒风惨烈……山行四百余里,至大清池(今伊塞克湖),或名热海,又谓咸海,周千余里,东西长,南北狭,四面见山,众流交凑,色带青黑,味兼咸苦,洪涛浩瀚,惊波汩忽龙鱼杂处……"这样详细地描写自然景物,在书中甚多。

玄奘在地理知识的发展和传播上,有卓越的贡献。直到今天,《大唐西域记》还是我们研究中亚、印度和巴基斯坦的历史地理所必不可少的文献。不但在中国地理学史上,就是在世界地理学史上,也占有重要地位。

郦道元为什么给《水经》作注

《水经注》是我国北魏时期的地理学家郦道元所写的一本地

理名著。全书共40卷,30多万字,记述了1 252条河流。这部著作具有重大的科学价值,在中国科学发展史上具有重要地位。后人研究这部著作还形成了专门的郦学。

郦道元是我国北魏时期一位卓越的地理学家。他在给《水经》作注的过程中而撰写的《水经注》,不仅是一部具有重大科学价值的地理巨著,而且也是一部颇具特色的山水游记,在中国科学发展史上具有重要地位。许多学者先后对《水经注》进行过系统深入的研究,甚至形成了专门的学问——郦学。

《水经注》是一本什么样的书呢? 郦道元为什么要给《水经》作注呢?

我国是一个历史悠久、地域辽阔的国家。我们的祖先很早就开始了地理学方面的研究,并且有不少地理名著。例如,《山海经》、《禹贡》、《汉书·地理志》都是研究我国地理情况的科学著作。到了三国时期,有人对当时全国的河流水道进行了专门研究,写成了《水经》一书。这本书原文1万多字,共记述了全国主要河流137条。

水系对人类的文明有着不可估量的作用。特别是在交通运输不发达的古代社会,水系显得尤为重要。但随着自然环境的变迁,水系也在不断变化着,或干涸淤塞,或迁移改道。因此,把水系的情况记录下来,便有着极为重要的意义。

郦道元在阅读地理古籍的过程中,十分珍惜前人的这些丰硕成果,同时也深深感到还有许多不足的地方。《水经》一书虽然论述了全国主要河流水道,但文字相当简略,没有把水道的来龙去脉和详细情况说清楚,缺少发展脉络,不够系统。郦道元认为,地理现象是不断发展变化的,远古时候的情况已经很渺茫,以后又经过历代的更迭、城邑的兴衰、河道的变迁和山川名称的更易。因此应该在对现有地理情况的考察的基础上,印证古籍,然后把经常变化的地理面貌尽量详细、准确地记载下来。在这种思想的指导下,郦道元决心为《水经》作注。

要给《水经》作注,必须十分注重实地考察和调查研究,郦道元在这方面有浓厚的兴趣和得天独厚的条件。

郦道元出生于官宦世家，父亲郦范曾经做过平东将军和青州刺史。他从少年时代起就爱好游览，跟随父亲在青州时，就和友人游遍了山东。后来他自己又做官，到过许多地方，足迹遍及河南、山东、山西、河北、安徽、江苏、内蒙古等广大地区。他利用职务上的便利条件，每到一个地方都要游览当地名胜古迹，留心勘察水流地势，探溯源头，逐渐积累了丰富的地理学知识，也使他不仅弄清了一些河流水道的详细情况，而且还掌握了它们流经地区的地理概况、历史古迹和民间传说等丰富的第一手资料，为他给《水经》作注奠定了良好的实践基础。

郦道元不仅做过许多地方的地方官，还担任过御史中尉等中央官吏，使他有条件博览了大量前人著作，查看了不少详细的地图。据统计，郦道元写《水经注》，一共参阅了 437 种书籍。要参阅到这么多书籍，一般人是难以做到的。

正是由于郦道元有这个目标和条件，才使得他能经过长期艰苦的努力，完成《水经注》这一科学名著。

《水经注》共 40 卷，30 多万字，全书记述了 1 252 条河流，比原著增加了上千条，文字也增加了 20 多倍，是当时一部空前的地理学巨著。它名义上是注释《水经》，实际上是在《水经》基础上的再创作，内容比《水经》原著丰富得多。

戴震是否抄袭了赵一清

北魏地理学家郦道元所著《水经注》因历代传抄有残缺错漏，严重影响了对《水经注》的学习利用。从金代以来，特别是明、清的学者，对《水经注》进行研究校释，被称之为"郦学"。

南宋学者蔡珪撰《补正水经》，此书虽佚，但书中多有补正郦注之处，在

《水经注》研究中,形成郦学包罗广泛的学问,蔡珪的研究开郦学之先。明代学者朱谋㙔刊行《水经注笺》,是水经注版本史上第一部佳本,受到著名学者顾炎武、王国维的称道,奠定了郦学的发展基础,并成为郦学的考据学派。考据派在清初继续发展,众多学者通过辛勤工作,使《水经注》逐渐从残籍归于完璧。到了乾隆时期,有3位大师级学者——全祖望、赵一清、戴震,各自以精湛的校本为郦学研究开创了灿烂的前景。特别是成书最晚的戴震校本,即武英殿聚珍版本,吸取了全祖望《七校本水经注》、赵一清《水经注释》以及《永乐大典》本和《水经注笺》等其他佳本的成果,成为北宋景祐本缺佚以来最佳版本。《四库全书提要》对这个殿本评价很高,这当然不是戴震一人的功劳,其中凝聚了许多郦学家的心血。

不幸的是,武英殿聚珍本问世后,随即发生了戴赵相袭一案。这个案子竟酿成我国学术界前所未有的一场大论战,至今200多年,在港台等地仍然没有停止。论战的简单经过是这样的:戴震于乾隆三十八年(1773年)奉诏入四库馆主持《水经注》整订工作,次年完成武英殿本《水经注》。赵一清的《水经注释》成书于乾隆十九年,比戴书早20年。但赵书的刻本,是在乾隆五十一年刊行的,比殿本要晚12年。当赵本问世以后,人们才发现殿本无论在体例上和内容上,与赵本"十同九九",实在太近似了。于是当时的学者们纷纷撰文揭发指责戴震抄袭了赵书。因为当《四库全书》开馆时,浙江巡抚曾经呈送了赵书抄本,这是有案可查的。戴震的学生段玉裁祖护他的老师,由于赵书比戴书晚出12年,段玉裁反过来指责赵书抄袭了殿本,出现了"赵书袭戴"的说法。这场论战一直持续到民国以后。绝大多数学者站在赵一清一边,认为戴书抄袭赵书确定无疑。不少学者对戴震的批评用词十分严厉,有的因其书攻其人,有的因其人攻其书,形成了围攻之势。也有极少数学者站在戴震一边,代表人物是胡适。胡适在其后半生,将学术研究的主要精力放在《水经注》上,其目的就是为了替戴震辩诬。

对于这场郦学大论战,当今国内的学者有客观评价,认为戴赵相袭一案牵动了整个郦学界,持续了200年的时间,影响了郦学研究的正常发展。

在论战中明显地出现了意气用事、小题大做的情况,论战不宜在郦学界延续下去。有学者还指出,戴震的高傲性格和处世为人的失当之处,使他在身后受到学术界的围攻,殃及了成就空前的殿本《水经注》。戴震确有过错,属于个人道德问题,而殿本则是明清两代郦学研究的总成果,不应同戴震个人道德混为一谈。另外,应该看到戴震对殿本的整理和校勘是有功的。他在大量的《水经注》版本中选出了最好的赵本作为底本,并参校了其他较好的版本,加上他历年的研究成果,使殿本成为郦学史上最佳版本。他又撰写《注内案语》,内容涉及广泛,注释及时,考证得当,繁简适度,具有很高水平,便于读者阅读和研究。由于他的天才和勤奋,使《水经注》从南宋以来,经注混淆、不堪卒读的残籍,在很大程度上恢复了它的本来面目,戴震此功不可没。

一生为官的沈括为何能写出《梦溪笔谈》

《梦溪笔谈》是我国古代科学家沈括在 1086—1093 年所写的一部科学名著。这部著作共有 30 卷,分成 17 类,共 609 条,是一部内容十分丰富、集前代科学成就之大成的光辉巨著,受到中外学者的高度评价和推崇。

沈括,字存中,北宋杭州钱塘人。宋仁宗明道二年(1033 年)出生,宋哲宗绍宋四年(1097 年)病逝,享年 65 岁。

沈括多年在朝为官,是王安石变法运动的干将。在官场几经沉浮。于元祐二年(1087 年)因完成《守令图》得宋哲宗"任便居住"的赦令,于是退出政坛,来到鸟语花香、溪水潺潺的梦溪园(今镇江市东郊),一居 10 年。伟大的科学名著《梦溪笔谈》在此诞生。

《梦溪笔谈》全书共计 609 条,其中有 255 条是论述科学技术的,涉及天文、地质、地理、物理、数学、化学、气象、工程技术、生物和医学等各方面，保存了北宋大量的科技史料及作者的创见，反映了当时的科技水平，被誉为"中国科学史上的里程碑"。

沈括一生在朝为官，为何能写出这样的不朽名著呢？重视人民群众的实践，是沈括能写出《梦溪笔谈》最根本的原因。沈括能认识到人民群众是科技发明的真正动力，他经常接近劳动人民，考察民间技艺。他重视劳动人民的智慧，不耻下问，镜工、木匠、老医生等都是他的老师，虚心求教，获益颇多。在《梦溪笔谈》里，他就记载了发明活字印刷术的毕昇，编造《奉元历》的平民天文学家卫朴，具有娴熟建筑技能的匠师喻皓及其著作《木经》，聪明勇敢的治河高超能手及他们在治理黄河决口时所用的三节抗压工作法等等。在封建社会里，统治阶级写的历史书很少记载劳动人民的事迹，沈括的这一举措，实属难能可贵。

不迷信古书，亦不受权威影响，大胆怀疑，勇于创新是沈括能写出《梦溪笔谈》的内在素质。中国古代的历法，以月球绕地球一周的时间为一个朔望月，12个朔望月为一年。而地球绕太阳一个周期为一个回归年。这两者的时间相差11天，使得历法上一年的四季和回归年的四季相脱节。为此，古人用19年加7个闰月的办法来弥补，但仍有缺憾：即历日的安排不能尽善尽美，准确无误地符合节气。然而，农民春耕、夏种、秋收、冬藏都要根据万物生长衰亡的变化规律进行的。针对这一现象，沈括大胆提出了废除阴历，采用阳历的主张。即用节气定月，而不管月亮的圆缺，以立春那天做孟春的一日，惊蛰那天做仲春的一日，大月31日，小月30日，这样"岁岁齐尽，永无闰月"。沈括提出的《十二气历》虽在当时遭到反对，但时至今日，他所提倡的阳历法的基本原理，至今已被世界各国所接受。唐朝卢肇认为海潮是"日出没所激而成"。沈括表示疑问：如果海潮和太阳有关，那么每天应该是有相同的规律的。于是，他到海边实地考察，得出结论：海潮和月亮有关系。

顽强钻研科学的精神，是沈括能写出《梦溪笔谈》的又一重要因素。为了弄通一门科学，沈括往往花费几年十几年，甚至几十年的时间。他考中

267

进士不久，就开始自学天文历法，后来主持司天监的工作，更加刻苦地进行天文观测。为了观测北极星的实际位置，他一连3个月没有睡好觉，每天夜晚坚持观察，还要画3幅图，标明前半夜、半夜、后半夜北极星在天空中的位置。他前后一共画了200多张图，计算出北极星实际上不在北极，离开北极还有一度多，沈括绘制《守令图》地图集，前后坚持了12年，事迹更是动人。公元1076年，沈括接受了编制《守令图》的任务，接着因受诬告被贬，住在湖北随州的一所庙里。在前3年的时间里，寒冷、潮湿和寂寞都没有使他屈服。他不断地修补没有画完的地图。后来遇到大赦移居浙江，他在途中实地考察了湖北、江西两省的部分地区，获得了修补地图的第一手资料，对旧地图上的错误一一加以改正。1087年，终于完成了由20幅地图组成的地图集。其中最大的一幅高一丈二尺，宽一丈。图幅之多，内容之详，都是前所少见的。

善于运用科学的方法，是沈括能写出《梦溪笔谈》的又一重要因素。沈括在获取知识的过程中，非常善于运用观察、比较、推理、实验等科学的方法。如他在地学方面流水侵蚀作用思想的提出。沈括在察访浙东时，对雁荡山地形成因进行了研究。雁荡山在浙江温州，峭拔险怪，上耸千尺，穷崖巨谷，如果是别的山，从岭外望去必能见得其峰顶。雁荡山的不同在于它只有跑到山谷里，才能瞧见诸峰森然冲天。沈括研究认为：是山谷中大水将泥沙冲尽后才剩下这些巨形石块高峻耸立，像大龙湫、小龙湫、水帘、初月谷等，都是水凿而成。由此，他又联想到西北的黄土区，那里的土墩高耸，有着和雁荡山同样的原委，只是前者是石质，后者是土质。沈括说明了是水的侵蚀构造了地形，这一思想难能可贵。再如对冲积平原成因的解析。沈括在考察河北西路时，沿着太行山北行，见山崖之间"往往衔螺蚌及石子如鸟卵者，横亘石壁如带"。沈括推断：今日的太行山，昔日系海滨，过去的海滨，现距海已近千里。而今日的陆地，是泥沙沉积所成。先前黄河、漳水、滹沱河、涿水、桑干河等浊河，渐渐堆积出了今日的大陆——河北平原。沈括善于运用科学的方法，由此可见一斑。

此外，学以致用，一以贯之是沈括能写出《梦溪笔谈》的重要因素。他研究兵法、兵器，讲究运粮术，是为了富国强兵；研究边防地理、民族风情，是为了外交；研究历法，是为了促进农业生产；研究药物、药理，是为了济世治病，更不用说许多直接能为社会服务的研究。沈括的这一思想值得我们后人借鉴。

《徐霞客游记》的贡献在哪里

　　徐霞客是我国明代著名的地理学家、旅行家。他从 22 岁开始就投身到辽阔的大自然中，进行野外地理考察，一直坚持到 54 岁，把自己的全部精力投入到了地理研究上。后人根据他 30 余年来坚持地理考察的结果，以散文和日记体裁写成《徐霞客游记》。这部书共 20 卷，约 40 余万字，是一部内容丰富多彩、记述翔实生动、科学价值很高的优秀地理学著作。

　　《徐霞客游记》是我国一份宝贵的科学文化遗产。综观《徐霞客游记》这部地理学名著，我们可以看出徐霞客对地理学有以下几个方面的贡献。

　　最大的贡献是对石灰岩地貌的考察和研究。徐霞客用了三年又十个月的时间，对石灰岩地貌进行广泛详细的考察，对峰林、圆洼地、溶水洞、地下暗流的特征和成因，都作了生动而确切的描述。他一丝不苟地探查了 100 多个岩洞，详尽记载了岩洞的分布情况以及它们的高度、深度和宽度，并对石笋、石钟乳的形成作出了符合科学的解释。他根据自己观察到的各种现象，对石灰岩地貌进行了类比总结，指出了不同区域间的区域特征。徐霞客是在当时整个世界上对地理学、地质学都还处在萌芽状态的情况下，对石灰岩地貌进行卓有成效的研究的，可见他知识的渊博和贡献的重大。

　　对长江源头的考察，是徐霞客的另一个重要贡献。关于长江的源头，

269

历代古人有关于"岷山导江"的错误认识,认为长江是发源于四川岷山的。徐霞客从江西出发,一路入湖南,经广西、贵州到达云南,溯江而上,一直到达了长江的上游——金沙江,提出了金沙江才是长江的上游,纠正了古人"岷山导江"的错误。现在我们知道,长江的真正源头是发源于西藏自治区唐古拉山脉主峰各拉丹冬雪山的沱沱河。徐霞客尽管没能到达长江的源头,没能精确地指出长江的发源地,但他把长江的源头推向了金沙江,纠正了古人的错误,为后人寻找长江的源头指出了一条明路,其贡献同样重大。

徐霞客对地理学的另一重要贡献体现在河流地貌学的研究上,徐霞客在对河流、水道的考察中,除了长江的发源地和支流外,还先后弄清了许多大大小小的河流的发源地和它们的去向。如南盘江、北盘江、澜沧江、沅江、怒江等。通过对地形、地貌的观察与研究,他发现了河水对河的两岸的侵蚀及河流的流程与水势之间的对应关系。

此外,徐霞客对其他自然地理现象以及气候、植物、动物、矿物、火山、温泉等也都注意观察,并且作了一些很有价值的记述。如1639年,他到达云南西部腾冲地区,考察了独具特色的火山地势,考察了山川的来龙去脉。记述了滇滩的铁矿,明光、灰窑的铜矿,大间的铅锌矿,腾冲盆地的"海类"(草炭)等。

徐霞客出行为什么总要金簪饰发

地理学名著《徐霞客游记》,是后人根据我国明朝地理学家徐霞客遍历祖国名山大川,进行实地考察所记的日记整理而成的。

徐霞客从22岁开始,直到54岁去世时都在外面旅行考察。在这30多年中,他登危崖,涉急流,探险穴,先后到过我国现在的17个省和地区。东到浙江普陀,西至云南腾冲,北达河北蓟县盘山,南止广西崇左。我国三川

（黄河、长江、珠江）和五岳（泰山、华山、恒山、衡山、嵩山）都留下了他的足迹。

徐霞客每次外出考察时，总要在头发上戴一支金簪，这是为何呢？

有一次，徐霞客来到贵州考察，他观看了著名的黄果树瀑布后，便雇用了驮骑驮着行李来到普安。来到普安后，徐霞客想去丹霞山考察，便叫赶驮骑的人等一等他。可是，赶驮骑的人不肯等，徐霞客只好把行李从驮骑上卸了下来。由于一时的忙乱，他后来发现仅剩的一点旅费被人不知不觉地偷走了。等他发现旅费被窃，并怀疑可能是赶驮骑的人所为时，赶驮骑的人早已走得无影无踪了。

旅费被窃，寸步难行。在普安这个地方，徐霞客又无亲无友，借贷无门。他独自哀叹说："穷途之中，遭遇拐窃，怎么得了啊！"

当身无分文的徐霞客为没有旅费而犯愁的时候，肚子又打起架来，饥肠辘辘，用什么填肚子呢？正当徐霞客穷途末路、无计可施的时候，他用手一摸自己想得发昏的头，碰到了装饰头发用的金簪。

那时候，人们喜欢用簪子装饰头发。簪子有金的、木的、竹的等等。徐霞客出身于官宦世家，家庭富裕，自然用的是金簪。他急中生智，拔下他的头饰金簪，用一半换得食宿，又以另一半支付租船费用，才摆脱了一时的困境，依旧朝着既定的目标，继续西行旅行考察。

从此以后，徐霞客为防不测，每当出行前，总是要准备一支金簪，以便随时应付紧急事情的发生。这就是徐霞客"金簪饰发"的缘由。

271

《河防一览》有什么"治黄"秘诀

《河防一览》是我国治黄专家潘季驯总结其公元1565—1592年治理黄河27年的经验而写成的一本科学名著。在这部著作中，潘季驯提出的治河理论,是我国古代河流水文学的光辉成就,也是治黄河和黄河大堤完善化的理论基础,对后人治理黄河起到了很好的指导作用。

黄河,是中华民族的摇篮。远在七八十万年以前,我们的祖先就在黄河两岸繁衍生息,创造了光辉的古代文明。在以后漫长的历史时期中,黄河一直哺育着我们民族,成为我国古代灿烂文化的发源地,对祖国的繁荣和发展作出了巨大的贡献。

但是,黄河又是一条多灾多难的河流,它像一匹难以驾驭的烈马,从黄土高原挟带着大量泥沙,奔腾而下。到了地势平坦的地方,水势变缓,大量的泥沙就淤积下来了。

经过无数年的淤积,河床变得越来越高。所以每到夏秋汛季,常常泛滥成灾,给两岸人民造成了巨大的灾难。自有文字记载的 2 000 多年来,黄河下游决口泛滥就有 1 500 多次,河床重大改道 26 次,大致是三年两决口,百年一改道。水灾范围波及 25 万平方千米。

嘉靖四十四年(1565 年),黄河又一次大决口,运河严重淤塞,方圆几百里的地方变成了一片汪洋,灾情空前严重,朝廷上下束手无策。在这种情况下,明朝政府不得不把治理黄河提到重要的议事日程上来,并启用了潘季驯。

潘季驯是浙江乌程(今吴兴县)人,生于 1521 年。27 岁考中进士,后来担任过许多重要的官职。他出任总理河道的职务后,深入灾区了解灾情,了解黄河的特性和地理情况,研究治理方案,亲自到河堤上督战。由于他领导治理有方,才使黄河两岸的百姓安然无恙。

从明世宗嘉靖四十四年(1565 年)到神宗万历二十年(1592 年)的 27 年间,潘季驯四次出任总理河道的职务,其中有 12 年时间专门治理黄河,在治河的理论和实践方面都有重要的贡献,成为我国古代的"治黄"专家。

特别是他所著的《河防一览》一书,是他多年来治河实践经验和理论的总结。在这本著作中,他提出了"筑堤束水,以水攻沙"的科学理论,是我国古代河流水文学的光辉成就,也是治黄和黄河大堤完善化的理论基础。他在书中指出:"水分则势缓,势缓则沙停,沙停则河饱";"水合则势猛,势猛则沙刷,沙刷则河深";"筑堤束水,以水攻沙,水不奔溢于两旁,则必直刷乎河底,一定之理,必然之势,此合之所以愈于分也。""束水攻沙"符合河流泥沙的运动规律,因而卓有成效。它改变了过去只靠人力或工具的传统疏浚方法,利用水流自身的能力来冲刷积沙。这不仅在当时的治河实践中取得了突出的成效,而且对以后近400年的治河方针有很大影响,在世界水文学史上亦占有重要地位。

《河防一览》是我国古代"治黄"经验的珍贵记录,它提出的科学理论为后人治理黄河提供了借鉴,起到了很好的指导作用,因而它产生了深远的影响。

一位解剖学家为什么成为地层学之父

1669年,斯台若发表了他的名作《天然固体中的坚强物》及其他论文,阐述了他的地质学理论,使他成为近代地质学的先驱。

斯台若原是丹麦人,后来旅居意大利。他本是医学家和解剖学家,一个偶然的机会,使他转向了地质学的研究。

斯台若在进行解剖研究中,发现现代鲨鱼和狗鱼与当时已经得到的一种化石很相似,于是认为那种化石是现代鲨鱼和狗鱼的祖先,化石是古生物的遗迹。通过进一步的研究,斯台若认为:化石是鉴别地层的主要依据。如果某个地区的地层化石与陆地生物相似,则这个地区的地层为陆地沉积;如果某个地区的地层化石与海洋生物相似,则这个地区的地层为海洋沉积。

这样，斯台若以化石鉴别为实验基础，建立了地层学的基本原理。

斯台若还对地层演变规律进行了探讨，提出了地层演变三定律：

1.叠加定律：如果地层没有变动，那么下层地层老于上层地层，而上层地层新于下层地层，一层一层地叠加。

2.原始连续性定律：如果地层没有变动，那么地层应该呈现连续性逐渐减薄。

3.原始水平性定律。如果地层没有变动，那么地层应该呈现水平或接近水平的形状。

由于斯台若建立了地层学基本原理，探讨了地层演变规律，所以人们称他为近代地质学的先驱。

吉尔伯特在《论磁》中是怎样提出地球是一块大磁铁的

1600年，伦敦出版了科学家、伊丽莎白女王的御医吉尔伯特的名著《论磁》，对地磁的成因做了理论上的阐述。这是第一部有关地磁的科学著作。吉尔伯特在书中总结了自己多年的研究成果，提出了一个大胆正确的结论：地球是一块大磁铁。

在吉尔伯特之前，许多人都在对磁石进行研究。中国人很早就发现了磁能吸铁的现象，并发明了指南针，古今中外的探险家们靠它指引方向，完成了许多重要航行。1269年，法国的彼得·佩里格林就已经对磁性做了初步切实的分析研究，指出磁体具有南极和北极两个极，他还告诉人们如何通过子午线汇交的方法找到天然磁石的两极位置。1544年，纽伦堡的乔治·哈特曼测量了许多地方的磁偏角，并发现了磁倾现象。1581年，伦敦的罗伯特·诺曼发现磁针自由悬挂时，不但像航海罗盘针那样大致指向南北，而且在英国，它的北极还略向下倾，其倾角随纬度而不同。

吉尔伯特搜集了当时有关磁与电的知识,利用闲暇时间对磁石之间的吸引力进行研究。他发展了罗伯特·诺曼的实验工作,制造了一个球状磁石,取名为"小地球",在球面上用罗盘针和粉笔画出了磁子午线,证明了磁倾角在这种球状磁石上也能表现出来,在球面上罗盘针也会下倾。证明了表面不规则的磁石球,其磁子午线也是不规则的。由此他设想罗盘针在地球上和正北方的偏离是由大块陆地所引起的。他发现两极装上铁帽的磁石,磁力大大增加,他还发现某一给定的铁块同磁石的大小和它的吸引力的关系,是一种正比关系。

吉尔伯特根据他所知道的磁力现象。建立了一个初步的但相当重要的理论体系。根据他对磁针方向的实验,他设想整个地球是一块巨大的磁石,只是浮面上为一层水、岩石和沙土遮盖着,地球这块大磁石的两极与地理上的两极接近,但不完全重合,地磁的北极所吸引的是磁石的真正南极。

吉尔伯特将他的研究成果写进他的著作《论磁》。吉尔伯特的实验,并从实验中断定地球是块大磁石,是对自然界到处盛行的对立中的运动一个正确反映,是属于辩证思维的。磁针和地球的两个磁极所形成的对立,以其吸引和排斥,决定了磁针的位置。

吉尔伯特从实验和理论结合上对自然界的探索,是 17 世纪初期科学发展的新特点。现在看来,虽然吉尔伯特的研究还不够深入,有些结论还下得过于粗浅,但是,《论磁》的出版,说明地磁学已经作为一门独立的学科迈出了坚实的第一步。吉尔伯特在地磁学的研究上功不可没。

275

《地球自然历史试探》从《圣经》故事中受到什么启示

《地球自然历史试探》是英国地质学家伍德沃德于 1695 年写的一本科学著作,这部著作是早期的地质学理论著作,系统阐述了水成论的思想，得到了科学界的普遍承认。这个理论在近两个世纪的时间内，一直在地质学理论中占据着统治的地位。

在近代科学的发展中，地质学是一门起步较晚的科学。在早期的地质学理论中，英国伦敦格雷山姆学院的伍德沃德教授于 1695 年写了一本叫做《地球自然历史试探》的著作，在这部著作中他提出了水成论的思想。伍德沃德的这部著作，是受《圣经》中的一个故事启发而写成的。

在古代，人们就发现过化石。古代人试图以化石为突破口，来认识地质的演变。

17 世纪时，英国人对化石的看法普遍受神学的影响，认为化石是上帝创造生物后留下的废品，至于海洋生物化石跑到高山上去，那是由于摩西洪水的作用。

摩西洪水是《圣经》中的一个故事。基督教的传说人物摩西说，上帝创世后，为了惩罚世人，使洪水泛滥 40 天，地上的生物差不多都被毁灭了。大水过后，动植物遗体被卷入到沉积过程中，而留到地面和高山上，形成了生物化石。

在《圣经》中的这个故事的启发下，伍德沃德写出了《地球自然历史试探》，提出了水成论的地质学理论。

伍德沃德认为，摩西洪水是地质变化的原因。他在书中指出："那时整个地球被洪水冲得土崩瓦解，而我们现在看到的地层都是从混杂东西沉积而成的，就像含土液体中的沉淀一样。"

摩西洪水是怎样引起地质变化的呢？伍德沃德认为，首先是摩西洪水的破坏过程，这一场特大的洪水毁灭了地球上除诺亚方舟里的一部分生物以外的绝大部分生物，而且粉碎了地层构造，地球表面的人体、生物遗体、杂物、土壤、岩石等，全部被冲击起来，形成一片汪洋，然后是沉积的过程。在摩西洪水退后，岩石层便在水中沉积而成了，而动植物遗体也被卷入岩石的沉积过程，形成了化石。由于动植物遗体比较轻，因此在地球的表层更是存在着众多的生物化石。

伍德沃德的水成论虽然看到了水成作用在地质变化中的突变过程，但它并不能解释所有的地质学问题。然而，由于伍德沃德的这一理论是从《圣经》中的摩西洪水推出来的，渗透了宗教的影响，因而受到了宗教界和包括牛顿、哈雷在内的科学界的普遍承认，产生了很大的影响。这个理论为以后水成论在近两个世纪的时间内，一直在地质学理论中占据统治地位，奠定了重要的理论基础。

《地球理论》为什么是一本无人问津的名著

《地球理论》是英国业余地质学家赫顿于 1795 年出版的一本科学名著。这部著作说明了地球自身的漫长历史，形成了比较系统的地质学理论，奠定了近代地质学的理论基础。

1785 年，英国业余地质学家、年近 60 岁的赫顿在爱丁堡皇家学会上第一次宣读了他的地质学论文——《地球理论》。10 年后，他又以同样的书名出版了他的地质学著作。

赫顿在他的著作中接受了早期雷伊、莫罗的火成论观点，建立了系统的地质学理论：地球是在逐渐的演化中形成的，现在的地质结构是地球上各种各样的作用力长期、缓慢进行的结果。火山、地热、岩浆在岩石的形成中起重要作用，玄武岩、花岗岩等结晶岩石是由于火山喷发时的熔岩形成的。沉积岩的形成是河水和海洋的作用。这种地质活动一直到现在还在继续进行着，在自然界中，我们既找不到开始的痕迹，也找不到终止的象征。地质学和宇宙万物的起源问题（上帝创造世界）毫不相干。

赫顿的《地球理论》说明了地球自身的漫长历史，并以火成的作用为

277

主,也承认水的作用,形成了比较系统的地质学理论。然而,赫顿的这一名著,在当时却无人问津。其原因有四:

一是赫顿提出的理论在科学上同当时流行的水成论有重大的冲突。当时弗莱堡矿业学院的地质学教授魏尔纳系统地发挥了伍德沃德的水成论。魏尔纳不仅是一位有很高声望的地质学家,而且是一位令人尊敬的教育家,加上他在岩石学和矿物学方面取得了很大的成就,德高望重,从而吸引了一大批弟子和自然科学家信奉和宣扬他的水成论。赫顿提出的理论和水成论有重大冲突,自然会遭到他们的反对。

二是《地球理论》由于否定了摩西洪水的作用,不符合《圣经》上的说法;并且说地质学和上帝创造万物毫不相干,所以又受到了当时的宗教界的猛烈攻击。

三是赫顿宣读论文和出版著作都是在爱丁堡。爱丁堡是水成学派的大本营,魏尔纳的得意门生汉·詹姆逊曾在这里主持自然历史讲座,成为宣传水成学派观点的重要据点。这样一来,赫顿的理论在这里无插足之地。

四是赫顿既不善于演讲,又不善于文学创作,因此,他的著作如石沉大海,直到1797年他逝世,也没有引起多少人的注意。那么,赫顿的《地球理论》又是怎样成名的呢?这要感谢他的好友普莱弗尔。

在赫顿去世5年以后的1802年,赫顿的好友、数学家普莱弗尔为了拯救赫顿的事业,潜心研究了《地球理论》这部著作,对其观点达到了融会贯通。他出版了一本名叫《关于赫顿地球理论的说明》的书,这本书以优美动人的文字,把赫顿的理论观点简明扼要地表达出来,从而使赫顿的观点广为流传,为更多的人所了解,也使赫顿的《地球理论》成了一本名著。

正是由于赫顿的理论奠定了近代地质学的理论基础,因此,以后的地质学家们尊敬地称赫顿为"近代地质学之父"。

贝林格的《维尔茨堡的石画》为什么成为千年笑柄

　　《维尔茨堡的石画》是德国地质学者贝林格在 1726 年出版的一本著作。在这本著作中,贝林格介绍了他研究德国维尔茨堡周围贝壳灰岩中的化石的成果。然而,这本书中介绍的"化石"有的是贝林格的学生假造的,导致这本书成为了千年笑柄。

　　在文艺复兴时期,地质学还相当落后,许多地质现象人们都无法解释。有的学者就采用了神秘主义来胡说八道。例如,人们挖到了某些动、植物的化石,就说这些化石是《圣经》中的摩西洪水的产物。而当人们看到山顶岩石上的贝壳时,就认为是星星在山顶上影响形成的。

　　意大利文艺复兴时期最伟大的学者列奥纳多·达·芬奇开地质学之先河,率先提出:"化石是过去的生物的遗体和海底堆积物一起石化了的东西,以后由于地壳的运动被带到了高处。"达·芬奇对化石的科学阐述,促使了许多学者热心研究化石。

　　德国的地质学者贝林格在 18 世纪初,就非常热心地搜集德国维尔茨堡周围贝壳灰岩中的化石,以便研究这里的地质现象。贝林格在这里搜集了许多化石,特别是搜集到了各种各样的生物形象的化石,使他万分惊讶,就当做重要发现仔细研究起来。1726 年,他把研究结果整理成一本书出版了,书名叫《维尔茨堡的石画》,书中还附有许多图片。

　　后来,贝林格忽然发现有的"化石"上竟然刻着他的姓名,感到大事不妙,连忙追查原因。结果发现是他的淘气的学生用黏土制成各种各样的生物的形象,还有些纯属想象出来的东西,用火烧硬之后,撒到贝林格常去采集化石的地方,使贝林格上当受骗了。

　　本想在地质学方面有所作为的贝林格,由于学生的愚弄,做出了荒唐

279

的蠢事,使《维尔茨堡的石画》这本著作成了千年笑柄,贝林格感到莫大的耻辱。他决心不惜代价把自己已经出版发行的书全部买回来,以免祸害后人。

贝林格讲了他受骗上当的事,希望人们帮助他销毁自己的著作,但是,想不到这本书却因此成了"奇文"。1767年,当时贝林格已死,出版社又第二次出版这本书。该书至今仍存,成为一本反面教材,告诫人们在地质研究中要有严谨的科学态度,不要轻信,不要妄下结论。

尽管贝林格做了蠢事,人们仍然承认他是近代地质学诞生之前的一名热心地质学的学者。

《地球表面的变动》为地质科学带来了什么

《地球表面的变动》是法国古生物学家居维叶于1812年出版的一部科学名著。这部著作的出版,给整个地质科学带来了一片生机,使地质科学进入了空前的繁荣时代,在地质科学的发展史上具有极其重要的意义。

18世纪末,地质学理论还是水成论和火成论两种理论交织在一起。直到1812年,法国古生物学家居维叶出版了《地球表面的变动》这一著作,第一次把生物科学带进了地质科学,他成功地运用了比较解剖学和古生物学的成果和理论,开创了地质学史上第一个生物地球观的新时代。

居维叶对生物化石有独到的研究。他在研究大量古生物化石和地质资料的基础上,揭示了化石的本质,明确指出化石是过去被毁灭了的生物的遗骸。在18世纪末,很多人认为挖出的巨大骨头是过去巨人或天使的遗骸,居维叶指出那是象的残遗化石,既打击了宗教神学,又把生物在时空上的演化统一起来。

居维叶把生物化石和地层结合起来进行研究,发现化石和地层有密切的关系,在不同的地层含有不同的化石,在最古老的原生地层中没有化石,在原生地层和地球表面的地层之间,化石从无到有,从简单到复杂,从低级到高级,而人类的骨头,只是被埋在最新的地层中。基于此,居维叶在《地球表面的变动》一书中认为:整个地质历史时期,在地球表面经常发生突如其来的、规模很大的灾害性变化。例如海洋干涸成陆地又隆起为山脉,陆地下沉为海洋,火山爆发,洪水泛滥,气候变迁,等等。每当洪水时期,到处洪水泛滥,山川原野和一切景物都改变了面貌,许多生物遭到毁灭,经过每一次灾变,世界的景象就突然改变。而当地球的某处由于灾变,生物全部灭绝了以后,别的地方的生物就移居到这里来,一个新的世界又重新出现。以后这些地方又发生了灾变,新的迁来的生物又被埋藏。这样周而复始下去,就看到不同地层具有不同类型的生物。

居维叶的《地球表面的变动》这部著作,对地球科学作出了重要贡献。

首先,他系统地对古生物化石进行了研究,揭示了古生物化石的本质,把化石从宗教神学中彻底解放了出来。从居维叶以后,再也没有人把化石说成是上帝创造的神迹了。其次,他第一个把对古生物化石的研究同地球的演化联系到了一起,指出了古代生物化石就是地球演化的历史证据。最为重要的是,他通过对生物化石和地层之间的关系的研究,为地球演化的历史和生物进化的历史提供了新的研究方法。

正是由于居维叶《地球表面的变动》一书的出版,给整个地质科学带来了一片生机。从此以后,地质学家们开始运用古生物带化石比较法划分地层的单位,确定地层的年代,建立地层的层序,编制地质年代表,绘制地质图……地质科学进入了空前的繁荣时代。后人称居维叶开创的这一时代为地质史上的英雄时代。

德国科学家洪堡为什么成为仅次于
拿破仑的"法国第二名人"

《新大陆热带地区旅行记》是德国科学家洪堡在 19 世纪 20 年代所写的一部科学巨著。这部著作共有 30 卷，详细记述了作者多年进行的地理考察成果，在世界引起了巨大反响，很快被译成其他文字。洪堡因此成为地理学的一代宗师。

德国地理学大师洪堡是世界名人。他在世时，西班牙首相、美国总统、德国摄政王、俄国沙皇等许多国家首脑都是他的私人朋友；他去世时，德国为他举行国葬，整个柏林市为他服丧。科学界推崇他是自然地理学、经济地理学、气候学的奠基人，是绝无仅有的知识如此全面的地理学家。

这一切，都和洪堡的地理考察（那时又称探险）活动有关。

洪堡在地理考察活动中结识了不少世界著名的政治家。

1758 年，洪堡约上法国植物学家潘普兰做考察伙伴，开始地理考察活动。他们从地中海之滨的法国港口城市马赛出发，乘船去阿尔及利亚，准备先考察北非。但天有不测风云，刚出门他们就遇上挫折。他们乘坐的船只，在西班牙海岸外失事，所幸他们二人皆平安无事。于是他们到了西班牙首都马德里，在那里重新安排自己的远行。洪堡凭借自己的贵族地位，得以接近西班牙的贵族阶层和当权人物。他渊博的学识、优雅的谈吐、热情的态度，给了西班牙上层人士极好的印象，西班牙首相特许他去美洲的西班牙领地考察。通过这次考察活动，他结识了西班牙的首相。

1804 年 5 月，洪堡到达美国费城。他参观了费城的哲学学会，与美国科学及文化界人士广泛交往，而后又到达美国首都华盛顿。美国总统杰弗逊敬佩洪堡的学问，想了解拉丁美洲的情况，特约洪堡在白宫里见面。杰弗逊是美国《独立宣言》起草人，世界闻名，洪堡也以能与杰弗逊会面深感荣幸。二人会见谈得非常投机，成为亲密的朋友。洪堡可以不经预约，随意进白宫见杰弗逊。

1829年，60岁高龄的洪堡，又接受俄国沙皇亚历山大一世的邀请，去西伯利亚考察。这次旅程的每一站，当地人都像欢迎凯旋的英雄一样欢迎他。洪堡没有陶醉于掌声之中，依然一丝不苟地进行严肃的科学考察。他还说服沙皇，建立起全国的气候观测站网。这些观测站提供的资料，帮助洪堡画出了全球的等温线。当然，这些资料对俄国自己也很有用处。

能结识西班牙首相、美国总统和俄国沙皇这样世界著名的政治家，并成为朋友，使洪堡身价百倍，名声远播。

洪堡通过地理考察活动，取得了伟大的科学成就。

洪堡和潘普兰1799年6月从西班牙起航，在美洲共考察了5年，先后到过委内瑞拉、哥伦比亚、古巴、墨西哥、美国等国家。他们考察了湖泊、高山、河流、海洋，还有生产和贸易情况。每到一处，洪堡总能给自己提出许多问题，并力求找出自己感到满意的答案。他在观察和研究自然现象时，有一个基本的哲学观点：大自然是个和谐的统一体，它各个部分，包括人类在内是互相影响、互相联系的；通过对事物表面和现象的分析，可以找出它们背后的关系，这是一种对自然美的享受。这些观点是洪堡在哲学上的成就。

在委内瑞拉的巴伦西亚湖考察后，洪堡论述了森林在调节气候和水土保持方面的重要作用，把森林破坏、洪水暴发、土壤流失、湖泊淤积、气候变干等现象联系在一起。以具体事例论述保护森林的重要意义，洪堡是近代的先驱者。

洪堡和潘普兰在研究南美洲的植物时，一改过去那种按大洲列举植物的做法，而是要把"大自然铺展在地球表面的植被显示在人们面前"。为此，他们按区考察了植物群的组成，它究竟包含有哪些植物，各种植物数量有多少，并联系土壤及气候情况进行分析。他们的这种研究方式，给植物地理学奠定了基础。

"气候学"是洪堡最早使用的名词,他说,这个词的含义"是指大气的一切变化——温度、湿度、气压、风、电荷、大气纯度和能见度"。根据在各地实测的资料,他画出了等温线——地球上温度相等的各个地点的连线,发现在热带和温带,等温线与赤道基本平行。他还第一个指明了海洋性气候和大陆性气候的差别,海岛上冬季比大陆中心地区温暖,夏季则比大陆中心凉爽。

洪堡关于墨西哥的考察报告,是经济地理学的开端。墨西哥当时叫"新西班牙",是美洲经济最繁荣的地区。洪堡在墨西哥调查了政区、民族及人口状况,还收集了生产和贸易方面的详细数据。通过分析,他阐述了气候、地形、农作物种类及人口分布之间的关系,从经济和地理的关系上,他把墨西哥划分为东海岸、西海岸和中部高原3个区域。当时墨西哥的农业集中于中部高原,他认为应当向两边沿海地区转移,这样才有利于以后的发展。洪堡的这些看法,对墨西哥以后的经济发展有重要影响。

洪堡的这些科学成就,令他在学术界名声大噪。

洪堡还善于进行科学总结。他结束了美洲考察之行回到德国后,被任命为驻法国外交官。洪堡在处理好政务的同时,没有放松他的科研工作。在潘普兰和其他学者的帮助下,整理了从美洲采集的6万种植物及岩石标本,写出了30卷本的巨著《新大陆热带地区旅行记》。洪堡倾其家资出版了这部巨著,在世界引起巨大反响,很快被译为其他文字。洪堡成为地理学的一代宗师,后来许多地理探险家,都以他为楷模。他在巴黎的官邸,成为学者和名人聚会的场所,经常是高朋满座。他的巨大声望,还使不少人从其他国家慕名来访,其中有科学家和热心科学的青年人,也有政治家。在当时的法国,第一名人是拿破仑,第二名人就是洪堡。

在人生的最后30年中,洪堡专心撰写他最著名的巨著——《宇宙》,把他一生的研究成果综合起来,一直到逝世的前两天才搁笔。前四卷在他生前出版,第五卷是经他人整理,于1862年出版的。

洪堡把他的爱心全部献给了大自然,终生独身。他去世后,德国摄政王下令为他举行国葬,柏林全市人为之服丧。

恩格斯为什么说《地质学原理》第一次把理性带进地质学

在地质科学发展的英雄年代里,英国地质学家、近代地质科学的奠基人赖尔于1830—1833年所著的《地质学原理》一书的出版,是地质科学史上的一个重要里程碑。这本划时代的著作,全面总结了前人的研究成果,提出了"将今论古"的地质学原理,第一次把理性带进地质学中,对推动地质科学的发展起了极大的作用。

为何说《地质学原理》第一次把理性带进地质学中呢?

首先,赖尔在《地质学原理》这部著作中,是根据现在地表不断发生着的自然力的作用来说明过去的地质现象的。赖尔认为,地表的地质形态是在漫长的时间里逐渐造成的,它不是什么超自然力量或者巨大的灾变造成的,而是由于自然力量,如风、雨、温度、水流、潮汐、冰川、火山、地震等多种自然力长期作用的结果。在多种自然力中,水成作用和火成作用是两种基本的作用力。水成作用是指包括雨水、泉水、江河湖泊、潮汐、冰川、地下水等多种不同的水的形态,长期冲刷和侵蚀地表,使地表地质发生缓慢的演化。火成作用是指火山和地震对地表地质的影响。地表是一个屡经变化的舞台,而且至今还是一个缓慢的但是永不停息的变动物体。赖尔这种用现在说明过去的方法,叫现实主义的方法,或者叫"以今论古"的方法。而在传统的地质学中,一直以猜测性和思辨性的研究方法为主。很显然,赖尔的研究方法比传统的研究方法更富有理性,打破了当时传统的自然科学中形而上学一个重要缺口。因此,恩格斯在《自然辩证法》一书中评价说:"只是赖尔才第一次把理性带进地质学中,因为他以地球的缓慢变化这样一种渐进作用,代替了由于造物主的一时兴发所引起的突然革命。"

其次,赖尔把地质学从"创世论"中解放出来,把上帝从地质学中驱逐出去,从而使地质学走上了唯物主义的科学发展轨道。赖尔在《地质学原理》中宣布:"我们将说明地质学和创世论的区别之大,不下于人类起源问题的推测和历史学研究之间的区别。"而且,书中还从地质上证明了地球历史的悠久,完全推翻了上帝创造世界不过几千年的胡说。

第三,《地质学原理》科学地阐明了地质变化的原因。在地壳地质现象及其成因方面,赖尔认为地壳上升或者下降是地球内力和外力两种自然力作用的结果。内力就是火山和地震,它们使地壳上升、下降、断层、背斜、褶皱、平移、倒转。这是一个长期而缓慢的过程。在岩石地质现象及其成因方面,赖尔认为同样是各种自然力长期而缓慢的作用。他认为岩石一开始是疏松的,由于热的作用,渗入地层的碳酸钙和岩层本身的铁质等起作用,经过漫长时间的固结硬化,而成为坚硬的岩石。

赖尔的《地质学原理》实现了地质学理论的一次大综合,为地质学建立了一个全新的理论基础,取得了划时代的成就。从此,地质学开始真正进入近代科学的行列。

大陆漂移说是轻率的空想吗

《海陆的起源》是魏格纳于1915年所写的一本科学名著。在这部著作中,魏格纳提出了著名的大陆漂移说,被认为是震撼世界的不朽地质之歌,是划时代的地质文献。

1915年,德国地球物理学家魏格纳完成了他的名著《海陆的起源》。在这本书中,魏格纳系统阐述了他的大陆漂移说。他认为:在远古,地球上只有一块陆地,叫做"泛大陆",包围这块泛大陆的是统一的大洋,叫"泛大洋"。大约 2 亿年前,地球上发生了一次重大的变动,使泛大陆开始破裂。这样,漂移在较重黏性大洋壳上面的较轻刚性陆块,由于受到地球自转和天体引潮力影响,便像浮在水面的船舶一样漂移,逐渐形成今天世界海陆分布格局。

魏格纳是如何发现大陆漂移的呢? 这与他的两次生病有关。

1910 年的一天,魏格纳生病住进了医院。他躺在病床上,无意识地看着墙上那幅世界地图,忽然发现:大西洋两岸的轮廓竟是如此相对应,特别是美洲巴西东端的直角突出部分,与非洲西岸呈直角凹进的几内亚湾非常吻合。自此以南,巴西海岸每一个突出部分都恰好与非洲西岸同样形状的海湾相对应。同时巴西海岸每有一个海湾,非洲西岸就有一个突出的部分,这给他留下了深刻的印象。后来,他在阅读一本前人的论文集时,又读到这样的一句话:"根据古生物的证据,巴西与非洲间曾经有陆地相连。"据此,魏格纳设想:世界大陆原本是一个整体,后来,在天体引潮力和地球离心力作用下破裂成几大块,如七巧拼板拆开一样形成今天各大陆格局。魏格纳把这一设想告诉了他的岳父、著名气象学家柯木。岳父劝他不要作此妄想,这个问题的研究必然涉及许多所不熟悉的地质和古生物领域,结果可能会吃力不讨好。但是,魏格纳没有接受岳父的劝告,以惊人的毅力,利用一切业余时间,查阅了大量资料,于 1912 年完成了他的第一篇地质学论文《大陆的水平移动》,提出了大陆漂移说,并立即引起了许多科学家的注意。

时隔不久,第一次世界大战爆发,魏格纳应征入伍,他不得不中止这一研究计划。战争一开始,魏格纳就受了伤,他便因病从军队回家休养,这使他喜出望外。他不顾医生和家人的劝阻,夜以继日地研究各种资料,充实他的大陆漂移说,终于完成了他的著作《海陆的起源》。

对魏格纳的大陆漂移说,有人指斥为"轻率的空想",说他"使得人们大大增强了想象力"。

其实,魏格纳在《海陆的起源》一书中所提出的"大陆漂移说"虽然只是一个理论假说,但是它有许多重要的科学依据。

287

第一个依据就是大西洋两岸海岸线的吻合。根据对大西洋两岸的海岸线的研究证明,不仅非洲的西海岸和美洲的东海岸可以很好地吻合到一起,而且欧洲的西洋岸和北美加拿大的东海岸也同样可以很好地拼接在一块。从这个观念出发,魏格纳认为地球上的各个大陆能够很吻合地拼接成一块原始大陆——泛大陆。因此,在遥远的古代,所有的陆地都是连接在一起的。

第二个依据是生物学和古生物学方面的证据。早在 19 世纪,伟大的生物学家达尔文就提出过一个有趣的问题,欧亚大陆和美洲大陆相距那么远,许多物种为什么会那么相似呢?但是,这个问题一直没有引起人们的注意。魏格纳认为:现在美洲大陆和欧亚大陆物种相似,是因为在古生代这两个大陆是连在一起的,因此同一属性的动、植物在两个大陆上都有着同样广泛的分布。魏格纳还提出了两种重要的生物作为大陆漂移的证据:古羊齿植物化石和一种叫作中龙的爬行动物化石。这两种生物都不会远涉重洋,因此完全可以证明这两个大陆在古代曾经是连在一起的。

第三个依据来自对冰川的考察研究。地质学家们在对印度的冰川遗迹进行考察时早就发现:在岩石上遗留的冰川擦痕表明,印度的冰川在古老的地质年代并不是从喜马拉雅山脉流向印度洋的,而是从印度洋流向喜马拉雅山。但是,印度次大陆的南海岸靠近赤道,而且那个地区的温度极高,按道理,冰川的走向应该是从喜马拉雅山流向印度洋才对。因此,地质学家们都无法解释这种十分奇怪的现象。魏格纳用大陆漂移的理论成功地说明了为什么在印度会出现从赤道向北流动的冰川。在十分遥远的地质年代,海陆分布是南半球以南非为中心紧挨在一起,其中心处在南极的极地上,因此南半球是冰川广布的。以后,由于大陆漂移,印度由于离开南极向北漂移时碰到了喜马拉雅山,因此我们就看到了从赤道流向北方,从海岸流向内陆的冰川遗迹了。

第四个依据来自对古代气候的考察研究。魏格纳发现在同一地区,古代的气候和现代的气候之间有着巨大的差异,并且认识到这种巨大的差异是由于大陆的漂移所形成的。

《海陆的起源》为什么沉冤 30 余载

魏格纳的《海陆的起源》一书出版后，虽然曾一度风靡全球，引起了整个地学界的震动。但在 1926 年 11 月，美国石油地质学协会在专门讨论这本书中所提出的大陆漂移说时，在 14 名权威地质学家中，只有 5 人支持，7 人坚决反对，2 人保留意见。反对者对假说持贬斥、歪曲的态度，甚至把它讥讽为"积木游戏"。从此，《海陆的起源》沉冤 30 余载无人问津，固定论作为真理被长期坚持，大陆漂移说却当成谬误被抛弃了许多年。

大陆漂移说在当时得不到学术界的承认，主要有两方面的原因：一方面是因为海陆固定论的影响由来已久，传统学派的势力盘根错节；另一方面是由假说本身的缺陷或某些细节证据不足造成的。

首先，要消除固有的偏见是十分困难的。权威们或者由于魏格纳的论证有些错误，就全盘否定大陆漂移说；或者拿来其他学科的只言片语作为否定的根据；有的甚至不为自己的理由提出任何说明就断然否定；还有一些浅薄之人竟因魏格纳是气象学家和天文学家，就把他提出的大地构造假说，看成是外行的"左道旁门"而表示不屑一顾。

其次，魏格纳的大陆漂移说对很多需要说明的问题，还缺乏应有的证据。例如，他不能对地球的深层地震作出合理解释，既然硅镁质构成的海洋是黏性可塑的，为什么还有深层断裂发生？既然大陆是由刚性岩石组成的，为什么在美洲陆地西漂而与太平洋洋底撞击时，发生褶皱的是陆地边缘而不是流体的洋底……同时，由于历史条件的限制，魏格纳当时还不可能对大陆漂移的机制作出准确判断。在魏格纳时代，人类对地球的了解还只限于大陆的浅层,对其深部(包括海底)基本上是一无所知的。因此,尽管他大胆地假说陆地漂移在流动的层面上,犹如舟行碧波之中,却无法证明那股巨大水平力的来龙去脉。他试图用地球自转的离心力和潮汐摩擦力去解释,但是,偌大的地球怎能是这两种微薄之力可以驱动的呢?后来发现的地球物理学原理,也证明上述两种力不可能引起大陆漂移。面对这个连当时地球物理学都无法解释的地学现象,魏格纳曾不无感慨地叹息:"漂移理论中的牛顿还没有出现。"

1930年,为了重复测量格陵兰的经度,以便进一步论证大陆漂移,魏格纳第四次奔赴人迹罕至的冰原。10月30日,他在与暴风雪顽强斗争的过程中,壮烈地殉职于极地冰原。魏格纳去世后,《海陆的起源》也就更无人去钻研了,大陆漂移说也就随之衰落了。

正是由于以上这些原因,使《海陆的起源》沉冤30余载。直到20世纪50年代古地磁学的崛起,才使它再度复兴。

李四光是如何在中国找到石油的

《地球表面形象变迁之主因》是我国地质学家李四光在1926年发表的一篇著名论文。在这篇论文中,李四光把应用力学引入到地质学中,创立了地质力学,为研究地壳运动问题开辟了新的途径,使地质科学的发展进入了一个新的阶段。

石油是工业的血液,是一个国家至关重要的资源。新中国成立以前,中国一直不产石油,欧美地质学家、苏联专家根据中国的大地是陆相地层,而陆相地层是难以生成石油的这一依据,三番五次宣布中国为"贫油国",中国的地下没有石油。

中国地质学家李四光,把力学原理科学地运用于研究地壳构造和地壳运动问题,写出了《地球表面形象变迁之主因》等著名论文和《地质力学的基础与方法》《地壳运动问题》《地质力学概论》等一系列的科学著作,创立了地质力学这门新兴的边缘科学,提出了地质力学理论。他根据自己创立的地质力学理论,提出石油的生成不在于陆相还是海相地层,而在于有没有生油和贮油的条件,而这又与当地的地质构造有关。

李四光认为,地球在不停地自转,根据力学原理,凡自转的物体都会产生离心力。地球自转产生的离心力作用在地壳以及地球内部,使地壳内积聚一种地应力。当地应力释放出来时,地壳就受到挤压,从而产生褶皱,隆起处形成山脉,沉降处形成平原或盆地。当地壳受到来自南北方向的地应力的挤压时,就会产生东西走向的褶皱,形成"经向构造带"。如果地壳受到力的作用不平衡,就会形成一种斜向的扭力,使地壳出现"扭动构造带"。例如,几座东西走向和南北走向的山脉,组成一个巨大的"山"字形构造体系。几座北东走向和西南走向的山脉,组成一个巨大的"多"字形构造体系。各种地应力除了影响地球表层——地壳的形状外,还会影响地球深部,驱使地下的某些矿藏向某种构造带集中,形成某种矿床。

在中国,从东北的松辽平原到华北平原,再到江汉平原,这是一条大沉降带。它们在远古时代都具有良好的低等生物繁殖条件。由于它们处于低洼的地位,周围隆起的地区就会不断有泥沙冲刷下来,把这些地区的表面掩没覆盖封闭起来,这就具备了良好的生油条件。陆相生油时,初生成的油混在泥沙中,往往是点点滴滴的,还不能形成一定规模的油田。当这些地方在地应力大规模释放时产生了扭动,石油可能被驱动出来聚集在某些地方,形成油田。

1953年的一天,毛泽东主席和周恩来总理在中南海接见李四光时,关切地问起中国石油、天然气的前景怎样,李四光根据他的地质力学理论,用乐观的口气作了肯定的回答:中国是有石油资源的。要寻找石油,需要开展大量石油普查工作,先找具备生油和贮油条件的地区,找贮油地质构造,然后再去找油田。1954年2月李四光做了《从大地构造看我国石油勘探远

291

景》的报告,全面系统地阐明了我国大地构造形式的特点和含油远景,提议在松辽地区和华北地区找油。

1956年,党中央、国务院根据李四光的地质力学理论,调集了全国许多地质勘探队,并由李四光亲自指挥,在松辽、华北两大平原开始了石油普查勘探工作。不久,大庆油田、胜利油田、大港油田、华北油田相继发现,地质力学理论为中国摘掉了"贫油国"的帽子。

地洼学说是如何揭开华厦古陆构造发展之谜的

《中国地台"活化区"的实例并着重讨论"华夏"古陆问题》是我国地质学家陈国达于1956年在《地质学报》上发表的一篇著名论文。陈国达在这篇论文中对统治地球科学的传统理论提出了挑战,提出了著名的"地洼学说"。"地洼学说"提出后,得到了国内外地质学家的赞同,并在指导找矿上卓有成效,被载入世界科学史册。

19世纪50年代,美国地质学家霍尔于1857年首先看到美国东部阿巴拉契亚山脉的古生代(距今2.3亿~5.7亿年)地层最厚超过1万米,比密西西比河流域同时期的地层厚得多。他据此认为,前一地区的发育早期是地壳的巨大凹陷带,后一地区则是地壳的隆起带。另一位美国地质学家德纳把这种凹陷带命名为"地槽",产生凹陷和隆起的原因是地球的地壳发生变动的结果。19世纪末,俄国采矿工程师卡尔宾斯基在研究很少发生地壳运动的俄罗斯地区时提出了"地台"概念和理论。到20世纪初,法国地质学家奥格地在他的《地质学原理》一书中,总结性地用地槽和地台作为地壳的两种基本构造单元,即活动区地槽和稳定区地台。"地槽、地台"理论的提出,从宏观的角度,在揭示地球构造发展的本质性规律方面较前人进了一大步。

关于地壳演化,自19世纪以来,在地质科学领域,占统治地位的是"地槽、地台学说"。根据这个理论,众多的地质学者把中国东部划分为"地台区",且长期沿用,深信不疑。

然而,在地壳构造极为复杂、地质现象极为丰富的中国大地上,陈国达从多年的观察实践中,看到了所谓"中国地台"的破绽:地台是个稳定区,理应有稳定区的特征,中国东部既是地台,为什么断裂、褶皱等造山作用如此强烈? 地震如此频繁? 为什么中国海岸线属于块断型断裂? ⋯⋯面对许多令人费解的事实,陈国达运用自然辩证法原理,在系统整理、综合分析大量地质资料的基础上,于1956年在《地质学报》上发表《中国地台"活化区"的实例并着重讨论"华夏"古陆问题》一文,对100多年来在世界流行、一直统治整个地球科学的传统理论提出了挑战,这是地洼学说随后陆续充实形成各个组成部分及衍生学科的基础,且被国际上认为是地洼学说在中国湖南诞生的标志。往后十年间, 他相继在国内外主要学术刊物上发表了20多篇论文。其中包括:《大陆地壳第三基本构造单元——地洼区》《地壳动"定"转化递进说——论地壳发展的一般规律》《地台活化及找矿意义》《大地构造的哲学问题》等,构成了地洼学说最基本的观点。党和国家为了支持陈国达发展学说,于1961年在长沙设立了研究机构,使地洼学理论研究有了专门的基地。从此,即使在十年浩劫期间,陈国达也没有中断学术上的探索,仍然辛勤笔耕,寻找机会野外验证。当1978年科学的春天来临之际,年逾花甲的陈国达如鱼得水,精神为之一振,他顾不上洗去动乱岁月强加于他的耻辱,便带领同事们一头扎进《中国大地构造图》及其说明书的编撰和长达60万字的专著《成矿构造研究法》手稿的系统整理之中。随后,又完成了《中国油气田的大地构造类型及找矿方向》《地洼学说及其实践意义》《多因复成矿床并从地壳演化规律看形成机理》等一批地理名著,使地洼学说得到完善。地洼学说提出后,得到了国内外地质学家的赞同,并且这一学说在指导找矿上也卓有成效。鉴于地洼学说具有重要的理论和

293

实际意义,1975年,我国出版的《自然科学大事年表》和1983年日本出版的《科学技术史大事典》先后郑重地把地洼学说的诞生列入世界科学史册。

陈国达,这位1912年出生于广东新会的地质学家、大地构造学家、中国科学院资深院士、中南工业大学教授、博士生导师,被誉为"地洼学说的创始人"。

竺可桢如何能看出中国五千年气候变迁

《我国五千年气候变迁的初步研究》这篇著名论文,是我国气象学家和地理学家竺可桢于1966年写成,1972年公开发表的。这篇论文发表后,引起了国内外学术界的高度重视,许多国家的科学杂志纷纷转载。这篇论文在气候学史中具有重要地位。

竺可桢是我国著名的气象学家和地理学家。他从青年时代起,就坚持每天写科学日记。1936年以前的日记,因为日军侵华而散失了。自1936年1月1日起,到1974年2月6日——他逝世的前一天止,共38年零37天的日记,全部保存下来了。无论是身体有病或者工作多忙,在他的日记本上,没出现过一天的空白。天气和物候,是他每天必记的内容。

每天清晨,他把温度计放在院子里,然后开始做早操,做完早操以后把当天的温度记下来。在他的日记本里,记录的项目可多啦!"3月12日,北京冰融。""3月29日,山桃始花。""4月20日,燕子始见。""5月1日,柳絮飞。""5月23日,布谷鸟初鸣"……竺可桢精心地观察着大自然:什么时候第一朵花开,第一声鸟叫,第一声蛙鸣,第一次雷声,第一次落叶,第一次降霜,第一次结冰,第一次下雪……他的笔记本,就是一本大自然的记录,不仅有很高的历史价值,而且有丰富的科学内容,是研究天气和物候的宝贵资料。

竺可桢为什么坚持写科学日记呢？竺可桢认为：长期系统的科学记录，是丰富的物候资料。积累许多不同年代、不同地方的资料，进行比较分析，就可以找出规律性的东西来。

竺可桢从他的科学日记中发现：当南京在3月31日左右桃李开花的时候，在北京桃树李树才刚从冬眠中醒来，要到4月19日左右它们才露出花瓣。但是，到了5月下旬以后，北京的某些物候现象和南京相比却差不了几天，甚至还会同时出现。竺可桢通过分析研究认为：我国地处世界上最大陆地——亚洲的东部，具有典型的大陆性气候特点，冬冷夏热，气候变化比较剧烈。在冬季，南北温度相差悬殊，但在夏季里，温度相差较小。3月份南京平均温度要比北京高出3.6℃，4月份只高0.7℃，到了5月份，两地平均温度几乎就完全相同了，因而有这些物候现象的出现。竺可桢根据几十年来对物候的观察记录，并进行了深入的理论研究，写出了他的著作《物候学》。

竺可桢还用了近50年时间，不断地搜集中国和世界气候变化的资料，对近5 000年来的气候变迁问题进行系统的研究，1966年写成《我国5 000年气候变迁的初步研究》这篇著名论文，证明我国在近5 000年中的前2 000年，年平均温度比现代高2℃左右；3 000年有一系列的冷暖波动，每个波动周期大约经历400~800年。并且指出，这种气候变迁是世界性的，气候变冷是由东向西转移，温度回升时，则自西向东。这篇论文在1972年正式公开发表后，引起了国内外学术界的重视，美国、英国、前苏联、日本等国家的一些科学杂志都转载或加以介绍。日本气象学家吉野正敏说："在气候学的历史中，竺可桢起了巨大的作用。"竺可桢以82岁高龄，取得这样卓越的成就，实属难能可贵。他的这些成就的取得，是与他长期记自然日记密不可分的。